普通高等教育“十四五”规划教材

综合化学实验

周中高　罗国添　马小明　李　勋　主编

中国石化出版社

内容提要

《综合化学实验》是为培养学生综合运用化学知识和实验技能、提升学生解决化学及相关交叉学科科学问题的能力而编写的一本实验教材，分为绪论、综合化学实验、分析仪器的使用与维护、附录等四部分，内容涵盖无机化学、分析化学、有机化学、物理化学、配位化学、有机药物化学、生物化学、纳米材料、精细化工、金属材料、天然产物化学和食品化学等课程的实验方法、实验操作和实验技术，并编入了一些常用大型分析仪器的操作、维护保养和常见故障排除方法。本书部分实验来源于科学研究最新前沿成果，内容包含实验方法的综合、实验技术的综合和学科内容的综合，通过实验培养学生发现问题、提出问题、分析问题和解决问题的能力，促进创新思维和创新意识的形成。

本书可作为高等院校化学类和材料类专业学生的综合化学实验教材，也可作为化学、化工、材料等行业工作者的参考书。

图书在版编目（CIP）数据

综合化学实验 / 周中高等主编 . —北京：中国石化出版社，2023.7

ISBN 978-7-5114-7126-0

Ⅰ. ①综… Ⅱ. ①周… Ⅲ. ①化学实验—教材 Ⅳ. ① O6-3

中国国家版本馆 CIP 数据核字（2023）第 106718 号

中国石化出版社出版发行

地址：北京市东城区安定门外大街 58 号

邮编：100011 电话：(010) 57512500

发行部电话：(010) 57512575

http：//www.sinopec-press.com

E-mail：press@sinopec.com

北京艾普海德印刷有限公司印刷

全国各地新华书店经销

*

787 × 1092 毫米 16 开本 14 印张 302 千字

2023 年 7 月第 1 版 2023 年 7 月第 1 次印刷

定价：48.00 元

前　言

创新是一个民族进步的灵魂，是一个国家兴旺发达的不竭动力，已成为21世纪高质量人才最重要的内涵。随着我国经济的高质量发展，在高等学校教育教学实践中，综合素质教育和创新能力的培养已成为教育者普遍关注的焦点，也是全社会共同关心的话题。化学是一门实验科学，任何化学创造发明都离不开实验，因此，化学实验就成为提高学生专业综合素质和化学创新能力的一个重要环节。随着高等学校教育教学改革的不断深化，学生的创新意识、创新精神和创新能力已成为新世纪人才竞争的重要指标，也是高校人才培养最关注的热点之一。

21世纪的化学，在与生命科学、材料科学、信息科学、环境科学、能源科学、海洋科学、空间科学的相互交叉、相互渗透和相互促进中高速发展，正因如此，如何在综合化学实验课程中及时推陈出新，反映学科最新成就和发展方向仍是一项长期而艰巨的任务。综合化学实验课程是化学化工类及其相关专业开设的一门重要实验课程，是以学生为主体、以培养学生综合运用化学知识和实验技能、提升学生解决化学及相关交叉学科科学问题的能力为教学目标的课程。综合化学实验通常由多个单元实验、多个学科实验或多项实验技术组成，包含实验方法的综合、实验技术的综合和学科内容的综合，综合培养和提升学生的化学实验技能以及深度分析和独立解决化学相关前沿科学问题的能力。因此，为学生开设综合化学实验，在化学化工及相关专业人才培养中有着不可替代的作用。只有以生为本，积极开展实验教学改革，实现教育创新，才能使高素质创新人才培养可持续发展。

综合化学实验面向国家重点领域的人才需求，结合当前交叉学科的发展趋势，凝练其中与化学相关的科学问题，建设了多层次的教学体系和与之匹配的系列实验教学内容，在整合化学各二级学科内容的同时，实现了对材料学、化学生物学、新能源化学等交叉领域基本实验技术和研究方法的覆盖，建立了跨学科的综合实验教学体系，着力于培养学生运用化学实验技能开展前沿科学研究的能力。本教材根据近20年来教学实践中的不断探索与改革，对最初定位的《综合化学基础实验》进行整合、补充、升级与完善，将教学与科研相结合，把优秀的前沿科研成果转化为综合化学实验，经过精心整理、修订、充实、提高，同时汲取了国内外同类教材的优点，逐渐发展为融汇化学基础实验技能训练与前沿科学实践于一体的《综合化学实验》。它不仅是教学工作者多年从事化学实验教学改革的成果，也是多年教学实践的结晶。希望本教材的出版能促进高等院校综合化学实验教学质量的提高。

本书以培养学生的创新意识和创新能力为指导思想，注重综合性和研究性实验训练，强调传统的教学管理模式与现代开放管理模式相结合。全书共选编了31个实验项目和11种常见分析仪器的使用与维护，在实验内容上具有综合性（包括物质的制备、分离与提纯、结构表征等）、新颖性、实用性和多学科性。大多数实验都涉及大型分析测试仪器的应用，从而使学生能够在基础化学实验的基础上进一步掌握大型仪器的操作技能和提高数据解析能力。本书由周中高、罗国添、马小明、李勋、李亿保、薛珺、韩宝军、李剑、李永东、华德润、彭光怀、卢新宁、方玲、易锦涛等编写，由周中高对编者提供的实验进行了增删和修改。全书由周中高、罗国添、马小明、李勋主编和统稿。

本书在编写过程中查阅了大量的教材、文献和学术著作，在此向其作者表示衷心的感谢。同时，得到了江西省高校功能材料化学重点实验室、江西省有机药物化学重点实验室、江西省镁合金材料工程技术研究中心、江西省竹基新材料与物质转化工程研究中心、国家脐橙工程技术研究中心等科研平台的大力支持和帮助，在此一并表示衷心的感谢。本书的出版得到了赣南师范大学的资助，在此深表感谢。

由于化学领域科研发展日新月异，适合综合化学实验的研究成果很多，鉴于编者水平有限，在选材和编写中虽已尽最大努力，但书中错误和不当之处仍然在所难免，恳请读者批评指正。

目　　录

第一章　绪　论

综合化学实验课程是一门以学生为主体、以培养学生综合运用化学知识和实验技能、提高学生解决化学及相关交叉学科科学问题的能力为教学目标的实验课程。本课程有两个目标：一是给有兴趣的、受过正规化学实验系列课程训练的、具有一定实验技巧和经验的学生提供一个动手从事化学实验的训练机会；二是通过本课程学习使他们掌握科学研究的基本思路与方法，为独立从事毕业论文研究做好前期准备工作。在综合化学实验中，将要继续学习各种基本实验操作，直至达到化学研究的专业水平。综合化学实验不仅要完成化学实验操作和书写实验报告，而且更注重对开展实验所必需的技术和技能的熟练掌握。

学完本课程后，将掌握实验室的许多实验基本技能和技术，达到对实验技术非常熟练的程度。通过本课程的学习，虽不能确保在今后的化学研究中对所有的问题均能独立予以解决，但希望能达到以下目标：在遇到不熟悉的问题或技术时，能寻求合适的方法来尝试解决。

第一节　综合化学实验课程

一、课程建设基本框架

1. 综合化学实验基本指导思想

综合化学实验（Comprehensive Chemical Experiments）是在学生掌握实验基本原理、基本操作的基础上，在化学一级学科层面上开设，与科学前沿紧密结合，旨在提高学生综合运用基础知识和基本技能的能力，培养学生科研素质和创新能力的实验课。

综合实验的基本要求就是将比较多的基本理论、基本实验技能融会贯通在一个实验中，使实验内容综合联系化学、材料、生命、环境、能源等学科，反映化学各二级学科的重大进展、前沿和交叉领域，集合成、分离与提纯、物理性质测定、化学性质研究、结构表征、性质解释等于一体，具有综合性、系统性、创新性。

基于综合实验的综合性与创新性，学生在教师指导下独立进行综合性和创新性研究，真正感受从事化学研究的真谛，培养爱科学、学科学、用科学的积极性和主动性，培养科学素养，提高进行科学研究的能力。

2. 综合化学实验设计的基本原则

（1）综合化学实验首先应体现综合的要求，要求在综合利用 2 ~ 3 个学科知识的基础上，将较多的实验原理、实验方法融为一体。

（2）综合化学实验应是从基本合成到化学性质研究，再到物理化学参数测量、结构测量、性质解释等，具有系统、完整的实验体系。

（3）综合化学实验应与最新的科研紧密接轨，突出创新思维的培养。

（4）综合化学实验应按一定比例体现化学、应用化学或化工等专业特色，使学生能够根据自己的兴趣爱好选择开展实验。

（5）综合化学实验应注重与开放实验的紧密衔接。

3. 教学目的与要求

课程性质：化学相关专业必修实验课程。

预修课程：基础化学实验。

教学目的：结合当今化学各学科相互交叉渗透的发展趋势，在巩固和强化基本化学操作技能的基础上，提高学生的综合素质。

基本内容：实验内容打破原先专业化倾向严重的问题，在每个实验内容中综合化学各学科，包括无机、分析、有机、高分子、物化、应化、材料等的相关知识点，让学生在新的高度理解、认识和灵活运用各化学学科知识和实验技术，培养学生分析问题和解决问题的能力。

基本要求：要求学生在巩固已掌握的化学基础知识和基本实验操作技能基础上，学习化学实验的设计思想和综合运用各种实验技术和基础知识。熟悉、了解和掌握化学学科的发展动态、基本的研究方法和相关的实验手段。

教学方式：实验基本原理和技术手段在实验进行前由任课教员讲解；实验过程以学生亲自动手操作为主，并辅助一些教师演示和讨论。学生需完成实验报告或论文报告。

考核方式：根据实验预习、操作、结果和实验报告进行综合评分。

4. 教学理念

以学生为本，以培养学生能力为宗旨；通过实验教学达到：拓展知识领域，训练操作技能，鼓励个性发展，培养创新精神，锻炼意志作风，养成良好的职业习惯；逐步形成具有严格、规范、高效的管理体系，良好的示范效应，一定的社会服务功能，以培养学生能力为核心的开放性、服务型的综合化学实验教学体系。

5. 课程简介

综合化学实验是为深化教学改革，按“一体化、多层次、开放式”的实验教学模式，按照培养化学专业基础研究型人才的教学目标，全面培养学生的创新意识、实验能力和科学素质而开设的实验课程。本课程改变了原来面向高年级本科生的专门化实验课中专业倾向过重、综合训练不足的情况，按照根据化学学科的整体性组织和安排实验教学的宗旨，编写和开设了具有贴近科学研究特点的综合性的化学实验。

综合化学实验课所开设的综合性实验，在内容上和方法上都至少跨化学的两个二级学科，涉及无机化学、分析化学、有机化学、物理化学、配位化学、有机药物化学、生物化学、纳米材料、精细化工、金属材料、天然产物化学和食品化学等诸多化学领域。综合化学实验的选择与设计本着专、精、新、顺的原则，即以专业的方法解决某一实验主题；实验内容能够展现相关领域的科学研究思想与研究成果的精华；实验内容具有较好的新颖性和前沿性；各二级学科和各种实验方法的综合应顺畅、自然而不勉强。在内容上，有些是无机化学与有机化学结合，有些是物理化学与分析化学交叉，有些是材料合成与表征、分离与鉴定融合。有的实验则是化学与生化、医药、环境、材料等学科的关联和交叉。来自科研成果的新实验，大多涉及化学学科发展的前沿，即以科学研究成果为载体和依托，将基本化学概念和原理、实验技能和实验技术展示出来，使学生获得新概念、新思路和新方法。在方法上，除常用的化学方法外，还涉及一些现代分析、测试方法，如分子光谱、核磁共振、X 射线衍射、热分析等，并应用许多先进的分析仪器和设备。

二、课程教材使用说明

本教材是为本科高年级综合化学实验课程设计的，书中描述的实验技术涉及无机化学、分析化学、有机化学、高分子化学、物理化学、应用化学和材料化学。许多实验技术对于非化学专业的本科学生同样也是非常重要的。本教材希望编写成具有一定的可读性，特别适合准备进入实验室的学生使用的教材。它包含相当优秀的实践性建议和很好的解释说明，而且它的内容非常有趣，是一本学习新的实验技术的启蒙教材。相对于本科专业教学实验，它不仅可以帮助学生熟悉教学实验室，还可以帮助学生熟悉科研环境。

在开始进入实验室之前，必须事先阅读教材中绪论的有关章节，特别是实验室安全事项。由于在实验室中的时间有限，及时完成这些材料的阅读非常重要，阅读不仅对成功学习本课程是必要的，而且可以帮助学生成长为一个实验化学家。一般地，仅仅靠简单的教材阅读是难以完全领会一个实验概念的，但是通过阅读、实验室中的实践和实验后的报告，一定能掌握本课程中的大部分内容。在开始每个实验时，都有指导教师对当天实验的简短讲解，应该认真听讲，以获得对重要技术的感性认识。

就像整个课程一样，本教材将向学生介绍化学研究的环境。本教材没有花时间来讨论基本理论和概念，而是着重在化学的实践方面。为了便于实践学习，本教材共分 4 个部分，这里作一简单介绍。第 1 部分为“绪论”，介绍本课程的目标及思想方法。第 2 部分为“综合化学实验”，是整个课程的主体，其中大部分实验是在一线从事科研工作的教师总结的原创性研究项目，通过这部分实验介绍一些实际的、令人兴奋的原创性研究的开展。第 3 部分为“分析仪器的使用与维护”，介绍化学实验室中经常遇到的一些通用技术及仪器的操作方法，有助于学生熟练掌握核磁共振波谱仪（NMR）、电感耦合等离子体原子发射光谱（ICP－AES）、气相色谱－质谱联用仪（GC－MS）、液相色谱－质谱联用仪（LC－MS）、圆二色谱仪（CD）、X 射线衍射仪（XRD）、基因扩增仪（PCR）和原子力显微镜（AFM）等仪器及其他一些大型仪器的使用方法。第4部分为“附录”。

第二节　实验室安全事项

一、安全事项总则

当学生进入实验室时，应尽快熟悉下列安全设备的放置位置和使用方法：

（1）灭火器：放置在走廊和实验室中的各个相应位置。

（2）喷淋装置：每楼层适当位置要设置喷淋装置。

（3）洗眼器/喷脸器：每个实验室的每个水槽中有一个洗眼器/喷脸器。

（4）电话：在紧急情况下拨打110报警。

保护实验室人员的健康和安全、保护周围环境是化学实验室的基本道德规范。一个良好的安全防护计划要求全体教师、职员和学生共同来承担职责。实验室安全由实验室主任领导，并由一个包括教师、职员和学生的实验室安全小组负责。每个实验课程都从严格的安全教育开始，同时提供各项相关信息和建议。此外，每个实验的介绍和教师的讲解都有针对具体实验的安全注意事项。任何从事实验科学的人都需要学习如何有意识地完善处理各种不同的有潜在危险的物质。本节目标就是教会学生如何在实验室内外进行安全操作和实践。实验室是进行科学实验的场所，科学实验是需要系统和规范的操作来完成的，如不遵循，实验室必定有潜在的危险性。

做实验时，安全非常重要。尽管不可能完全避免危险，但是如果根据常识及化学知识并遵守安全规则，就可以防止发生安全事故。下列安全规则适用于任何化学实验，遵守这些规则对保障人身安全都是非常必要的。在每一个实验中，实验教师都会指出每个具体实验中的特别安全注意事项，请务必认真做到。

化学实验室安全操作：

（1）认真预习所做实验内容。必须在教师在场时做实验，不做任何非指定实验。在无人指导的情况下，不做任何实验。

（2）熟悉实验室所有安全设备的位置及使用方法，包括安全淋浴、洗眼器及灭火器。熟悉出口位置及安全撤离路线，发生事故时必须听从教员统一指挥。熟悉急救箱位置，并随时准备好帮助别人。

（3）在实验室里任何时候都要穿实验服，不得穿宽松的衣服，不得穿凉鞋或露脚趾的鞋子；要戴防护眼罩或眼镜；如有长头发必须绕到头后面加以保护。

（4）禁止在实验室进食及抽烟。

（5）使用任何化学药品时必须要小心，先看瓶上的标签与说明。用完以后要马上盖上瓶盖，并擦净任何洒落的化学品。如果实验室里有人使用火焰，使用挥发性溶剂时要格外小心；可燃或毒性液体不能置于敞口容器中或放在通风橱外。

（6）当丢弃或处理用后的物品时，要按照指示进行。不允许随意把任何化学废物倒入下水道。当必须且可以直接排到下水道时，则必须在排前、期间和排后使用大量水对下水道进行冲洗，而且应该使用通风橱中的下水道。

（7）绝对不允许随意混合各种化学药品，以免发生意外事故。

（8）金属钾、钠和白磷等暴露在空气中易燃烧，所以金属钾、钠应保存在煤油中，白磷则可保存在水中，取用时要用镊子。一些有机溶剂（如乙醚、乙醇、丙酮、苯等）极易燃烧，使用时必须远离明火、热源，用毕立即盖紧瓶塞。

（9）含氧气的氢气遇火易爆炸，操作时必须严禁接近明火。在点燃氢气前，必须先检查并确保其纯度符合要求。银氨溶液不能留存，因久置后会变成氮化银，易爆炸。某些强氧化剂（如氯酸钾、硝酸钾、高锰酸钾等）或其混合物不能研磨，否则将引起爆炸。

（10）应配备必要的护目镜。倾注药剂或加热液体时，液体容易溅出，不要俯视容器。尤其是浓酸、浓碱等具有强腐蚀性的液体，切勿使其溅在皮肤或衣服上，眼睛更应注意防护。稀释酸、碱时（特别是浓硫酸），应将它们慢慢倒入水中，而不能反向进行，以避免迸溅。加热试管时，切记不要使试管口对着自己或别人。

（11）不要俯向容器去嗅放出的气味。面部应远离容器，用手把逸出容器的气体慢慢地扇向自己的鼻孔。产生刺激性或有毒气体（如 H_2S、HF、Cl_2、CO、NO_2、SO_2、Br_2 等）的实验必须在通风橱内进行。

（12）有毒药品（如重铬酸钾、钡盐、铅盐、砷的化合物、汞的化合物，特别是氰化物）不得进入口内或接触伤口。剩余的废液也不能随便倒入下水道，应倒入废液缸或教师指定的容器中。

（13）金属汞易挥发，并通过呼吸道进入人体，逐渐积累后而引起慢性中毒。所以，做金属汞的实验时应特别小心，不得把金属汞洒落在桌上或地上。一旦洒落，必须尽可能收集起来，并用硫黄粉盖在洒落的地方，使金属汞转变成不挥发的硫化汞。

（14）实验室内所有的药品均不得携带出实验室，用剩的药品应及时交还给教师。

（15）离开实验室之前要洗手。

二、实验室事故的处理

（1）创伤：伤处不能用手抚摸，也不能用水洗涤。若是玻璃创伤，应先把碎玻璃从伤处挑出。轻伤可涂紫药水（或红汞、碘酒），必要时撒些消炎粉或敷些消炎膏，用绷带包扎。

（2）烫伤：不要用冷水洗涤伤处。伤处皮肤未破时，可涂擦饱和碳酸氢钠溶液或用碳酸氢钠粉调成糊状敷于伤处，也可抹烫伤油或烫伤膏；如果伤处皮肤已破，可涂些紫药水或1%高锰酸钾溶液。

（3）受酸腐蚀致伤：先用大量水冲洗，再用饱和碳酸氢钠溶液（或稀氨水、肥皂水）

清洗，最后用水冲洗。如果酸液溅入眼内，用大量水冲洗后，送医院诊治。

（4）受碱腐蚀致伤：先用大量水冲洗，再用2%醋酸溶液或饱和硼酸溶液清洗，最后用水冲洗。如果碱液溅入眼中，用硼酸溶液清洗。

（5）受锈腐蚀致伤：用苯或甘油清洗伤口，再用水冲洗。

（6）受磷灼伤：用1%硝酸银、5%硫酸铜或浓高锰酸钾溶液清洗伤口，然后包扎。

（7）吸入刺激性或有毒气体：吸入氯气、氯化氢气体时，可吸入少量酒精和乙醚的混合蒸气解毒。吸入硫化氢或一氧化碳气体而感到不适时，应立即到室外呼吸新鲜空气。但应注意氯气、溴中毒时不可进行人工呼吸，一氧化碳中毒时不可施用兴奋剂。

（8）毒物进入口内：将5～10mL稀硫酸铜溶液加入一杯温水中，内服后，用手指伸入咽喉部，促使呕吐，吐出毒物后立即送医院。

（9）触电：首先切断电源，然后在必要时进行人工呼吸。

（10）起火：起火后，要立即一边灭火，一边防止火势蔓延（如采取切断电源、移走易燃药品等措施）。灭火的方法要针对起因选用合适的方法和灭火设备（见表1－2－1）。一般的小火使用湿布、石棉布或沙子覆盖燃烧物，即可灭火。火势大时可使用泡沫灭火器。但电气设备所引起的火灾，只能使用二氧化碳或四氯化碳灭火器灭火，不能使用泡沫灭火器，以免触电。实验人员衣服着火时，切勿惊慌乱跑，应赶快脱下衣服，或用石棉布覆盖着火处。

表1－2－1　常用的灭火器及其使用范围

灭火器类型	药液成分	使用范围
酸碱式灭火器	H_2SO_4、$NaHCO_3$	非油类和电气设备失火的一般火灾
二氧化碳灭火器	$Al_2(SO_4)_3$、$NaHCO_3$	油类起火
干粉灭火器	$NaHCO_3$等盐类、润滑剂、防潮剂	油类、可燃性气体、电气设备、精密仪器、图书文件和遇水易燃烧药品引起的火灾

（11）伤势较重者，应立即送医院。

为了对实验室内意外事故进行紧急处理，应该在每个实验室内准备一个急救药箱，药箱内可准备下列药品：红药水、3%碘酒、烫伤油或烫伤膏、饱和碳酸氢钠溶液、饱和硼酸溶液、醋酸溶液、5%氨水、5%硫酸铜溶液、高锰酸钾晶体（需要时再制成溶液）、氯化铁溶液（止血剂）、消炎粉、甘油、消毒纱布、消毒棉（均放在玻璃瓶内，磨口塞紧）、剪刀、氧化锌橡皮膏、棉花棍等。

三、实验室废液的处理

实验中经常会产生某些有毒的气体、液体和固体，都需要及时排弃，特别是某些剧毒物质，如果直接排出就可能污染周围空气和水源，损害人体健康。因此，对废液和废气、废渣要经过一定的处理后才能排弃。产生少量有毒气体的实验应在通风橱内进行。通过排风设备将少量毒气排到室外，使排出气在外面大量空气中稀释，以免污染室内空气。产生有毒气体量大的实验必须备有吸收或处理装置，如二氧化氮、二氧化硫、氯气、硫化氢、氟化氢等可用导管通入碱液中，使其大部分被吸收后排出；一氧化碳可点燃转化成二氧化碳。少量有毒的废渣常埋于地下（应有固定地点）。一些常见废液的处理方法如下：

（1）无机实验中的废酸液：废酸缸中的废酸液可先用耐酸塑料网纱或玻璃纤维过滤，滤液加碱中和，调 pH 值至 6～8 后就可排出。少量滤渣可埋于地下。

（2）废铬酸洗液：可以用高锰酸钾氧化法使其再生，重复使用。氧化方法：先在 110～130℃下将其不断搅拌、加热、浓缩，除去水分后，冷却至室温，缓缓加入高锰酸钾粉末，每 1000mL 加入 10g 左右，边加边搅拌直至溶液呈深褐色或微紫色，不要过量；然后直接加热至有三氧化铬出现，停止加热；稍冷后，通过玻璃砂芯漏斗过滤，除去沉淀；冷却后析出红色三氧化铬沉淀，再加适量硫酸使其溶解即可使用。少量的废铬酸洗液可加入废碱液或石灰使其生成氢氧化铬沉淀，再将此废渣埋于地下。

（3）氰化物：氰化物是剧毒物质，含氰（CN^-）废液必须认真处理。对于少量的含氰废液，可先加氢氧化钠调至 $pH>10$，再加入几克高锰酸钾使 CN^- 氧化分解。大量的含氰废液可用碱性氯化法处理，先用碱将废液调至 $pH>10$，再加入漂白粉，使 CN^- 氧化成氰酸盐，并进一步分解为二氧化碳和氮气。

（4）含汞盐废液：应先调 pH 值至 8～10，然后加适当过量的硫化钠生成硫化汞沉淀，并加硫酸亚铁生成硫化亚铁沉淀，从而吸附硫化汞共同沉淀下来；静置后分离，再离心、过滤，清液汞含量降到 $0.02mg \cdot L^{-1}$ 以下可排放。少量残渣可埋于地下，大量残渣可用焙烧法回收汞，但要注意一定要在通风橱内进行。

（5）含重金属离子的废液：最有效和最经济的处理方法是加碱或加硫化钠把重金属离子变成难溶性的氢氧化物或硫化物沉积下来，然后过滤分离，少量残渣可埋于地下。

参考文献

[1] 欧阳玉祝. 综合化学实验 [M]. 北京：化学工业出版社，2011.
[2] 章文伟. 综合化学实验 [M]. 北京：高等教育出版社，2009.
[3] 范星河，李国宝. 综合化学实验 [M]. 北京：北京大学出版社，2009.

第二章　综合化学实验

实验1　土壤有机质含量分析

一、实验目的

（1）学习实际样品的预处理方法，掌握土壤有机质测定的样品处理方法。

（2）掌握化学分析方法在土壤等实际样品测定中的应用。

（3）掌握样品测定结果的统计分析方法。

二、实验原理

1. 概述

1）土壤有机质含量及其在肥力上的意义

土壤有机质是土壤中各种营养特别是氮、磷的重要来源。它还含有刺激植物生长的胡敏酸等物质。由于它具有胶体特征，能吸附较多的阳离子，因而使土壤具有保肥力和缓冲性。它还能使土壤疏松和形成结构，从而可改善土壤的物理性状。它也是土壤微生物必不可少的碳源和能源。因此，除低洼地土壤外，一般来说，土壤有机质含量的多少是土壤肥力高低的一个重要指标。

南方水稻土肥力高低与有机质含量也有密切关系。据浙江省农业科学院土壤肥料研究所水稻高产土壤研究组报道，浙江省高产水稻土的有机质含量大部分为23.6～48g·kg^{-1}，均较其邻近的一般田高。上海市郊区高产水稻土的有机质含量也在25～40g·kg^{-1}范围之内。

我国东北地区雨水充足有利于植物生长，而气温较低有利于土壤有机质的积累。因此，东北的黑土有机质含量高达40～50g·kg^{-1}。由此向西北，雨水减少，植物生长量逐年减少，土壤有机质含量亦逐渐减少，如栗钙土为20～30g·kg^{-1}，棕钙土为20g·kg^{-1}左右，灰钙土只有10～20g·kg^{-1}。向南雨水多、温度高，虽然植物生长茂盛，但土壤中有机质的分解作用增强，黄壤和红壤的有机质含量一般为20～30g·kg^{-1}。影响土壤有机质含量的另一个重要因素是土壤质地，砂土有机质含量低于黏土。

土壤有机质的组成很复杂，包括三类物质：①分解很少仍保持原来形态学特征的动植物残体；②动植物残体的半分解产物及微生物代谢产物；③由有机质的分解和合成而形成的较稳定的高分子化合物——腐殖酸类物质。

分析测定土壤有机质含量，实际包括了上述全部第②、③两类及第①类的一部分有机物质，以此来说明土壤肥力特性是合适的。因为从土壤肥力角度来看，上述有机质三个组成部分在土壤理化性质和肥力特性上都起着重要作用。但是，在土壤形成过程中，研究土壤腐殖质中碳氮比的变化时则需严格剔除未分解的有机物质。

大量资料分析结果表明，土壤有机质含量与土壤总氮量之间呈正相关。总的来看，土壤有机质一般含氮5%左右，故可以从有机质测定结果来估计土壤全氮的近似值。

2）土壤有机碳不同测定方法的比较和选用

关于土壤有机碳的测定，有关文献中有很多介绍，根据目的要求和实验室条件可选用不同方法。

经典测定的方法有干烧法（高温电炉灼烧）或湿烧法（重铬酸钾氧化），放出的 CO_2 一般用苏打石灰吸收称重，或用标准氢氧化钡溶液吸收，再用标准酸滴定。

用上述方法测定土壤有机碳时，也包括土壤中的各元素态碳及无机碳酸盐。因此，在测定石灰性土壤有机碳时，必须先除去 $CaCO_3$。除去 $CaCO_3$ 的方法为：在测定前用亚硫酸处理去除之，或另外测定无机碳和总碳的含量，从总碳结果中减去无机碳。

干烧法和湿烧法测定 CO_2 的方法均能使土壤有机碳全部分解，不受还原物质的影响，可获得准确的结果，可以作为标准方法校核时使用。由于测定时需要一些特殊的仪器设备，而且很费时间，所以一般实验室都不用此法。

近年来将高温电炉灼烧和气相色谱装置相结合而制成的碳氮自动分析仪已应用于土壤分析中，但由于仪器本身的限制，所以未能被广泛采用。

目前，各国在土壤有机质研究领域中使用得比较普遍的是容量分析法。虽然各种容量分析法所用的氧化剂及其浓度或具体条件有差异，但其基本原理是相同的。使用最普遍的是在过量的硫酸存在下，用氧化剂重铬酸钾（或铬酸）氧化有机碳，剩余的氧化剂用标准硫酸亚铁溶液回滴，从消耗的氧剂量来计算有机碳量。采用这种方法，土壤中的碳酸盐无干扰作用，而且操作简便、快速，适用于大量样品的分析。

采用这一方法进行测定时，有的直接利用浓硫酸和重铬酸钾（2∶1）溶液迅速混合时所产生的热（温度约为120℃）来氧化有机碳，称为稀释热法（水合热法）；也有的用外加热（170～180℃）来促进有机质的氧化。前者操作方便，但对有机质的氧化程度较低，只有77%，而且受室温变化的影响较大；后者操作较麻烦，但有机碳的氧化较完全，可达90%～95%，不受室温变化的影响。

此外，还可用比色法测定土壤有机质所还原的重铬酸钾的量来计算土壤有机碳，即利用土壤溶液中重铬酸钾被还原后产生的绿色铬离子（Cr^{3+}）或剩余的重铬酸钾橙色的变化，作为土壤有机碳的速测法。

以上方法主要是通过测定氧化剂的消耗量来计算出土壤有机碳的含量，所以当土壤中存在氯化物、亚铁及二氧化锰时，它们在铬酸溶液中会发生氧化还原反应，会导致有机碳的不正确结果。土壤中 Fe^{2+} 或 Cl^- 的存在将导致正误差，而活性的 MnO_2 的存在将产生负误差。但大多数土壤中活性的 MnO_2 的量是很少的，因为仅新鲜沉淀的 MnO_2 会参加氧化还原反应，即使锰含量较高的土壤，存在的 MnO_2 中也只有很少部分能与 $Cr_2O_7^{2-}$ 发生氧化还原反应，所以绝大多数土壤中 MnO_2 的干扰不致产生严重的误差。

测定土壤有机质含量除上述方法外，还可采用直接灼烧法，即在 350～400℃ 下灼烧，从灼烧后失去的重量来计算有机质含量。灼烧失重包括有机质和化合水的重量，因此本法主要用于砂性土壤。

3）有机碳的校正系数

经典的干烧法或湿烧法均为彻底氧化的方法，因为土壤中所有的有机碳均氧化为 CO_2，因而不需要一个校正系数。而上述外加热重铬酸盐法，不能完全氧化土壤中的有机化合物，需要用一个校正系数去校正未反应的有机碳，Schollenberger 法的校正系数为 1.15，Tyurin（1931）法的校正系数不加 Ag_2SO_4 时为 1.10，加 Ag_2SO_4 时为 1.04。

4）有机质含量的计算

土壤中的有机质含量可以用土壤中一般的有机碳比例（即换算因数）乘以有机碳百分数而求得。其换算因数随土壤有机质的含碳率而定。各地土壤的有机质组成不同，含碳量亦不一致，因此根据含碳量计算有机质含量时，如果都采用同一换算因数，势必造成一些误差。

Van Bemmelen 因数为 1.724，是假定土壤有机质含碳 58% 计算的。然而许多研究指出，对于许多土壤此因数太低，因此低估了有机质的含量。Broadbent（1953）概括了许多早期工作，确定换算因数为 1.9 和 2.5，分别选用于表土和底土。其他工作者（Ponomareva&Platnikova，1967）发现，1.9～2.0 的换算因数对于表层矿物土壤是令人满意的。

尽管这样，我国目前仍沿用 Van Benmmelen 因数 1.724。在国外常用有机碳而不用有机质含量表示。

2. 土壤有机质含量测定（重铬酸钾容量法——外加热法）

在外加热的条件下（油浴的温度为 180℃，沸腾 5min），用一定浓度的重铬酸钾－硫酸溶液氧化土壤有机质（碳），剩余的重铬酸钾用硫酸亚铁来滴定，从所消耗的重铬酸钾量来计算有机碳的含量。本方法测得的结果与干烧法对比，只能氧化 90% 的有机碳，因此将得到的有机碳含量乘以校正系数，以计算有机碳量。在氧化滴定过程中化学反应如下：

$$2K_2Cr_2O_7 + 8H_2SO_4 + 3C = 2K_2SO_4 + 2Cr_2(SO_4)_3 + 3CO_2 + 8H_2O$$

$$K_2Cr_2O_7 + 6FeSO_4 + 7H_2SO_4 = K_2SO_4 + Cr_2(SO_4)_3 + 3Fe_2(SO_4)_3 + 7H_2O$$

在 $1mol \cdot L^{-1}$ 的 H_2SO_4 溶液中用 Fe^{2+} 滴定 $Cr_2O_7^{2-}$ 时，其滴定曲线的突跃范围为 0.85～1.22V。

滴定过程中使用的氧化还原指示剂有四种，见表2－1－1。从表2－1－1中可以看出每种氧化还原指示剂都有自己的标准电位（E_0），邻菲啰啉和2－羧基代二苯胺的标准电位，正落在滴定曲线突跃范围之内，因此不需加磷酸而终点容易掌握，可得到准确的结果。

表2－1－1 滴定过程中使用的氧化还原指示剂

指示剂	E_0	本身变色 氧化—还原	Fe^{2+}滴定$Cr_2O_7^{2-}$时的变色 氧化—还原	特 点
二苯胺	0.76V	深蓝→无色	深蓝→绿	须加H_3PO_4；近终点须强烈摇动，较难掌握
二苯胺磺酸钠	0.85V	红色→无色	红紫→蓝紫→绿	须加H_3PO_4；终点稍难掌握
2－羧基代二苯胺	1.08V	紫红→无色	棕→红紫→绿	不必加H_3PO_4；终点易于掌握
邻菲啰啉	1.11V	淡蓝→红色	橙→灰绿→淡绿→砖红	不必加H_3PO_4；终点易于掌握

例如以邻菲啰啉亚铁溶液（邻二氮菲亚铁）为指示剂，三个邻菲啰啉（$C_2H_8N_2$）分子与一个亚铁离子络合，形成红色的邻菲啰啉亚铁络合物，遇强氧化剂则变为淡蓝色的正铁络合物，其反应如下：

$$\underset{\text{淡蓝色}}{[(C_2H_8N_2)_3Fe]^{3+}} + e \longleftrightarrow \underset{\text{红色}}{[(C_2H_8N_2)_3Fe]^{2+}}$$

滴定开始时以重铬酸钾的橙色为主，滴定过程中渐现Cr^{3+}的绿色，快到终点时变为灰绿色，如标准亚铁溶液过量半滴，即变成红色，表示终点已到。

但使用邻菲啰啉的一个问题是指示剂往往被某些悬浮土粒吸附，到终点时颜色变化不明显，所以常常在滴定前将悬浊液在玻璃滤器上过滤掉。

三、仪器与试剂

（1）仪器：油浴消化装置（包括油浴锅和铁丝笼）、硬质试管、秒表。

（2）试剂：

① 0.4mol·L^{-1}重铬酸钾（$1/6K_2Cr_2O_7$）－硫酸溶液。

称取4.0g重铬酸钾（C.P.）溶于60～80mL水中，用滤纸过滤到100mL量筒内，用水洗涤滤纸，并加水至100mL，将此溶液转移至500mL烧杯中。另取100mL密度为1.84g·mL^{-1}的浓硫酸（C.P.），慢慢地倒入重铬酸钾水溶液中，不断搅拌。为避免溶液急剧升温，可分若干次倒入浓硫酸，并把大烧杯放入冷水浴中冷却，直到加完为止。

② 0.1000mol·L^{-1}重铬酸钾（$1/6K_2Cr_2O_7$）标准溶液。

称取经130℃烘干2～3h的2.452g重铬酸钾（G.R.，精确至0.0001g），先用少量水溶解，然后无损失地移入 500mL 容量瓶中，加水定容。此标准溶液的浓度为 c（1/6 $K_2Cr_2O_7$）=0.1000mol·L^{-1}。

③ 0.1mol·L^{-1}硫酸亚铁标准溶液。

称取 28.0g 硫酸亚铁（C. P.）或 40g 硫酸亚铁铵（C. P.）溶解于 600~800mL 水中，加 20mL 浓硫酸（$\rho=1.84g\cdot mL^{-1}$）搅拌均匀，静置片刻后用滤纸过滤到 1L 容量瓶内，再用水洗涤滤纸并加水至 1L。此溶液易被空气氧化而使浓度下降，因此每次使用时应标定其准确浓度。

标定：吸取 20.00mL 0.1000mol·L^{-1}重铬酸钾标准溶液置于 150mL 三角瓶中，加入 3~5mL 浓硫酸和 3 滴邻菲啰啉指示剂，用硫酸亚铁标准溶液滴定至溶液由橙黄色经蓝绿色至棕红色为终点。根据硫酸亚铁溶液消耗量即可计算出硫酸亚铁溶液的准确浓度。

④ 邻菲啰啉指示剂。

称取邻菲啰啉（A. R.）1.49g，溶于含有 0.7g 的 $FeSO_4\cdot 7H_2O$ 或 1g 的 $(NH_4)_2SO_4\cdot FeSO_4\cdot 6H_2O$ 的 100mL 水溶液中。此指示剂易变质，应密闭保存于棕色瓶中。

⑤ 二氧化硅（SiO_2，A. R.），粉末状。

四、实验步骤

（1）使用水分测定仪准确测定被测土壤样品的水分系数。

（2）准确称取通过 0.2mm 筛孔的风干土样 0.25g（精确到 0.0001g），放入干燥的硬质试管中，用移液管准确加入 0.4mol·L^{-1}重铬酸钾－硫酸溶液 5mL，充分摇匀，管口盖上小玻璃漏斗，以冷凝蒸出的水汽。

（3）将试管逐个插入温度恒定在 176℃左右的石蜡油浴锅铝块管座中，使试管内的液面低于油浴锅内的石蜡液面。以第一个试管放进时开始计时，所有试管 2min 内放置完毕并将油浴锅盖好，8min 后依次取出试管。

（4）冷却片刻，擦去试管外面的蜡液。将试管内的消煮液及土壤残渣无损失地转入 250mL 三角瓶中，用水洗净试管内部及小漏斗，使三角瓶内溶液总体积为 50~60mL。

（5）加 3 滴邻菲啰啉指示剂，用硫酸亚铁标准溶液滴定剩余的重铬酸钾，溶液的变色过程为橙黄→蓝绿→棕红，记录 $FeSO_4$滴定毫升数（V）。

（6）同时做空白实验，且每批分析时必须做 2 个空白，即大约称取 0.25g 的 SiO_2代替土样，其他步骤与土样测定相同。记取 $FeSO_4$滴定毫升数（V_0），取其平均值。

【注】油浴锅温度平衡过程的控制：打开仪器电源将温度设置为 184℃，待温度上升到设定值后将油浴锅的锅盖打开，并将温度设置为 176℃，油浴锅在敞开环境下温度稳定至 176℃。

五、结果与讨论

1. 结果计算

$$土壤有机质含量=\frac{c\times(V_0-V)\times10^{-3}\times3.0\times1.1\times1.724}{m\times k}\times1000 \quad (2-1-1)$$

式中 c——$FeSO_4$标准溶液的浓度，$mol\cdot L^{-1}$；

V_0——空白滴定用去 $FeSO_4$的体积，mL；

V——样品滴定用去 $FeSO_4$的体积，mL；

10^{-3}——将 mL 换算为 L；

3.0——1/4 碳原子的摩尔质量，$g\cdot mol^{-1}$；

1.1——氧化校正系数；

1.724——由有机碳换算成有机质的系数；

m——风干土样质量，g；

k——将风干土样换算成烘干土的土壤水分系数。

2. 数据记录与处理

（1）土壤水分测定。

土壤水分系数 k：________。

（2）$FeSO_4$溶液的标定。

$FeSO_4$标准溶液的浓度 c（$mol\cdot L^{-1}$）：________。

（3）空白实验。

空白 1 消耗体积（mL）：________。

空白 2 消耗体积（mL）：________。

空白滴定平均用去 $FeSO_4$体积 V_0（mL）：________。

（4）测定结果分析（见表 2-1-2）。

表 2-1-2 土壤有机质的测定结果

样品编号	水分系数 k	土样质量 m/g	$FeSO_4$体积 V/mL	(V_0-V)/mL	有机质含量/($g\cdot kg^{-1}$)	平均值/($g\cdot kg^{-1}$)	RSD/%

六、注意事项

（1）含有机质高于 $50g\cdot kg^{-1}$者，称土样 0.1g；含有机质 $20\sim30g\cdot kg^{-1}$者，称土样

0.3g；含有机质少于20g·kg^{-1}者，称土样0.5g以上。由于称样量少，称样时应采用减重法以减少称样误差。

（2）土壤中氯化物的存在可使结果偏高。因为氯化物也能被重铬酸钾所氧化，因此，盐土中有机质的测定必须防止氯化物的干扰，少量氯可加少量Ag_2SO_4，使氯根沉淀下来（生成AgCl）。Ag_2SO_4的加入，不仅能沉淀氯化物，而且有促进有机质分解的作用。据研究，当使用Ag_2SO_4时校正系数为1.04，不使用Ag_2SO_4时校正系数为1.1。Ag_2SO_4的用量不能太多，约加0.1g，否则生成$Ag_2Cr_2O_7$沉淀而影响滴定。

（3）对于水稻土、沼泽土和长期渍水的土壤，由于土壤中含有较多的Fe^{2+}、Mn^{2+}及其他还原性物质，它们也消耗$K_2Cr_2O_7$，可使结果偏高，对这些土壤样品必须在测定前充分风干。一般可把样品磨细后，铺成薄薄一层，在室内通风处风干10天左右即可使Fe^{2+}全部氧化。

（4）在测定石灰性土壤样品时，必须慢慢加入$K_2Cr_2O_7-H_2SO_4$溶液，以防止由于碳酸钙的分解而引起激烈发泡。

（5）最好不采用植物油，因为它可被重铬酸钾氧化，而可能带来误差。矿物油或石蜡则对测定无影响。当气温很低时油浴锅的预热温度应高一些（约200℃）。铁丝笼应该有支脚，使试管不与油浴锅底部接触。

（6）使用矿物油虽对测定无影响，但空气污染较为严重，最好采用铝块（有试管孔座的）加热自动控温的方法来代替油浴法。

（7）必须在试管内溶液表面开始沸腾时才开始计算时间。掌握沸腾的标准尽量一致，然后继续消煮5min，消煮时间对分析结果有较大的影响，故应尽量计时准确。

（8）消煮好的溶液颜色一般应是黄色或黄中稍带绿色，如果以绿色为主，则说明重铬酸钾用量不足。在滴定时消耗硫酸亚铁量小于空白用量的1/3时，有氧化不完全的可能，应弃去重做（如果$K_2Cr_2O_7$被还原的量超过75%，则须用更少的土壤重做）。

七、思考题

（1）根据实验结果，评价土壤有机质含量丰缺状况。

（2）结合实验操作过程，分析重铬酸钾容量法测定土壤有机质的主要误差来源。

参考文献

[1] 鲁如坤. 土壤农业化学分析方法 [M]. 北京：中国农业科学技术出版社，2020.

[2] NY/T 1121.6—2006 土壤检测 第6部分：土壤有机质的测定.

实验2　ICP－AES法测定头发中的微量元素铜、铁、锌、钙

一、实验目的

（1）了解ICP－AES法的实验原理，掌握仪器的正确操作方法。

（2）学习生化样品的处理方法。

（3）掌握ICP－AES法测定头发中微量元素铜、铁、锌、钙的分析方法。

二、实验原理

人体内的微量元素在人体中起着极其重要的作用，它的缺乏和过剩与人的健康息息相关。微量元素与头发有特殊的亲和力，通过对头发微量元素的测验，可以预知身体状况。

ICP－AES（Inductively Coupled Plasma－Atomic Emission Spectrometry）法是使用电感耦合等离子体作为激发光源的一种发射光谱分析法。等离子体是氩气通过炬管时，在高频电场的作用下电离而产生的。它具有很高的温度，样品在等离子体中的激发比较完全。样品由载气（氩气）带入雾化系统进行雾化后，以气溶胶形式进入等离子体，在高温和惰性气体中被充分蒸发、原子化、电离和激发，发射出所含元素的特征谱线。

在等离子体某一特定的观测区及固定的观察高度，测定的谱线强度与样品浓度具有一定的定量关系。通过绘制工作曲线，只要测量出样品的谱线强度，就可计算出其浓度从而进行定量分析，或根据谱线特征进行定性分析。

三、仪器与试剂

（1）仪器：Prodigy xp高频电感耦合等离子体光谱仪（美国Leeman）。

（2）试剂：铜、铁、锌、钙标准溶液（$1mg \cdot mL^{-1}$，国家标准物质研究中心），硝酸（G. R.），盐酸（G. R.），二次蒸馏水，高纯氩气。

四、实验步骤

1. 配制标准溶液

准确移取铜、铁、锌、钙标准溶液（$1mg \cdot mL^{-1}$），用2%硝酸逐级稀释配制成混合标准溶液系列，各元素浓度（$\mu g \cdot mL^{-1}$）如表2－2－1所示。

表 2-2-1 各元素标准溶液的浓度 $\mu g \cdot mL^{-1}$

元素	1#	2#	3#	4#
Fe	0	0.5	1	2
Cu	0	0.1	0.5	1
Zn	0	0.1	0.5	1
Ca	0	1	2	5

2. 试样溶液的制备

用不锈钢剪刀取距头皮不超过 2cm 的头发作为样品，浸入丙酮中 3～4h 脱脂后，用洗发香波洗涤后用自来水清洗多次，再用去离子水洗涤 3 次，沥干，用不锈钢剪刀将其剪成 3～5mm 的发段，置于 80℃ 烘箱中烘至恒重。准确称取发样约 0.5000g，置于 150mL 锥形瓶中，加入 15mL 浓硝酸，缓慢滴加 5 滴 30% H_2O_2（注意：溶样过程中加 H_2O_2 时，应慢慢滴加，以免 H_2O_2 受热剧烈分解，将试样溅出），盖上回流漏斗，静置 5min，于电热板上低温消解至溶液透明，细心蒸至近干（若消解后呈深棕色，应再加少许过氧化氢，继续加热使之变浅）。用 2% 硝酸溶解，转移至 25mL 容量瓶中，用去离子水稀释至刻度，摇匀，待测定。

3. 仪器操作步骤

（1）打开仪器主机、计算机，点击工作站使主机与计算机连接。

（2）等待光室温度达到平衡后，打开高纯氩气吹扫检测器约 5min。

（3）选择待测元素及谱线，设定相关参数。

RF 1：1kW；

冷却气：$18L \cdot min^{-1}$；

雾化器：34psi（1psi = 6.895kPa）；

检测器温度：-16℃；

样品提升量：$1.4mL \cdot min^{-1}$；

积分时间：15s。

（4）将检测器温度调至 -15℃。

（5）点燃等离子体。

（6）波长校正：分别用铜、铁、锌、钙标准溶液校正波长。

（7）依次检测标准溶液，绘制工作曲线。

（8）样品测定：测定样品溶液谱线强度，分别计算溶液中铜、铁、锌、钙的浓度。

（9）测定结束后，把蒸馏水引入等离子体中清洗雾室及炬管。然后熄灭等离子体，关闭计算机，关闭氩气钢瓶，关闭循环冷却水，按与开机相反的顺序关闭仪器。

五、结果与讨论

依据工作曲线或曲线方程及溶液中测定的铜、铁、锌、钙元素的发射强度，计算所测样品溶液中铜、铁、锌、钙的浓度，再计算头发中各微量元素的含量。以铜含量为例：

$$铜含量\ \omega = \frac{C \cdot V}{m} \tag{2-2-1}$$

式中　C——测试液中铜的浓度，$\mu g \cdot mL^{-1}$；

V——测试液体积，mL；

m——头发称量质量，g。

六、思考题

（1）微量元素铜、铁、锌、钙是否可以用原子吸收光谱法检测？

（2）比较原子吸收光谱法和原子发射光谱法在多种元素分析中的优缺点。

参考文献

[1] 乌建平，沈杰，周镇东．学龄期儿童铁营养状况的调查［J］．广东微量元素科学，2001，8（4）：53－55.

[2] 顾钢，吴荨青，彭运开，等．人发中微量元素检测方法［J］．苏州医学院学报，1985，26（1）：86－89.

实验 3　低共熔溶剂用于大米中黄曲霉毒素的测定

一、实验目的

（1）掌握一种绿色环保的食品中有害物质的检测方法。

（2）熟悉高效液相色谱仪的使用方法。

二、实验原理

黄曲霉毒素主要是由黄曲霉、寄生曲霉和其他种类的霉菌产生的一组有毒的次级代谢产物，是自然产生的且具有致癌、致畸和致突变性，对人和动物有不良的影响。对食品中的黄曲霉毒素进行有效检测是保障食品安全的关键。本实验将制备低共熔溶剂，用于大米中黄曲霉毒素的萃取分离，结合高效液相色谱法，有效地检测大米中的黄曲霉毒素。

低共熔溶剂（Deep Eutectic Solvents，DESs）是一种新型的离子液体，通常是将一定物质的量比（旧称摩尔比）的两种或三种组分混合通过氢键作用相互结合而形成。低共熔溶剂因其低毒性、低成本和易制备等优点，在有机合成、气体吸收与萃取分离领域得到了广泛的应用。

高效液相色谱法（High Performance Liquid Chromatography，HPLC）分离待测物的基本原理是基于各组分在固定相及流动相中的分配系数不同而进行分离的。色谱分离的实质是样品分子（以下称溶质）与溶剂（流动相或洗脱液）以及固定相分子间的作用，作用力的大小决定色谱过程的保留行为。外标法：不同浓度的标准品进样，以峰面积为值绘制成标准曲线，从而推算出未知试样中被测组分浓度的定量方法。

三、仪器与试剂

（1）仪器：高效液相色谱仪、集热式恒温水浴锅、超声波清洗器、分析天平、流动相过滤装置、PTFE（亲水聚四氟乙烯）、滤膜（0.45μm）、一次性注射器（1mL）、圆底烧瓶（250mL）、容量瓶（100mL）、烧杯（100mL）、比色管（10mL）、吸量管（5mL、2mL）。

（2）试剂：甲醇（C.P.）、乙腈（C.P.）、黄曲霉毒素 B1 标准品（中国药品生物制品检定所）、大米、氯化胆碱（A.R.）、丙二酸（A.R.）。

四、实验步骤

（1）低共熔溶剂的制备：参考相关文献，称取 11.5g 丙二酸和 10g 氯化胆碱混合于圆底烧瓶中，将烧瓶置于 80～100℃的油浴锅中充分搅拌，直至形成均一透明的无色液体。

（2）大米样品的制备：称取 2g 粉碎的大米样品于烧杯中，取低共熔溶剂 4mL 和二次水 2mL 至烧杯中，超声萃取 50min，6000r·min^{-1}离心 15min，取上清液，用 0.45μm 滤膜过滤。

（3）流动相的配置：水与甲醇的配比为 60：40，用 0.45μm 滤膜过滤以除去杂质微粒，超声脱气（500mL 溶液需超声 20～30min）。

（4）标准溶液的配置：精密称取黄曲霉毒素 B1 标准品 10mg，倒入 100mL 容量瓶中，加入少量甲醇溶解，加水稀释至刻度，得 0.1mg·mL^{-1}黄曲霉毒素 B1 标准品溶液。然后分别移取 0.2mL、0.4mL、0.6mL、0.8mL、1.0mL 标准溶液于 10mL 比色管中，用 40% 甲醇稀释至刻度，对应得到 2μg·mL^{-1}、4μg·mL^{-1}、6μg·mL^{-1}、8μg·mL^{-1}、10μg·mL^{-1}系列标准溶液。用 0.45μm 有机滤膜过滤为待测液。

（5）色谱仪操作：接通电源，依次开启电源、泵、检测器，自检结束后，打开电脑显示器、主机，最后打开色谱工作站。流动相的吸滤器放入准备好的流动相的储液瓶中，逆时针转动泵的排液阀 180°（不能超过 180°），打开排液阀；按泵的［purge］键，pump 指示灯亮，泵大约以 9.9mL·min^{-1}的流速冲洗，3min（可设定）后自动停止；将排液阀顺时针旋转到底，关闭排液阀。如管路中仍有气泡，则重复以上操作直至气泡排尽。

打开“在线色谱工作站”软件，输入实验信息并设定各项方法参数后，按“下载”按钮，参数载入。启动泵，pump 指示灯亮。用流动相冲洗系统，一般最少需 6 倍体积的流动相。检查各管路连接处是否漏液，如漏液予以排除。观察泵控制屏幕上的压力值，压力波动不应超过 1MPa。如超过则可初步判断为柱前管路仍有气泡，检查管路后再操作。

观察基线变化，如果冲洗至极限飘逸 $<0.01mV\cdot min^{-1}$、噪声 $<0.001mV$ 时，可认为系统已达到平衡状态，可以进样。进样前按［零点校正］按钮校正基线零点。用试样溶液清洗注射器，排出气泡后抽取适量即可以进样了。每次进样注射 2～3 次。

分析工作结束后，先关检测器。清洗进样阀中的残留样品，然后用 5% 甲醇以分析时所用的流速冲洗色谱柱 15min，再以纯甲醇冲洗色谱柱 20min。实验完毕后，关闭仪器和电脑。

五、结果与讨论

将实验结果记录于表 2－3－1 和表 2－3－2 中。

表 2－3－1 黄曲霉毒素 B1 标准品线性实验结果（写出线性方程及 *R* 值）

浓度/（$\mu g\cdot mL^{-1}$）	2	4	6	8	10
峰面积					
平均值					
RSD/%					

表 2－3－2 样品中黄曲霉毒素 B1 的含量测定结果

样品	大米
峰面积	
平均值	
RSD/%	
含量/（$\mu g\cdot mL^{-1}$）	

六、思考题

（1）低共熔溶剂作为绿色萃取溶剂具有哪些优点？

（2）影响黄曲霉毒素萃取效率的因素有哪些？

参考文献

[1] SHEPHARD G S. Aflatoxin analysis at the beginning of the twenty－first century [J]. Analytical and Bioanalytical Chemistry, 2009, 395 (5): 1215－1224.

[2] SMITH E L, ABBOTT A P, RYDER K S. Deep eutectic solvents (DESs) and their applications [J]. Chemical Reviews, 2014, 114 (21): 11060－11082.

[3] HE T T, ZHOU T, WAN Y Q, et al. A Simple strategy based on deep eutectic solvent for determination of aflatoxins in rice samples [J]. Food Analytical Method, 2020, 13 (266): 542－550.

实验 4 盐酸萘乙二胺分光光度法测定食品中亚硝酸盐

一、实验目的

（1）理论与实践相结合，利用所掌握分析检验的基础理论测定食品样品中的亚硝酸盐。

（2）掌握样品制备、提取的基本操作技能。

（3）掌握盐酸萘乙二胺分光光度法测定食品中亚硝酸盐的原理和方法。

二、实验原理

样品经沉淀蛋白质、去除脂肪、在弱酸条件下亚硝酸盐与对氨基苯磺酸重氮化后，与盐酸萘乙二胺偶合，形成紫红色染料，其颜色的深浅与亚硝酸盐的含量成正比，于波长549nm 处测定其吸光度后，再与标准比较定量，即可计算出样品中亚硝酸盐的含量。该过程的反应方程如下：

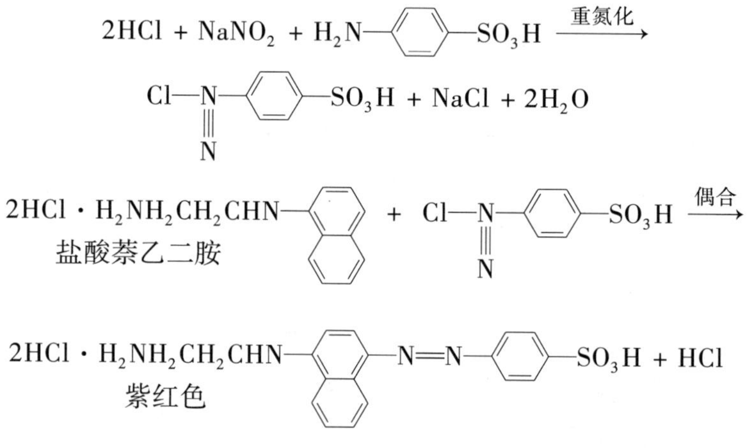

三、仪器与试剂

（1）仪器：电子分析天平、TU－1901 型分光光度计（北京普析通用仪器公司）、恒温振荡器、研钵、烧杯、容量瓶、锥形瓶、移液管、吸量管。

（2）试剂：亚铁氰化钾、乙酸锌、硼砂、对氨基苯磺酸、盐酸萘乙二胺、亚硝酸钠、浓盐酸。

（3）样品：市售腌菜、新鲜蔬菜。

（4）试剂的配制：

①亚铁氰化钾溶液（$106g \cdot L^{-1}$）：称取 5.3g 亚铁氰化钾［$K_4Fe(CN)_6 \cdot 3H_2O$］，用

水溶解，并稀释至50mL。

②乙酸锌溶液（220g · L^{-1}）：称取11g乙酸锌［$Zn(CH_3COO)_2 \cdot 2H_2O$］，先加1.5mL冰醋酸（$CH_3COOH$）溶解，再用水稀释至50mL。

③饱和硼砂溶液（50g · L^{-1}）：称取5.0g硼酸钠（$Na_2B_4O_7 \cdot 10H_2O$），溶于100mL热水中，冷却后备用。

④对氨基苯磺酸溶液（4g · L^{-1}）：称取0.2g对氨基苯磺酸（$C_6H_7NO_3S$），溶于50mL 20%（体积分数）盐酸中，置棕色瓶中混匀，避光保存。

⑤盐酸萘乙二胺溶液（2g · L^{-1}）：称取0.1g盐酸萘乙二胺（$C_{12}H_{14}N_2 \cdot 2HCl$），溶于50mL水中，混匀后，置棕色瓶中，避光保存。

⑥亚硝酸钠标准溶液（200μg · mL^{-1}）：准确称取0.1000g于110～120℃干燥恒重的亚硝酸钠，加水溶解移入500mL容量瓶中，加水稀释至刻度，混匀。

⑦亚硝酸钠标准使用液（10.0μg · mL^{-1}）：临用前，吸取亚硝酸钠标准溶液2.50mL，置于50mL容量瓶中，加水稀释至刻度。

四、实验步骤

1. 样品制备

（1）提取：称取5g（精确至0.01g）试样置于研钵中，加入12.5mL饱和硼砂溶液制成匀浆的试样，用70℃左右的水约150mL将试样完全洗入250mL容量瓶中，于恒温振荡器70℃水浴中振荡提取15min，取出置冷水浴中冷却，并放置至室温。

（2）提取液净化：在上述振荡提取液中加入5mL亚铁氰化钾溶液，摇匀，再加入5mL乙酸锌溶液，以沉淀蛋白质；加入1g活性炭以除去有机色素，加水至刻度，摇匀，放置30min，除去上层脂肪，上清液用滤纸过滤，弃去初滤液30mL，收集滤液为待测液。

2. 绘制标准曲线

取0.00mL、0.20mL、0.40mL、0.60mL、0.80mL、1.00mL、1.20mL亚硝酸钠标准使用液（10.0μg · mL^{-1}），相当于0.0μg、2.0μg、4.0μg、6.0μg、8.0μg、10.0μg、15.0μg亚硝酸钠，分别置于50mL容量瓶中，向容量瓶中分别加入2.0mL对氨基苯磺酸溶液，混匀，静置3～5min后各加入1mL盐酸萘乙二胺溶液，加水至标线，混匀，静置15min，用1cm比色皿，以1号瓶作参比溶液，于549nm波长下分别测其吸光度，绘制标准工作曲线，同时做试剂空白实验。

3. 样品的测定

吸取40mL待测液于50mL容量瓶中，然后向其中加入2.0mL对氨基苯磺酸溶液，摇匀，放置3～5min，再加入1mL盐酸萘乙二胺溶液，加水至刻线，混匀，静置15min，用1cm比色皿，以1号瓶作参比溶液，于549nm波长下测其吸光度，同时做空白试验。

五、结果与讨论

根据测量原理及方法，测量结果可表示为以下函数关系：

$$X_i = \frac{A_i \times 1000}{m \times \frac{V_1}{V_0} \times 1000} \quad (2-4-1)$$

式中 X_i——试样中亚硝酸钠的含量，mg·kg^{-1}；

A_i——测定用样液中亚硝酸钠的质量，μg；

m——试样的质量，g；

V_1——测定用样液的体积，mL；

V_0——试样处理液的总体积，mL。

【注】①盐酸萘乙二胺有致癌的作用，使用时注意安全；②显色后稳定性与室温有关，一般显色温度以15～30℃为宜，在20～30min内测定为好。

六、思考题

（1）试样提取过程中饱和硼砂溶液的作用是什么？

（2）提取液过滤时要弃去初滤液30mL的原因是什么？

参考文献

[1] 食品安全国家标准审评委员会. 食品安全国家标准 食品添加剂使用标准：GB 2760—2014 [S]. 北京：中国标准出版社，2015.

[2] 刘红艳，宋秀环，朱慧，等. 紫外分光光度法测定肉制品中亚硝酸盐 [J]. 光谱实验室，2004，21（6）：1119－1121.

[3] 杨丽珠，李永，刘炜，等. 亚硝酸根的极谱测定 [J]. 分析科学学报，2006，22（2）：239－240.

实验5 脐橙皮中精油的化学成分分析

一、实验目的

（1）学习和掌握植物精油的提取方法。

（2）掌握气相色谱－质谱联用仪的操作方法。

（3）学习质谱图的简单解析。

二、实验原理

江西赣南自20世纪70年代开始种植脐橙以来，经过40多年的发展，种植面积已达200万亩，年产量已超过150万吨，脐橙产业规模迅速得到壮大，已经成为脐橙种植面积世界第一、年产量世界第三、全国最大的脐橙主产区，脐橙产业已成为赣南农业经济发展的支柱产业之一。积极开展脐橙资源的综合利用与关键技术开发研究是江西省科技发展研究领域的重要课题。脐橙皮色泽鲜艳，香味浓郁，油性极大，皮中包含大量具有理气健脾、祛湿化痰等功效的香精油与麝香草酚等有机物，也含有具有生理活性的黄酮甙（如橙皮甙、柚皮甙）、天然类胡萝卜素和果胶等物质。

橙皮精油存在于植物表皮细胞，由萜烯类、酯类和醛类物质混合组成，具有特殊香味，常温下呈油状。其具有一定的药用及食用价值，具有消炎、杀菌、抗氧化等功效，同时也是一种赋香剂和调味剂，广泛应用于食品医疗行业，具有良好的应用前景。本实验采用水蒸气蒸馏法提取橙皮精油，再用气相色谱－质谱联用仪对精油中的化学成分进行分离与鉴定。

自1957年J. C. Holmes和F. A. Morrell首先实现了气相色谱－质谱联用以后，该技术在有机化学、生物化学、石油化学、环境保护、食品和医药卫生、材料科学、刑事侦查等领域发挥了独特的作用。气相色谱－质谱联用仪具有测试速度快、结果精确、样品用量少等特点，是对有机化合物（特别是未知的复杂有机混合物）进行分离与鉴定、结构分析和相对分子质量测定的重要分析仪器之一。

当一个混合物样品注入气相色谱仪的进样口后，在色谱柱上进行分离，每种组分以不同的保留时间离开色谱柱出口，经分子分离器除去载气，只让组分分子进入离子源。经电离后，分子离子和碎片离子被加速并射向分离器。在进入分离器之前，设置一个总离子检测极，收集总离子流的一部分，经放大后可得到该组分的碎片峰，该图称为总离子流色谱图（TIC）。当记录仪上开始画出色谱峰时，表明这一组分正出现在质谱计的离子源内。当某组分的总离子色谱峰的峰顶将出现时，对质谱计进行扫描就可得到此组分的质谱图。

三、仪器与试剂

（1）仪器：Agilent 6890/5973N GC－MS联用仪（美国Agilent公司）、HK－08B流水式中药粉碎机（广州市旭朗机械设备有限公司）、RE－2000B旋转蒸发仪（上海亚荣生化仪器厂）。

（2）试剂：无水乙醇（A. R.）、无水硫酸钠（A. R.）、乙酸乙酯（A. R.）、氢氧化钠（A. R.）、盐酸（A. R.）等均为国产试剂，脐橙皮（产地为赣州）。

四、实验步骤

（1）将烘干的橙皮置于流水式中药粉碎机中进行粉碎，称取10g粉碎的橙皮粉，加入适量的蒸馏水后置于圆底烧瓶中，用水蒸气蒸馏法进行蒸馏，得到油水混合物。将其置于分液漏斗中，加入乙酸乙酯20mL（分三次加入）进行萃取，静置分层。收集有机相于锥形瓶中，加入无水硫酸钠干燥4～5h，过滤，用旋转蒸发仪除去乙酸乙酯，得到淡黄色液体，称重，计算提取率（以干重计）。

（2）GC－MS分析：

①色谱条件：色谱柱为HP－5MS（5% Pheny Methyl Siloxane，30m×0.25mm×0.25μm）弹性石英毛细管柱，柱箱温度为70℃，进样温度为250℃，进样方式为分流，载气为He，初始压力为500～900kPa，流量控制方式为压力，压力为100.0kPa，总流量为35.2mL·min^{-1}，柱流量为1.53mL·min^{-1}。

②质谱条件：离子源温度为200℃，接口温度为250℃，溶剂延迟时间为2.5min，微扫描宽度为0.1amu，开始时间为2.5min，结束时间为90min，采集方式为scan，间隔为0.3scan·s^{-1}，电离电压为1666V，开始质荷比（m/z）为35，结束质荷比（m/z）为500。

五、结果与讨论

按参考文献[3]方法将获得的精油用GC－MS进行分析，通过G1701BA化学工作站数据处理系统，检索NIST98谱图库，并分别与8峰索引及EPA、NIH质谱图集的标准谱图进行对照，再结合有关文献进行人工谱图解析，确认脐橙皮精油中的各化学成分；按峰面积归一化法进行定量分析，求得各化学成分在精油中的相对含量。

六、思考题

（1）植物精油的提取方法有哪些?

（2）色谱定量的方法有哪些?

参考文献

[1] 单杨．中国柑橘工业的现状、发展趋势与对策［J］．中国食品学报，2008，8（1）：1－8．

[2] PU Peng, GAO Dongmei, Salim Mohamed, et al. Naringin ameliorates metabolic syndrome by activating AMP－activated protein kinase in mice fed a high－fat diet［J］. Archives of Biochemistry and Biophysics, 2012, 518（1）：61－70．

[3] 林燕，王科军，罗国添，等．赣南脐橙花挥发油化学成分分析［J］．精细化工，2006，23（9）：900－905．

[4] 罗诗文，赵凤英，罗国添，等．干玫瑰花挥发性成分的提取及GC－MS分析［J］．南昌大学学报（理科版），2006，30（6）：577－579．

实验 6　内标法测定二甲苯中苯的含量

一、实验目的

（1）熟练掌握气相色谱仪的使用方法和进样技术。

（2）学习内标定量的基本原理。

（3）掌握使用内标法测定试样中的杂质含量。

二、实验原理

对于试样中少量杂质的测定，或仅需测定试样中的某些组分时，可采用内标法定量。用内标法定量时需在试样中加入一种物质作内标，而内标物质应符合下列条件：

（1）应是试样中不存在的纯物质；

（2）内标物质的色谱峰位置应位于被测组分色谱峰附近；

（3）其物理性质及化学性质应与被测组分相近；

（4）加入的量应与被测组分的含量接近。

设在质量为 $m_{试样}$ 的试样中加入内标物的质量为 m_s，被测组分的质量为 m_i，被测组分及内标物质的色谱峰面积（或峰高）分别为 A_i、A_s（或 h_i、h_s），则

$$m_i = f_iA_i,\ m_s = f_sA_s,$$

$$m_i/m_s = f_iA_i/f_sA_s,\ m_i = m_s \cdot f_iA_i/f_sA_s$$

$$C_i\% = m_i/m_{试样} \times 100,\ C_i\% = m_s/m_{试样} \cdot f_iA_i/f_sA_s \times 100$$

若以内标物质作标准，则可设 $f_s = 1$，可按下式计算被测组分的含量，即

$$C_i\% = m_s/m_{试样} \cdot f_iA_i/A_s \times 100 \quad (2-6-1)$$

或

$$C_i\% = m_s/m_{试样} \cdot f_i''h_i/h_s \times 100 \quad (2-6-2)$$

式中　f_i''——峰高相对校正因子。

也可配制一系列标准溶液，测得相应的 A_i/A_s（或 h_i/h_s）来绘制 $A_i/A_s - C_i\%$ 标准曲线。这样可在无需预先测定 f_i（或 f_i''）的情况下，称取固定量的试样和内标物质，混匀后即可进样，根据 A_i/A_s 之值求得 $C_i\%$。

内标法定量结果准确，对于进样量及操作条件不需严格控制，内标标准曲线法更适合于工厂的控制分析。本实验选用甲苯为内标，以内标标准曲线法测定二甲苯中苯的含量。

三、仪器与试剂

（1）仪器：气相色谱仪 GC1690（配 FID）、色谱柱 AT． SE－30（30m×0.25mm×

0. 33μm）或 AT． PEG－20（30m×0. 25mm×0. 33μm）、氮气钢瓶、氢气钢瓶、空气钢瓶、1μL 微量注射器、2mL 样品瓶。

（2）试剂：苯（HPLC）、甲苯（HPLC）、二甲苯。

标准溶液：按表 2－6－1 配制一系列标准溶液，分别置于 5 支 100mL 容量瓶中备用。

表 2－6－1 标准溶液的配置

编号	苯/g	甲苯/g	二甲苯
1	0. 5	3. 0	定容至 100mL
2	1. 0	3. 0	
3	2. 0	3. 0	
4	3. 0	3. 0	
5	5. 0	3. 0	

四、实验步骤

（1）先打开载气，再开电源，设定仪器参数，进样口温度为 100℃（INJ 100 ENTER），柱温为 80℃（COL I. TEMP 80 ENTER），检测器温度为 180℃（SHIFT DET 180 ENTER）。

（2）各参数设定好后，设置燃气和助燃气之比，点火。打开色谱工作站，基线平滑后，即可进样。

（3）依次吸取上述各标准溶液约 0. 4μL 进样，记录色谱图。重复进样 2 次。

（4）在同样条件下，吸取未知样品溶液约 0. 4μL 进样，记录色谱图。重复进样 2 次。

（5）实验完毕后，先关闭氢气和空气，再将温度设置到室温，待温度达到室温后，关闭 GC 电源，关闭载气。

五、结果与讨论

（1）记录实验条件。

（2）以甲苯作内标物质，测量 A_i、A_s，并填入表 2－6－2 中。

表 2－6－2 A_i、A_s、A_i/A_s 值记录表

编号	C_i%	A_i	A_s	A_i/A_s
1	1. 0			
2	2. 0			
3	3. 0			
4	5. 0			
未知试样				

（3）绘制 $A_i/A_s - C_i\%$ 标准曲线。

（4）根据未知试样的 A_i/A_s 值，在标准曲线上写出相应的 $C_i\%$ 值。

六、思考题

（1）内标法定量有何优点？它对内标物质有何要求？

（2）实验中是否要严格控制进样量？实验条件若有所变化是否会影响测定结果？为什么？

（3）在内标标准曲线法中，是否需要应用校正因子？为什么？

（4）试讨论色谱柱温度对分离的影响。

参考文献

[1] 孙建强，戴双燕．气相色谱内标法测胶黏剂中苯、甲苯、二甲苯的含量［J］．宁波化工，2014（2）：28－30.

[2] 王永苗，李雁如．气相色谱法测定粗苯中苯、甲苯和二甲苯含量［J］．当代化工，2014，43（1）：82－83.

[3] GB/T 23990—2009　涂料中苯、甲苯、乙苯和二甲苯含量的测定　气相色谱法．

实验 7　差热－热重分析法测定 $CuSO_4 \cdot 5H_2O$ 的 DTA 曲线和 TG 曲线

一、实验目的

（1）掌握差热分析法和热重分析法的基本原理。

（2）熟知差热－热重分析仪的基本操作，以及 DTA 曲线和 TG 曲线的分析方法。

（3）通过对 DTA 曲线和 TG 曲线的分析了解 $CuSO_4 \cdot 5H_2O$ 的失水过程。

二、实验原理

1. 差热分析法

差热分析法（Differential Thermal Analysis，DTA）的定义为：在程序控制温度下测量物质与参比物之间的温度差与温度的函数关系的技术。即是通过对样品和参比物进行程序升温（或降温），以测量样品与参比物之间的温度差，来研究样品中的物理和化学变化。在加热过程中，被测样品有微小的热效应产生时，即可迅速观察到样品与参比物之间温度的差异，将这种温度的差异记录下来并转化成电信号，通过放大器和记录装置记录下来，所得的曲线为差热曲线。

差热分析主要由三部分组成：电炉及电炉的控温单元、信号放大转换器、记录器。在一定温度下无热效应发生时，$T_1=T_2$，即参比物与样品的温度相等，这时记录仪上的差热曲线为一条直线（AB）。当样品在一定的温度下产生吸热（或放热）时，则热量改变，$T_1 \neq T_2$，经放大后在记录仪上出现了 ΔT，即出现了向上的 BCD 峰（放热）或向下的 EFG 峰（吸热）。峰的大小随样品测定的环境、质量的大小、粒度大小、升温速度以及采用的放大倍数不同而不同。理想的差热曲线很尖，较易测量，但由于物理和化学变化可能出现附加峰、重叠峰或宽峰，这时温度较难测准，因此国际热化学学会对 DTA 曲线上温度的测量作出规定：横坐标表示温度，纵坐标表示 ΔT，当 $\Delta T=0$ 时为基线，当 $\Delta T>0$ 时为放热，$\Delta T<0$ 时为吸热，如图 2－7－1 所示。样品与参比物以一定的升温速度加热，当没有热效应产生时（$T_1=T_2$时），差热曲线近于直线在 AB 上运动。当样品开始产生物理或化学变化时，若样品中发生了放热过程，曲线开始由 B 点逐渐偏离，B 点以后部分为反应开始时的温度，它代表的是在这个温度上的变化过程第一次被 DTA 所测知。放热峰 C 的温度对应于差热热电偶测量的放热最大速度的温度，但它既不代表反应的最大速度，也不代表反应的完成。一般来说峰温度容易测量，但它的数值由于加热速度大以及试验因素的影响比起始温度变化更大。通常使用外推温度作为测定温度。

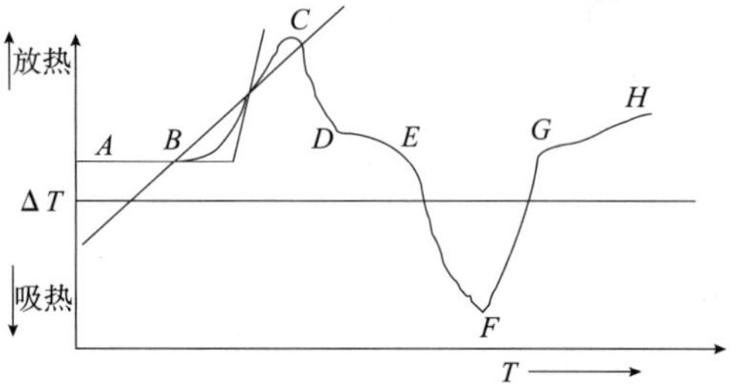

图2－7－1　差热曲线

2. 热重分析法

热重分析法（Thermogravimetry，TG）：某些物质在加热过程中由于脱水、分解、氧化等变化而重量也随之发生变化，所以将电炉与天平结合起来测量物质加热时的重量变化，即为热重分析。它是在程序控制温度下测量物质的重量与温度的函数关系的技术。在控制升温条件下，随着温度的升高重量改变，将此失重或增重的信号放大记录下来即可得到热重曲线。

TG 曲线的测量：横坐标表示温度，纵坐标表示重量的变化，从上至下重量减少。当样品与参比物加热时没有重量变化时，TG 曲线与横坐标 t 平行。当有失重现象发生时，曲线转折向下，W_1 和 W_2 为两个不同过程所失的重量。理想的失重曲线应该是在恒温下得到的。但由于样品本身不够稳定或有挥发性吸附物存在，或因加热速度快、热平衡速度缓慢等因素影响而得不到理想的曲线，会出现失重温度提前、反应结束温度滞后的现象。如图 2－7－2

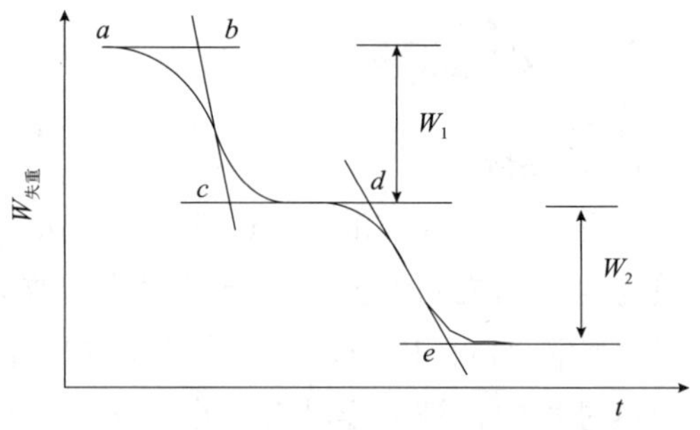

图2－7－2　热重曲线

所示，第一步失重为 W_1，失重起始温度为 b，结束温度为 c；第二步失重为 W_2，失重起始温度为 d，结束温度为 e。

三、仪器与试剂

（1）仪器：电子天平（精确度为 0.0001g）；WCT－2C 型差热－热重仪，包含加热炉、微机差热天平（精确度为 0.00001g）、信号放大器、计算机。

（2）试剂：$CuSO_4 \cdot 5H_2O$。

四、实验步骤

（1）通过 Al_2O_3坩埚，在分析天平上称取 10mg $CuSO_4 \cdot 5H_2O$ 样品，放入加热炉的右座盘中，左座盘放置参比坩埚（注意：应轻轻抬起加热炉罩，不能碰撞天平座盘的支撑杆，轻拿轻放坩埚）。

（2）双击 RSZ 图标→单击热分析系统→新采集→参数设定→确定文件名→选定保存位置保存→仪器开始程序升温→实时曲线→监视升温进程。

①基本试验参数设定：

a. 样品名称：$CuSO_4 \cdot 5H_2O$；

b. 样品序号：1；

c. 操作者：wangwu；

d. 样品质量：10mg。

②升温参数设定：

a. 始温：要低于室温；

b. 升降温速率：5～20℃ · min^{-1}；

c. 终值温度：要低于 1350℃；

d. 保温时间：0min；

e. 温度轴最大值：1500℃（一般不变化）。

（3）加热，实时检测。

（4）曲线分析：

①打开文件。

②曲线 1 级或 2 级平滑，级数太高会导致峰形改变太大，偏离原始值。

③TG 分析和 DTG 分析。

在 TG 曲线上选择每一次失重的前后端点，屏幕下方的表格内会出现每次失重过程的开始温度、中止温度和失重率（所失重量占总重量的百分比）→返回→点击选定位置区间，在光标停留处出现开始温度、中止温度和失重率。

在 DTG 曲线（对 TG 曲线进行一阶微分得到的曲线）上找出并选定各个峰顶的位置，屏幕下方的表格内会出现该峰顶位置的失重速率→返回→确定标峰位置。

④DTA 分析：选择峰前后点→选定（单击）→峰宽（单击）→峰顶温度（单击）→外推温度（单击）→峰面积（单击）→连线（单击）→常数（8.25）（或曲线拟合法→打开→K→计算）→反应热焓→返回结果→点击文件→选择保存或打印分析界面。

五、结果与讨论

通过 DTA 曲线和 TG 曲线分析 $CuSO_4 \cdot 5H_2O$ 的失水过程。

六、思考题

（1）要获得一条好的 DTA 曲线和 TG 曲线主要应该注意哪些问题？

（2）请分析 $CuSO_4 \cdot 5H_2O$ 的脱水过程。

参考文献

[1] 汪昆华，罗传秋，周啸．聚合物近代仪器分析：第 2 版 [M]．北京：清华大学出版社，2000.

[2] 宗汉兴．化学基础实验 [M]．杭州：浙江大学出版社，2000.

[3] 殷学峰．新编大学化学实验 [M]．北京：高等教育出版社，2002.

实验 8　草酸根合铁（Ⅲ）酸钾的制备及表征

一、实验目的

通过草酸根合铁（Ⅲ）酸钾的制备、化学分析、差热 - 热重分析、红外光谱分析等了解配合物的制备、分析、确定组成的全过程。

二、实验原理

草酸根合铁（Ⅲ）酸钾可由三氯化铁和草酸钾反应制得，要确定所制得配合物的组成，必须综合运用各种方法。通过化学分析可以确定各组分的质量分数，从而确定其化学式。

配合物中的金属离子一般可通过容量滴定、比色分析或原子吸收光谱确定其含量。本实验选用比色分析法测定铁离子含量，而钾离子含量采用离子选择电极法测定。

为证明配合物中草酸根的存在和是否含有结晶水，可通过红外光谱作出定性分析，并用热重分析法定量测定结晶水和草酸根的含量，热分解产物中碳酸盐的存在也可由红外光谱来验证。草酸根的含量还可由高锰酸钾法滴定分析测定。

三、仪器与试剂

（1）仪器：722型分光光度计、pH计、差热天平、电导率仪、常用玻璃仪器、磁力搅拌器、钾电极、甘汞电极、红外光谱仪。

（2）试剂：草酸钾（$K_2C_2O_4 \cdot H_2O$）（C. P.）、三氯化铁（$FeCl_3 \cdot 6H_2O$）（C. P.）、氯化钾（A. R.）、乙酸锂（A. R.）、氨水（C. P.）、磺基水杨酸（C. P.）、Fe^{3+}标准溶液。

$1mg \cdot mL^{-1}$ Fe^{3+}标准溶液的配制：将GP铁丝用砂纸打磨后用去离子水洗净，烘干，精确称量该铁丝1.000g于小烧杯中，注入30mL 1∶1盐酸，在低温电热板上加热，待铁丝全部溶解后，移入1000mL容量瓶定容。

四、实验步骤

1. 草酸根合铁（Ⅲ）酸钾的制备

称取12g草酸钾放入100mL小烧杯中，加入20mL去离子水并加热，使草酸钾完全溶解。在溶液接近沸腾时边搅拌边加入8mL $FeCl_3$溶液（每毫升含0.4g $FeCl_3$），将此溶液在冰水中冷却，便有绿色晶体析出，待晶体析出完全后，减压过滤获得粗产品。

将粗产品溶解于约20mL的热水中，趁热过滤，将滤液在冰水中冷却、结晶、过滤，并用少量冷去离子水洗涤晶体，在空气中干燥后得到最终产品。

2. 化学分析

1）配合物中铁离子含量的测定

样品溶液的配制：称取1.964g干燥的产品溶于80mL去离子水中，加入1∶1的盐酸（1mL），移入100mL容量瓶中定容。吸取上述溶液5mL于500mL容量瓶中定容。为防止配离子见光分解，该溶液应保存在暗处。

吸取$1mg \cdot mL^{-1}$ Fe^{3+}标准溶液10mL于100mL容量瓶中，配制成为$100\mu g \cdot mL^{-1}$的Fe^{3+}标准溶液。用吸量管分别吸取0mL、1.0mL、2.5mL、5.0mL、7.5mL、10.0mL、12.5mL该溶液于100mL容量瓶中，用去离子水稀释到约50mL，注入5mL 25%的磺基水杨酸，用氨水中和至呈黄色，再注入1mL氨水，用去离子水定容，摇匀。以25mL样品溶液代替Fe^{3+}标准溶液，以同样的方法配制样品的比色用溶液。在分光光度计上，用1cm比色皿在450nm处进行比色，测得各Fe^{3+}标准溶液和样品的吸光度。

2）配合物中钾含量的测定

以钾电极作为指示电极，饱和甘汞电极（双盐桥）作为参比电极，将两电极接到pH计上。将两电极浸入去离子水中反复洗涤，直至电位值读数基本不变，用干净滤纸将电极表面的水吸干后，依次测定$1 \times 10^{-5}mol \cdot L^{-1}$、$1 \times 10^{-4}mol \cdot L^{-1}$、$1 \times 10^{-3}mol \cdot L^{-1}$、$1 \times 10^{-2}mol \cdot L^{-1}$、$1 \times 10^{-1}mol \cdot L^{-1}$ KCl标准溶液的电位。每次测定前不必再用去离子水洗涤，只要用滤纸将电极表面吸干即可。注意电极表面不能有气泡，否则会影响电位值。标准溶液全部测完后再将两电极重新浸入去离子水中洗涤，至电位与测定标准溶液前的电位相近。

在150mL的干烧杯中，注入100.0mL样品溶液，测定其电位 E_1，再用吸量管向其中加入1.00mL的0.1mol·L^{-1} KCl标准溶液，搅拌1min，静置2min后测其电位 E_2。

3. 热重－差热分析

在瓷坩埚中，称取一定量的事先磨细的配合物样品，按照规定的操作程序在热天平上进行热分解，并用记录仪记下样品的热分解过程（分解最终温度为550℃）。

4. 红外光谱分析

用KBr法测定配合物与热分解产物的红外光谱。

五、结果与讨论

1. 配合物中铁离子含量的测定

将分光光度法测定的实验结果记录于表2－8－1中。

表2－8－1　分光光度法结果记录表

编号	$V(Fe^{3+})$/mL	$c(Fe^{3+})/(\mu g\cdot mL^{-1})$	吸光度		A平均
			A_1	A_2	
1	0	0			
2	1.0	1.0			
3	2.5	2.5			
4	5.0	5.0			
5	7.5	7.5			
6	10.0	10.0			
7	12.5	12.5			
试样	25.0	x			

以吸光度 A 为纵坐标、Fe^{3+} 含量为横坐标作图得一直线，即为 Fe^{3+} 的标准曲线。以样品的吸光度 A 在标准曲线上找到相应的 Fe^{3+} 含量 x，并按式（2－8－1）计算样品中 Fe^{3+} 的百分含量 w。

$$w(Fe^{3+})\% = \frac{x(Fe^{3+})\cdot V\cdot 10^{-6}}{m}\times 100\% = \frac{x(Fe^{3+})}{25m}\times 100\% \qquad (2-8-1)$$

式中　V——样品溶液的总体积，数值上等于样品的稀释倍数 $10^6/25$，mL；

m——样品溶液中溶质的总量，g。

2. 配合物中钾离子含量的测定

（1）根据式（2－8－2）计算不同浓度的KCl溶液中的活度系数。

$$\lg\gamma = \frac{-0.51\sqrt{\mu}}{1+1.3\sqrt{\mu}} + 0.06\sqrt{\mu} \qquad (2-8-2)$$

其中

$$\mu = \frac{1}{2}\sum c_i\cdot Z_i^2$$

式中　c_i——i 离子的浓度；

Z_i——i 离子的电荷。

（2）按 $a = c\gamma$ 计算活度，结果列于表 2－8－2 中。以 $-\lg a$（K^+）为横坐标，以 E 为纵坐标作图，将各点连成一平滑的曲线，得直线部分的斜率 S，结果列于表 2－8－2 中。

表 2－8－2　计算结果表

c（K^+）/（mol·mL^{-1}）	1×10^{-5}	1×10^{-4}	1×10^{-3}	1×10^{-2}	1×10^{-1}
γ					
a					
$\lg a$					
$-\lg a$					
E/mV					

E_1 = ______ mV　　　　E_2 = ______ mV　　　　S = ______

（3）根据式（2－8－3）计算钾离子浓度 c（K^+）。

$$c(K^+) = \frac{c_\Delta}{10^{\pm \Delta E/S} - 1} \quad (2-8-3)$$

式中　c_Δ——浓度增量。

根据计算所得的钾离子浓度，计算钾离子的百分含量。

3. 配合物的差热－热重分析

由热重曲线计算样品的失重率，并与各种可能的热分解反应的理论失重率相比较，参考红外光谱图，确定该配合物的组成（550℃时的分解产物是 Fe_2O_3 和 K_2CO_3）。

4. 样品与 550℃热分解产物的红外光谱

由样品测得的红外光谱根据基团的特征频率，可以说明样品所含基团，并与标准红外光谱图对照可以初步确定是何种配合物。

六、思考题

（1）确定配合物中的草酸根含量还可采取什么方法？如何实现？

（2）直接电位法测定离子活度的方法有哪些？本实验选用的是哪种方法？其特点是什么？哪些因素对测定有影响？

参考文献

[1] 殷学峰．新编大学化学实验［M］．北京：高等教育出版社，2002.

[2] 浙江大学，等．综合化学实验［M］．北京：高等教育出版社，2001.

[3] 中本一雄．无机和配位化合物的红外和拉曼光谱：第 4 版［M］．黄德如，汪仁庆，译．北京：化学工业出版社，1986.

实验9　四苯基卟啉及其锌（Ⅱ）配合物的合成与表征

一、实验目的

（1）了解和掌握卟啉化合物的合成方法。
（2）熟练掌握柱层析分离有机化合物的方法。
（3）掌握有机化合物结构表征（紫外－可见光谱、红外光谱、核磁共振谱）方法。
（4）学会红外光谱及核磁共振谱的解析。

二、实验原理

卟啉（Porphyrins）是卟吩（Porphine）环上带有取代基的一类化合物的总称。卟吩分子结构如图2－9－1所示，四个吡咯环上的八个β位和四个meso位中的氢都可被其他基团取代而形成各种各样的衍生物（卟啉化合物），当卟啉衍生物两个氮原子上的氢被金属取代就称为金属卟啉（Metalloporphyrins）。

卟啉及金属卟啉广泛存在于自然界和生物体中，如细胞色素（图2－9－2）、血红素（Fe^{2+}卟啉，图2－9－3）、叶绿素（Mg^{2+}卟啉，图2－9－4）等金属卟啉化合物在生命体中起着重要的生理作用。因此生物化学家和化学家对金属卟啉化合物的研究尤其重视，如合成多种金属卟啉的氧载体，用于模拟血红蛋白的载氧功能、肌红蛋白的储氧功能、细胞色素P－450的活化功能、细胞色素C氧化酶的电子传递作用以及过氧化酶的酶催化功能。

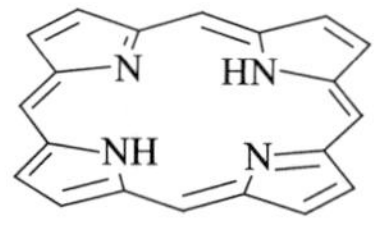

图2－9－1　卟吩

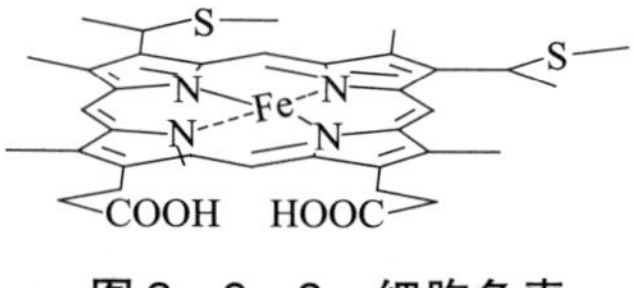

图2－9－2　细胞色素

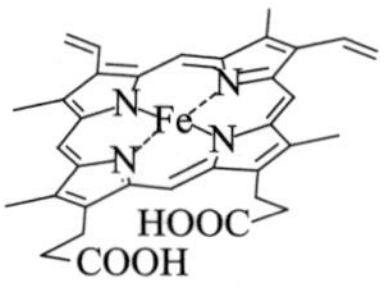

图2－9－3　血红素

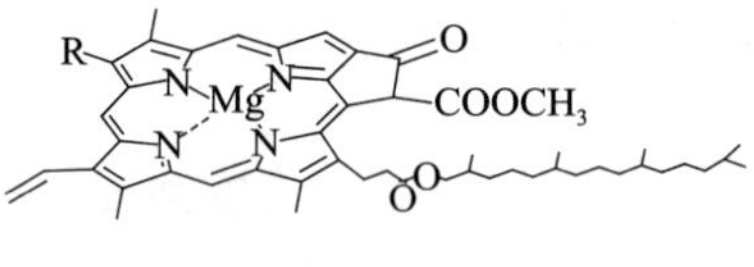

图2－9－4　叶绿素

自从卟啉被发现到现在已有一百多年历史，经过几代科学家的努力对卟啉的结构、性质及其应用已有较深入的认识，人们试图通过对卟啉化合物的研究了解这类化合物的生物功能、产生机理、作用条件并模拟各种反应、合成类似化合物，再将它们的特殊性质和功能应用于各个科技领域，推动科学发展。目前卟啉化学已经渗透到其他学科并产生了巨大作用，成为化学研究的一个重要研究领域。卟啉及金属卟啉被广泛用于肿瘤诊断、气体传感器、太阳能的储存、生物模拟氧化反应的催化剂、生物大分子探针等领域。

卟啉化合物的合成主要是合成卟吩母体，最具有代表性的化合物是四苯基卟啉（TPP）合成。早在 20 世纪 30 年代，国外学者就开始了对卟啉化合物的合成研究，Rothemud 在 1935 年以吡啶为溶剂，将吡咯与苯甲醛在封管中加热反应，合成了 TPP，揭开了卟啉化合物人工合成的序幕。1967 年 Adler 和 Longo 改进了 Rothemud 的方法，用苯甲醛和吡咯在相对温和的反应环境下反应（用丙酸作催化剂，温度在 140℃左右），产物的产率可达 20% 左右，这就使得合成产物的质量在克量级以上成为可能。此法合成 meso 位取代卟啉操作简单，并且是在高浓度下（0.1 ~ 0.3mol · L^{-1}）反应，有 70 多种取代醛可以用该方法合成 meso 位取代卟啉。后来人们在卟啉合成方面做了大量卓有成效的工作，优化了缩合反应条件，大大推动了卟啉化合物的合成研究。

本实验的反应式如图 2 - 9 - 5 所示。

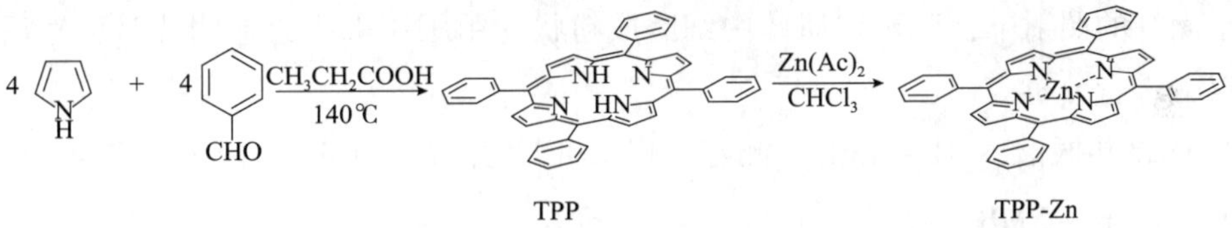

图 2 - 9 - 5 四苯基卟啉锌配合物的合成路线（反应式）图

三、仪器与试剂

（1）仪器：磁力搅拌器、旋转蒸发仪、真空干燥箱、循环水真空泵、AVANCE 400M 核磁共振波谱仪、红外光谱仪、紫外可见分光光度计。

（2）试剂：吡咯（C. P.）、苯甲醛（A. R.）、丙酸（A. R.）、石油醚（A. R.）、甲醇（A. R.）、二氯甲烷（A. R.）、三氯甲烷（A. R.）、冰醋酸（A. R.）、中性氧化铝（C. P.）、薄层层析硅胶（C. P.）。

四、实验步骤

1. 四苯基卟啉（TPP）的合成

量取 5mL 苯甲醛置于 100mL 的三口瓶中，加入 70mL 丙酸混匀，用电热套（可控温）加热，磁力搅拌，开始回流时，从恒压漏斗中缓慢滴加 10mL 丙酸和 3.5mL 吡咯的混合液体（大约半小时加完）。滴加时，反应体系变棕黑色，保持微回流，反应进行 1.5h 后停止反应，自然冷却，0℃以下静置过夜。用布氏漏斗抽滤，无水甲醇冲洗至滤液为无色，真空干燥，中性氧化铝柱层析，二氯甲烷洗脱，旋干溶剂，得紫色固体 1.25g，产率约为 20%。

2. 四苯基卟啉锌配合物（TPP－Zn）的合成

称取0.5g的TPP溶于20mL氯仿和10mL的冰醋酸中，倒入50mL的梨形烧瓶中，溶液显绿色。再称取醋酸锌0.5g溶于10mL冰醋酸中，充分溶解后倾入反应容器中，打开磁力搅拌器。室温反应，溶液逐渐变红，薄层层析监测，约20min后反应接近完全，溶液颜色由绿色变为暗紫红色。将反应液倒入分液漏斗中，加入50mL蒸馏水，振荡，分层，收集有机相，反复用蒸馏水洗涤有机相，直到水相呈微酸性或中性。收集有机相，旋转蒸发器除去溶剂，加入少量的石油醚，真空干燥，得到紫红色初产品。用薄层层析硅胶（使用前加热至120℃活化）和氯仿（使用前需经过水洗、干燥、重蒸的处理）混合搅拌进行分离提纯。氯仿作洗脱剂。收集第一条玫瑰红色谱带，旋转蒸发器浓缩真空干燥得到紫红色的产品0.2628g，产率约为90%。

3. 结构表征

（1）紫外－可见光谱测定。

（2）红外光谱测定：采用KBr压片法，取适量样品（约1mg）与溴化钾（约5mg）在红外干燥灯的照射下，于玛瑙研钵中细磨成粉状，用压片机压成透明片状，然后放到红外光谱仪上进行分析。

（3）核磁共振谱（^{1}H－NMR）测定：以$CDCl_3$为溶剂、TMS为内标，在400MHz核磁共振仪上测定^{1}H－NMR。

五、结果与讨论

（1）紫外－可见光谱分析：根据光谱吸收曲线对各吸收峰进行归属。

（2）红外光谱分析：结合参考文献对光谱图中的各吸收峰进行归属。

（3）核磁共振谱分析：结合参考文献对卟啉及其配合物的^{1}H－NMR进行结构解析。

六、思考题

（1）如何利用红外光谱及核磁共振谱确定四苯基卟啉与锌形成了配合物？

（2）丙酸在卟啉的合成反应中有什么作用？

（3）柱层析分离有机化合物时如何选择淋洗剂？

参考文献

[1] 石伟民，陶京朝，吴健．卟啉及其衍生物合成进展［J］．化学通报，2005（10）：751.

[2] IDA Lanzo, NINO Russo, EMILIA Sicilia. First－principle time－dependent study of agnesium containing porphyrin－like compounds potentially useful for their application in photodynamic therapy［J］. J. Phys. Chem. B., 2008, 112: 4123.

[3] ADLER A D, LONGO F R, FINARELLI J D. A simplified synthesis for meso – tetraphenylporphyrin [J]. J. Org. Chem., 1967, 32: 476.
[4] 潘继刚，何明威，刘轻轻．四苯基卟啉及其衍生物的合成 [J]．有机化学，1993，13 (5)：533.
[5] 罗国添，刘海洋，黄锦汪，等．手性氨基酸尾式卟啉锌配合物对氨基酸酯的手性分子识别 [J]．中山大学学报（自然科学版），1997，36 (4)：125 – 126.

实验 10 三（乙二胺）合钴配离子旋光异构体的制备、拆分

一、实验目的

（1）通过三（乙二胺）合钴配离子的制备和拆分，了解配合物的光学异构现象。
（2）掌握旋光仪的使用方法。

二、实验原理

光学异构体是配合物中一类重要的异构体，光学异构体的测定对于确定配合物的结构有重要的作用。凡是两种构造相同但彼此互为镜像而不能重叠的化合物称为光学异构体（或称对映异构体）。

在光学异构体的分子中，相应的键角和键长都相同，只是分子中原子的空间排列方式不同，它们使偏振光的振动平面旋转的方向不同，这是光学异构体在性质上最具特征的差别。理论和实践证明，只有不具有对称中心、对称面和反轴（但可以有对称轴）的分子才可以成为光学异构体。因为 3 个原子本身可以组成对称平面，所以有光学活性的分子必须至少包括 4 个原子。光学异构体最早是在有机物中发现的，在有机化合物分子中是否有“不对称原子”是判断光学异构体的依据。但必须指出，含有不对称碳原子的分子不一定都有光学活性，因为在分子内的另一部分含有排列方向相反的不对称碳原子，从而导致存在对称面的内消旋物，使分子内部的右旋构型和左旋构型自行抵消。此外还有不易分离的相同数量的左旋分子和右旋分子组成的混合物，其旋光能力也相互抵消，称之为外旋物。内消旋和外消旋如图 2 – 10 – 1 所示。

在无机化学中，已不能重叠的镜像存在的结构范围是非常大的。近几十年来，对过渡金属配合物光学活性的研究十分活跃。1912 年，A. Werner 制备和离析（拆分）了第一个过渡金属配合物 $[Co(en)_3]^{3+}$（这里 $en = NH_2CH_2CH_2NH_2$）的两种光学异构体，其结构如图 2 – 10 – 2 所示。两种光学异构体中，一种使偏振光的振动平面向右旋转，而另一种使偏振光的振动平面向左旋转，通常以（+）表示右旋，以（–）表示左旋。

旋光性物质使偏振光的振动平面旋转的能力可以用比旋光度 $[\alpha]_\lambda^t$ 来表示。$[\alpha]_\lambda^t$ 表示在某一波长 λ 和温度 t 时，每毫升溶液中所含溶质为 1g 和测定长度为 1dm 时引起偏振

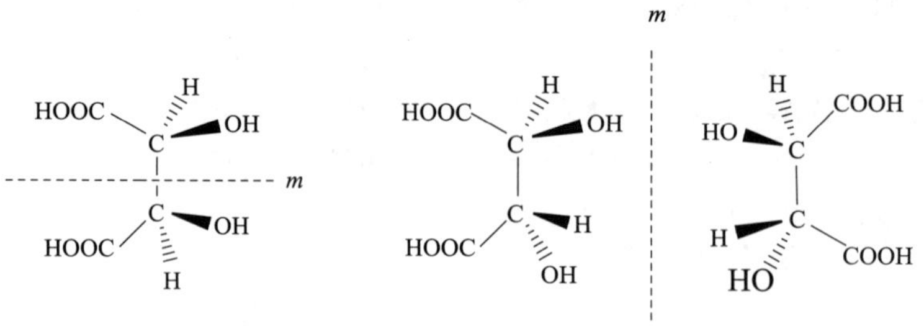

(a)内消旋酒石酸　　(b)外消旋酒石酸

图 2-10-1　内消旋和外消旋

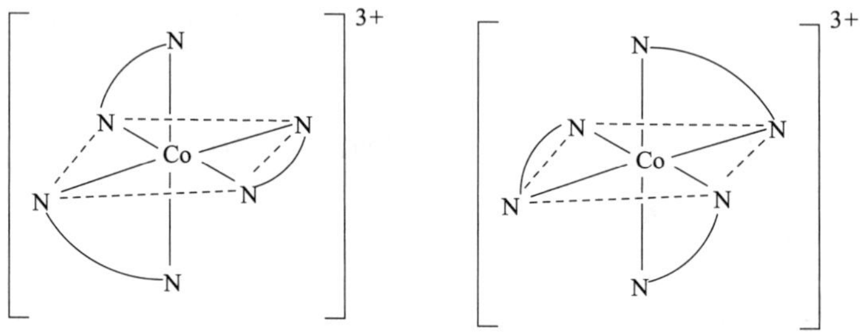

(a)(+)$[Co(en)_3]^{3+}$　　(b)(-)$[Co(en)_3]^{3+}$

图 2-10-2　$[Co(en)_3]^{3+}$ 的构型

光振动平面的旋转角度，它对某一种物质是一个定值，可用下式表示：

$$[\alpha]_\lambda^t = \frac{\alpha}{l\rho} \qquad (2-10-1)$$

式中　α——旋转角度，(°)；

l——样品的测定长度，dm；

ρ——每毫升溶液中所含溶质的量，g。

光的波长 λ 也是指定的，运用 D 纳米线，比旋光度常被标为 $[\alpha]_D$ 或 $[\alpha]_{589}$。

化学中常用摩尔旋光度 $[\alpha_m]$ 来表示物质的旋光能力：

$$[\alpha_m]_\lambda = \frac{M[\alpha]_\lambda}{100} \qquad (2-10-2)$$

式中 M 为测定物质的摩尔质量，所以 $[\alpha_m]$ 是该物质以 1mol 为基础的旋光能力的一个相对的量度。

光学活性物质的旋光度随波长的不同而变化，一种光学异构体在某一波长下可以使偏振光的振动平面右旋，而在另一波长时则可以使偏振光左旋。近年来常用旋光色散（ORD）曲线和圆二色（CD）曲线来表示物质的光学活性。光学活性物质的摩尔旋光度 $[\alpha_m]$ 与波长 λ 的关系图，称为 ORD 曲线。光学活性物质的摩尔吸收系数 $1\varepsilon - d\varepsilon$（$\Delta\varepsilon$）与波长 λ 的关系曲线，称为圆二色（CD）曲线。这两种曲线如图 2-10-3 所示。

CD 曲线有极大值，而 ORD 曲线在极大吸收位置出现转折点，互为对映异构体的旋光

度 $[\alpha_m]$ 值相等，但符号相反。旋光色散曲线、圆二色曲线及有关现象，总称为科顿效应，正科顿效应对应于 ORD 曲线上的 $[\alpha_m]$ 随波长 λ 增加而由负值向正值改变，CD 曲线上的 $\Delta\varepsilon$ 为正值，而负科顿效应则正好相反。

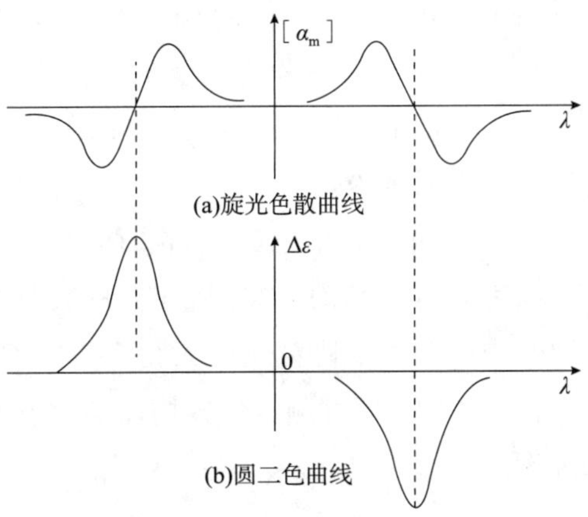

图 2-10-3　旋光色散（ORD）曲线与圆二色（CD）曲线

通常规定 $[\alpha]_\lambda$ 为正值时是右旋异构体，$[\alpha]_\lambda$ 为负值时是左旋异构体。在 ORD 曲线中较短波长 $[\alpha_m]_\lambda$ 为负值（对应于 CD 曲线 $\Delta\varepsilon$ 为正值）时是右旋异构体，而在较短波长 $[\alpha_m]_\lambda$ 为正值（对应于 CD 曲线 $\Delta\varepsilon$ 为负值）时是左旋异构体。但右旋和左旋只是反映物质对偏振光有两种不同的旋光性质，并没有指出 $(+)[Co(en)_3]^{3+}$ 异构体究竟是图 2-10-2 中的哪种几何构型。

直到 1954 年，一个日本研究小组用一种专门的 X 射线技术确定 $(+)[Co(en)_3]^{3+}$ 异构体是图 2-10-2（a）所示的几何构型。由于光学活性的理论很复杂，而用 X 射线测定的真正几何构型又很少，因此，目前还不能用 ORD 曲线或 CD 曲线来确定光学异构体的绝对构型，只能与具有类似结构的光学异构体的 ORD 曲线或 CD 曲线相比较，若有相同符号的科顿效应，则两者具有相同的绝对构型。毫无疑问，利用 ORD 曲线和 CD 曲线来确定光学异构体的绝对构型将会成为一个活跃的研究领域。

光学异构体的化学性质相同，用普通的方法不能直接制得光学异构体，而总是得到它们的外消旋混合物。要得到每种纯的对映体，必须经过一定的方法把外消旋混合物分开，这种方法叫作外消旋体的拆分。通常使用混合物的外消旋离子与另一种带相反电荷的光学活性化合物反应得到非对映异构体，由于它们的溶解度不同，选择适当的溶剂可以用分步结晶的方法把它们分开而得到某一种纯的非对映体，然后用光学不活性物质处理，可使一对光学活性盐恢复成原来的组成。

本实验的目的是制备、拆分和鉴定 $[Co(en)_3]^{3+}$ 的旋光异构体。硫酸钴溶液在有乙二胺（en）和活性炭的条件下被空气氧化，活性炭对迅速生成的配合物 $[Co(en)_3]^{2+}$ 氧化成 $[Co(en)_3]^{3+}$ 起催化作用。其反应如下：

$$CoSO_4 + 3en = [Co(en)_3]SO_4$$

$$4[Co(en)_3]SO_4 + O_2 + 4HCl = 4[Co(en)_3]SO_4Cl + 2H_2O$$

由此得到的 $[Co(en)_3]SO_4Cl$ 不会从溶液中离析出来，而是马上被带有旋光的右旋酒石酸根 [(+)tart] 的非对映体所溶解。

各种非对映体具有不同的溶解性，选用适当的解析剂可以部分地结晶出一种非对映体，同时将其他的异构体留在溶液中。在这种情况下 $[(+)Co(en)_3][(+)tart]Cl$ 是可溶性最小的非对映体，优先从溶液中结晶成五水化合物：

$$(+)[Co(en)_3]^{3+} + (+)tart + Cl + 5H_2O \xlongequal{\quad} [(+)Co(en)_3][(+)tart]Cl \cdot 5H_2O \downarrow$$

$$(-)[Co(en)_3]^{3+} + (+)tart + Cl \xlongequal{\quad} [(-)Co(en)_3]Cl[(+)tart]$$

$[(+)Co(en)_3][(+)tart]Cl$ 与 KI 反应转化成 $(+)[Co(en)_3]I_3 \cdot H_2O$。生成物的比旋光度 $[\alpha]_D^{20}$ 为 +89。

$$[(+)Co(en)_3][(+)tart]Cl + I^- \xlongequal{\quad} (+)[Co(en)_3]I_3 \cdot H_2O + (+)tart + Cl^-$$

向溶液中加入 KI，有 $(+)[Co(en)_3]I_3 \cdot H_2O$ 的混合物析出，因 $(-)[Co(en)_3]I_3 \cdot H_2O$ 在温水中的溶解度比对映体大得多，重结晶可以得到较纯的 $(-)[Co(en)_3]I_3 \cdot H_2O$，其 $[\alpha]_D^{20}$ 为 −89。通过测定各异构体的比旋光度 $[\alpha]$，与理论值相比，可求得样品中异构体的纯度。

三、仪器与试剂

（1）仪器：自动指示旋光仪、吸滤瓶（250mL）、布氏漏斗、烧杯、量筒、容量瓶（50mL）、电磁搅拌器。

（2）试剂：乙二胺（$H_2NCH_2CH_2NH_2$，70%，A. R.）、右旋酒石酸（$H_2C_4H_4O_6$，C. P.）、无水乙醇（C_2H_5OH，A. R.）、丙酮（C_3H_6O，A. R.）、硫酸钴（$CoSO_4$，C. P.）、碳酸钡（$BaCO_3$，A. R.）、碘化钾（KI，A. R.）、浓盐酸（HCl，A. R.）、活性炭（C. P.）、浓氨水（A. R.）。

四、实验步骤

实验步骤如图 2-10-4 所示。

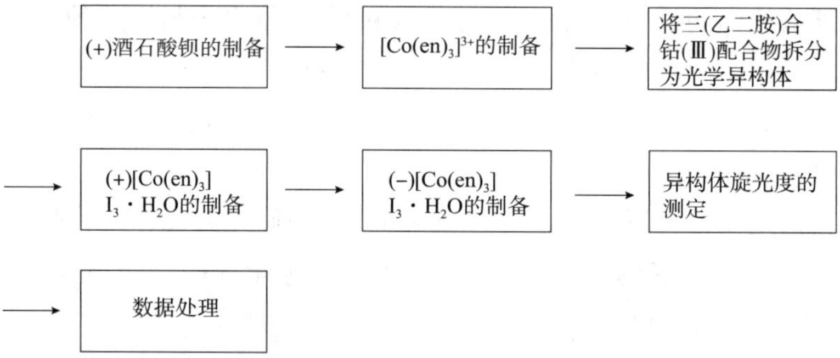

图 2-10-4　实验步骤

1. (+)酒石酸钡的制备

在 250mL 的烧杯中把 10g(+)酒石酸溶于 50mL 水中，边搅拌边缓慢地加入 13g 碳酸钡，加热至微沸并连续搅拌 0.5h 使之反应完全，滤出沉淀并用冷水洗涤，随后在 110℃下干燥。

2. $[Co(en)_3]^{3+}$ 的制备

在一只 250mL 吸滤瓶上装一支橡皮塞，塞上带一根玻璃管伸入瓶底。瓶中加入 20mL

24%的乙二胺和5mL浓盐酸，再加入硫酸钴溶液（7g硫酸钴溶于13mL水中）和1g活性炭，快速通入空气2h，使Co(Ⅱ)氧化为Co(Ⅲ)，此时有$[Co(en)_3]^{3+}$生成。

$$4[Co(en)_3]SO_4 + O_2 + 4HCl = 4[Co(en)_3]SO_4Cl + 2H_2O$$

当氧化反应完全后，用稀盐酸和稀乙二胺调节pH值为7.0~7.5。将此溶液置于蒸发皿中，在蒸气浴上加热15min，待溶液冷至室温后过滤除去活性炭。

3. 将三（乙二胺）合钴（Ⅲ）配合物拆分为光学异构体

在上述溶液中加入7g（+）酒石酸钡，充分搅拌并在蒸气浴上加热0.5h。

$$2[Co(en)_3]SO_4Cl + 2(+)BaC_2H_4O_6 = 2BaSO_4\downarrow + (+)[Co(en)_3]Cl[(+)C_4H_4O_6] + (-)[Co(en)_3]Cl[(+)C_4H_4O_6]$$

滤出$BaSO_4$，以少量的热水洗涤沉淀，蒸发滤液到约15mL，冷却浓缩液，过滤得到$(+)[Co(en)_3]Cl[(+)C_4H_4O_6]$的橙红色晶体。保留滤液供以后离析左旋异构体时使用。橙红色晶体用约7mL热水溶解，在冰水中冷却重新析出晶体，过滤，并用无水乙醇洗涤晶体，在空气中干燥。

4. $(+)[Co(en)_3]I_3\cdot H_2O$的制备

将$(+)[Co(en)_3]Cl[(+)C_4H_4O_6]$晶体溶于10mL热水中，加入浓氨水0.5mL及KI溶液（3g KI溶于5mL热水中）并充分搅拌。在冰水中冷却，过滤得到橙红色的$(+)[Co(en)_3]I_3\cdot H_2O$针状晶体，用10mL 30%的KI冰冷溶液洗涤晶体以排除酒石酸盐。最后用少量无水乙醇和丙酮洗涤，晾干，称量。

5. $(-)[Co(en)_3]I_3\cdot H_2O$的制备

在上面保留的滤液中加入0.5mL浓氨水，加热到80℃，在搅拌下加入3g KI固体。在冰水中冷却至有晶体析出，过滤得到不纯的$(-)[Co(en)_3]I_3\cdot H_2O$。过滤沉淀并用30%的KI溶液约10mL洗涤溶液。为了提纯，在搅动中将沉淀溶解在15mL 50℃的水中，滤出未溶解的外消旋酒石酸盐，加1g KI固体于50℃的滤液中。在冰水中冷却，此时有橙黄色的$(-)[Co(en)_3]I_3\cdot H_2O$晶体析出，过滤。产物用少量的无水乙醇和丙酮洗涤，空气干燥，称量。

6. 异构体旋光度的测定

分别称取0.5000g的左旋异构体和右旋异构体，倒入50mL容量瓶中，用蒸馏水稀释至刻度。分别在旋光仪上用1dm长的样品管测其旋光度α。

五、结果与讨论

1. 光学异构体的旋光度

测定温度t=________℃；(+)　$[Co(en)_3]^{3+}$：α=________；（-）　$[Co(en)_3]^{3+}$：α=________。

2. 比旋光度 $[\alpha]_\lambda^t$ 的计算

按下式计算 $[\alpha]_\lambda^t$：

$$[\alpha]_\lambda^t = \alpha / lc \qquad (2-10-3)$$

式中　α——温度 t 时用波长 λ 的光（通常用钠光灯，$\lambda = 589.3\text{nm}$）测得的旋光度，(°)；

l——样品管的长度，dm；

c——每毫升溶液中所含溶质的量，g。

3. 光学异构体纯度的计算

将实验测得的 $[\alpha]_\lambda^t$ 与理论的 $[\alpha]_\lambda^t$ 相比，可求得该样品的纯度：

$$\text{纯度} = \text{实测的}[\alpha]_\lambda^t / \text{理论的}[\alpha]_\lambda^t$$

六、思考题

(1) 在提纯异构体 $[Co(en)_3]I_3 \cdot H_2O$ 时，为什么要用 KI 溶液洗涤？

(2) 如何判断配合物具有光学异构对映体？

(3) 对于一个新合成的配合物一般应该通过哪些表征来确认该产物是目标产物？

(4) 什么是外消旋体？有哪些方法可以使光学异构体拆分开？

参考文献

[1] 张塞琦，徐家宁．综合和设计化学实验 [M]．北京：高等教育出版社，2006.

[2] 杜志强．综合化学实验 [M]．北京：科学出版社，2000.

[3] 王尊本．综合化学实验 [M]．北京：科学出版社，2005.

实验 11　路易斯酸催化下三芳基甲烷的合成

一、实验目的

(1) 掌握合成三芳基甲烷的基本原理和方法。

(2) 熟悉旋转蒸发仪的使用。

(3) 了解层析法的原理，掌握薄层层析和柱层析在有机反应中的应用。

二、实验原理

近年来，三芳基甲烷类化合物（TAMs）引起了许多科学工作者的注意，其主要原因在于 TAMs 在材料、医药、染料等领域具有重要的应用价值。例如，简单的三苯酚甲烷具有抗氧化活性和抗肿瘤活性；三吲哚甲烷具有良好的细胞毒性活性。目前，利用芳香醛或其亚胺进行 F－C 烷基化反应来制备 TAMs 是常用的方法。最近，利用路易斯酸催化芳香醛与吲哚反应合成 TAMs 引起了人们的关注。该方法条件温和、产率高、对环境友好。其反应式如下：

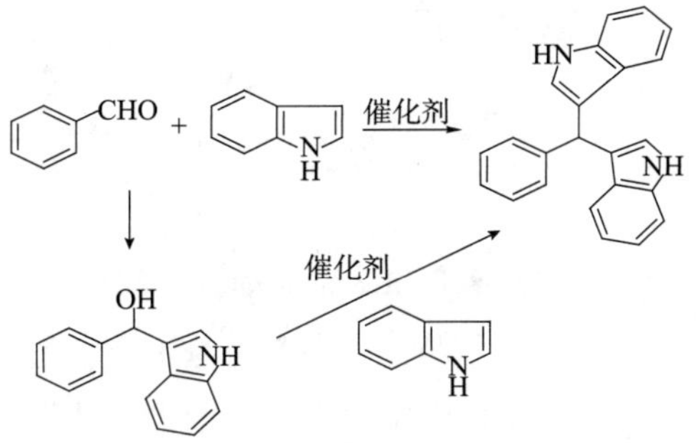

三、仪器与试剂

（1）仪器：电子天平（精确度为 0. 001g）、磁力搅拌器、旋转蒸发仪、层析柱。

（2）试剂：苯甲醛（C. P. ）、吲哚（C. P. ）、四氢呋喃（C. P. ）、乙酸乙酯（C. P. ）、石油醚（60～90℃）。

四、实验步骤

（1）在 10mL 圆底烧瓶中分别加入新蒸馏的苯甲醛（53mg，0. 5mmol）、吲哚（117g，1mmol）、四氢呋喃（1mL）和对甲苯磺酸（5mg）。室温下搅拌，TLC 板层析跟踪反应至基本完全，反应时间约需 10min。此时，反应混合物为红色。

（2）反应完成后，在圆底烧瓶中加入适量的 300～400 目硅胶，搅拌均匀，若不均匀可加入适量的二氯甲烷。在旋转蒸发仪上浓缩，至蒸干为止。

（3）取一层析柱（2. 0cm × 15cm），加入适量的 300～400 目硅胶。用乙酸乙酯/石油醚 = 1/4（体积比）作洗脱液进行润柱。然后，加入待纯化的反应混合物，进行柱层析。

（4）将产物收集在 100mL 圆底烧瓶中，在旋转蒸发仪上浓缩、干燥、称重、计算产率。

五、结果与讨论

（1）测定 TAMs 的纯度。

（2）计算 TAMs 的产率。

（3）最佳的反应物配料比、催化剂、溶剂和反应条件。

六、思考题

（1）请写出对甲苯磺酸催化苯甲醛与吲哚反应的机理。
（2）苯甲醛为什么要用新蒸馏的？
（3）进行柱层析时应该注意哪些问题？

参考文献

[1] NAIR V, THOMAS S, MATHEW S C, et al. Recent advances in the chemistry of triaryl - and triheteroarylmethanes [J]. Tetrahedron, 2006, 62: 6731 - 6747.
[2] SHCHEPINOV M S, KORSHUN V A. Recent applications of bifunctional trityl groups [J]. Chem. Soc. Rev., 2003, 32: 170 - 180.
[3] DUXBURY D F. The photochemistry and photophysics of triphenylmethane dyes in solid and liquid media [J]. Chem. Rev., 1993, 93: 381 - 433.
[4] LI Z X, DUAN Z, KANG J X, et al. A simple access to triarylmethane derivatives from aromatic aldehydes and electron - rich arenes catalyzed by $FeCl_3$ [J]. Tetrahedron, 2008, 64: 1924 - 1930.
[5] JI S J, ZHOU M F, GU D J, et al. Efficient Fe^{III} - catalyzed synthesis of bis (indolyl) methanes in ionic liquids [J]. Eur. J. Org. Chem., 2004: 1584 - 1587.

实验 12　药物渗透促进剂——氮酮的合成和表征

一、实验目的

（1）掌握有机合成的操作以及有机化合物的提纯方法与表征。
（2）探索有机合成的特点和最佳的合成途径，改进实验方法。
（3）掌握折光仪、红外光谱仪、液相色谱仪等大型仪器的使用和图谱分析。

二、实验原理

氮酮即月桂氮卓酮（laurocapram），化学名称为 1 - 十二烷基杂环庚烷 - 2 - 酮（1 - dodecylazacycloheptan - 2 - one），是 Nelson 公司开发的一种新型高效的透皮吸收促进剂。它能降低皮肤角质的不透性，增加角质类脂的流动，促进药物的透过性，提高药物的透皮吸收和在血液中的浓度。氮酮为 *N* - 烷基己内酰胺衍生物，一般均以己内酰胺与烷基化试剂作用而得，如卤代十二烷，但用活性较高、价格较贵的溴代十二烷更为普遍。由于采用的溶剂、缩合剂、催化剂和催化形式等反应因素的不同，合成氮酮的方法多种多样。目前主要的合成方法有无催化剂法和相转移催化法（液－液相转移催化法和固－液相转移催化法）。

1. 无催化剂法

己内酰胺与氢化钠或醇钠作用生成盐，再与溴代十二烷发生缩合。该方法需溶剂及氮气保护、干燥脱水处理等，操作要求高、反应时间长、收率低，难以大规模生产。

2. 液－液相转移催化法

该方法以氢氧化钠水溶液作为去质子剂，己内酰胺一步 N－烷基化合成氮酮。经常用的相转移催化剂有苄基三乙基溴化铵（TEBA）、四丁基硫酸氢铵（TBAHS）。该方法的特点是工艺简单、操作方便、反应时间长、催化剂贵，并经常伴有副反应且碱用量远远超过理论量，产品不易得。

3. 固－液相转移催化法

该方法以己内酰胺、溴代十二烷为反应物，NaOH 或 KOH 为去质子剂，使用四丁基溴化铵（TBAB）、聚乙二醇（PEG）、苄基三乙基溴化铵（TEBA）、四丁基硫酸氢铵（TBAHS）等作为相转移催化剂一步合成氮酮。该方法的反应条件温和，无需氮气保护，反应原料价廉易得，通过分水操作，使反应加速、反应时间缩短、收率提高，是目前合成氮酮较好的工艺方法，适合大批量生产。本实验推荐使用固－液相转移催化法。

本实验是在无水条件下，在正己烷溶剂中，以己内酰胺、溴代十二烷为反应物，以聚乙二醇为催化剂、KOH 为去质子剂合成氮酮。其反应式为：

$$C_6H_{11}NO + C_{12}H_{25}Br \xrightarrow[\text{搅拌，加热}]{\text{缩合剂，催化剂，溶剂}} C_{18}H_{35}NO + HBr$$

产物经洗涤、减压蒸馏得到产品，产品用折光仪、红外光谱仪、液相色谱仪表征。

三、仪器与试剂

（1）仪器：100mL 三口烧瓶、100mL 圆底烧瓶、分水器、冷凝管（球形、普通）、分液漏斗、烧杯、锥形瓶、300℃和 100℃温度计、减压蒸馏装置、电子天平、阿贝折光仪、红外光谱仪、液相色谱仪。

（2）试剂：己内酰胺（C. P.）、溴代十二烷（C. P.）、聚乙二醇（PEG 400）（A. R.）、KOH（A. R.）、正己烷（A. R.）、饱和食盐水、无水 Na_2SO_4（A. R.）。

四、实验步骤

（1）在装有搅拌磁子、分水器、温度计、回流冷凝管的 100mL 三口烧瓶中，加入己内酰胺 5. 65g（0. 05mol）、正己烷 20mL，加热溶解后加入研细的 KOH 4. 5g（0. 05mol）、聚乙二醇（PEG 400）4g，在磁力搅拌下用恒压漏斗滴加溴代十二烷 12. 5mL（0. 05mol），搅拌回流反应，温度控制在 80～84℃，当无水分流出时（约 2. 5h）停止反应。

（2）反应完毕，冷却后滤去残渣，用饱和食盐水洗涤两次，分去水相，有机相用无水

Na_2SO_4干燥后蒸馏回收溶剂，减压蒸馏收集 145～150℃、4mmHg 下的馏分，得无色透明液体。

（3）产品用阿贝折光仪测定折光率，用液相色谱仪测定其纯度，红外分析后与标准谱图对照。

【注】液相色谱仪的流动相为甲醇，检测器为紫外检测器（波长为 240nm）。

五、结果与讨论

（1）测定 $C_{18}H_{35}NO$ 的纯度。

（2）计算 $C_{18}H_{35}NO$ 的产率。

（3）最佳的反应物配料比、催化剂、去质子剂、溶剂和反应条件。

六、注意事项

（1）减压蒸馏装置的正确安装和操作。

（2）反应物、催化剂的配比。

（3）红外光谱仪、液相色谱仪的正确使用。

七、思考题

（1）固体碱和溶剂（如正己烷）在合成氮酮的反应中起什么作用？

（2）PEG 催化剂的作用机理是什么？

（3）影响氮酮产率和纯度的因素有哪些？

参考文献

[1] 范明才，张承红．皮肤渗透促进剂氮酮的合成研究［M］．四川轻化工学院学报，2000，13（1）：35－38.

[2] 刘常坤．月桂氮卓酮的合成工艺研究［M］．精细化工，1996，13（2）：7－10.

[3] 张颂培．月桂氮卓酮研究进展［M］．现代化工，1995（11）：16－18.

实验 13　对溴苯甲醚的合成

一、实验目的

（1）掌握芳环溴代机理和操作技术。

（2）熟练掌握相转移催化反应机理和操作。

（3）熟悉并学会反应后处理操作、减压蒸馏操作以及无水产物制备技术。

二、实验原理

对溴苯甲醚是重要的有机合成中间体之一，常见的制备方法是将溴与苯甲醚在 140～150℃进行反应来制备，产率约为 60%。该方法不仅产率和产品经济性低，而且会生成大量腐蚀性强的氢溴酸，反应的高温也会使邻位溴代产物增加，造成分离困难。近几十年来，国外在芳香化合物溴代方面进行了很多研究，如钒溴过氧化物酶及生物模拟系统等，或用没有危害、污染的溴盐如溴化钠、溴化钾为溴源，或用氧化剂如硝酸、硝酸铈铵等来进行氧化溴代。

本实验的反应式如下：

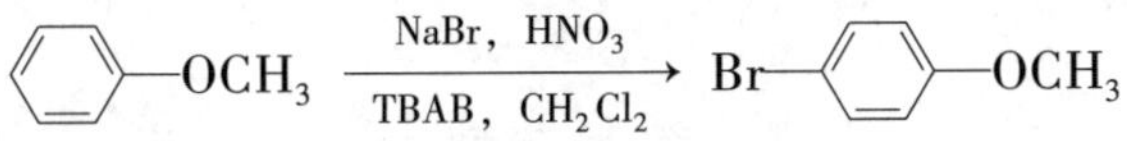

三、仪器与试剂

（1）仪器：机械搅拌器、气流烘干器、红外色谱仪、薄层层析。

（2）试剂：苯甲醚（A. R.）、硝酸（65%，C. P.）、溴化钠（含结晶水，C. P.）、四丁基溴化铵（TBAB，C. P.）、二氯甲烷（A. R.）、碳酸钠（A. R.）、无水氯化钙（C. P.）。

四、实验步骤

（1）在 100mL 三口烧瓶中，安放好机械搅拌器，试调整一下转速，安装好温度计、球形冷凝管、25mL 恒压滴液漏斗和溴化氢吸收装置。

（2）在室温下向三口烧瓶中分别加入 13g（0.06mol）溴化钠（含结晶水）、0.2g 四丁基溴化铵（TBAB）、45mL 自来水、6.5g（0.06mol）苯甲醚和 20mL 二氯甲烷，开始搅拌。

（3）从恒压滴液漏斗中滴加 22g（65%）硝酸，控温在 25℃左右，搅拌 4h。反应液颜色从无色逐渐变成棕红色以至深棕色，并且冷凝管中有少量棕黄色气体冒出（NO + HBr）（注意安装吸收器，以免气体漏入空气中）。

（4）停止搅拌，将反应液倒入 100mL 分液漏斗中，分离出有机层（应该在下层），分出的水层用 10mL×2 的二氯甲烷提取两次，再合并有机层，再加入 50mL×2 的水洗两次，用 5.0g 碳酸钠与 50mL 水溶液洗一次，再用 50mL×2 的水洗两次，直到 pH 值为中性为止。静置分层，有机层用 5.0g 无水氯化钙干燥过夜。

（5）过滤掉干燥剂，蒸馏出二氯甲烷后，水泵减压蒸馏，收集 140～145℃、0.09MPa 下的组分，得到无色透明液体，称重，计算产率。

五、结果与讨论

（1）记录相关实验数据：产物状态、沸点、产量、产率。

（2）薄层层析检测跟踪反应，并分析反应进行情况。

（3）用红外色谱表征产品（芳环、烷基及羰基吸收峰），通过气相色谱测试产品纯度。

六、思考题

（1）芳环溴代反应有很多方法，与其他方法相比，本实验所采用的氧化溴代有哪些好处？是否可以选择其他方法？

（2）试分析实验结果与理论值差别的主要原因是什么？

参考文献

[1] 朝广甸，范如霜，李述方. 有机制备手册（上卷）[M]. 北京：化学工业出版社，1985.

[2] 王积涛，胡青眉，张宝申，等. 有机化学 [M]. 天津：南开大学出版社，2012.

[3] JAYME N, ALISON B. Vanadium bromoperoxidase - catalyzed biosynthesis of halogenated marine natural products [J]. J. Am. Chem. Soc., 2004, 126: 15060 - 15066.

[4] 邵艳，阎圣刚. 对溴苯甲醚合成的研究 [J]. 广东化工，2006，33（8）：12 - 13.

实验 14　日本血吸虫尾蚴分泌蛋白 SjCB2 基因的制备与检测

一、实验目的

（1）学习聚合酶链式反应（Polymerase Chain Reaction，PCR）扩增法制备双链 DNA，理解并掌握 PCR 扩增制备 DNA 的基本原理与实验技术。

（2）掌握琼脂糖凝胶电泳实验方法并测定 DNA 的相对分子质量。

二、实验原理

1. 概述

Khorana 等于 1971 年最早提出核酸体外扩增的设想：“经 DNA 变性，与合适的引物杂交，用 DNA 聚合酶延伸引物，并不断重复该过程便可合成 tRNA 基因。”1985 年，Kary Mullis 在 Cetus 公司工作期间，发明了 PCR。1983 年 4 月的一个星期五晚上，他开车去乡下别墅的路上，脑海中猛然闪现出“多聚酶链式反应”的想法。1985 年 10 月 25 日申请了 PCR 的专利，1987 年 7 月 28 日获批，Mullis 是第一发明人；1985 年 12 月 20 日在 *Science* 杂志上发表了第一篇 PCR 的学术论文，Mullis 是共同作者；1986 年 5 月，Mullis 在冷泉港实验室做专题报告，全世界从此开始学习 PCR 的方法。

聚合酶链式反应是一种用于放大扩增特定的 DNA 片段的分子生物学技术，它可看作是生物体外的特殊 DNA 复制，PCR 的最大特点是能将微量的 DNA 大幅增加。因此，无论是化石中的古生物、历史人物的残骸，还是几十年前凶杀案中凶手所遗留的毛发、皮肤或血液，只要能分离出一丁点的 DNA，就能用 PCR 加以放大，进行比对。这也是“微量证据”的威力之所在。1973 年，钱嘉韵发现了稳定的 Taq DNA 聚合酶，为 PCR 技术发展也作出了基础性贡献。

PCR（聚合酶链式反应）是将 DNA 在体外 95°高温时会变性为单链、低温（经常是 60℃左右）时引物与单链按碱基互补配对的原则相结合，再调温度至 DNA 聚合酶最适合的反应温度（72℃左右），DNA 聚合酶沿着磷酸到五碳糖（5′－3′）的方向合成互补链。PCR 仪本质上是基于聚合酶制造的一个温控设备，能在变性温度、复性温度、延伸温度之间很好地进行控制。

2. PCR 扩增

DNA 的半保留复制是生物进化和传代的重要途径。双链 DNA 在多种酶的作用下可以变性解旋成单链，在 DNA 聚合酶的参与下，根据碱基互补配对原则复制成同样的两分子拷贝。在实验中发现，DNA 在高温时也可以发生变性解链，当温度降低后又可以复性成为双链。因此，通过温度变化控制 DNA 的变性和复性，加入设计引物，DNA 聚合酶、dNTP 就可以完成特定基因的体外复制。

聚合酶链式反应（PCR）技术的原理类似于 DNA 的天然复制过程。在微量离心管中加入适量缓冲液，加入微量模板 DNA、四种脱氧核苷酸（dNTP）、耐热 Taq 聚合酶及两个合成 DNA 的引物，而后加热使模板 DNA 在高温（95℃）下变性，双链解链，这是变性阶段。降低溶液温度，使合成引物在低温（引物退火温度）下与模板 DNA 互补退火形成部分双链，这是退火阶段。溶液反应温度升至中温（72℃），在 Taq 酶作用下，用四种 dNTP 为原料，引物为复制起点，模板 DNA 的一条双链在解链和退火之后延伸为两条双链，这是延伸阶段。如此反复，在同一反应体系中可重复高温变性、低温退火和 DNA 合成这一循环，使产物 DNA 重复合成，并在重复过程中，前一循环的产物 DNA 可作为后一循环的模板 DNA 而参与 DNA 的合成，使产物 DNA 的量按指数方式扩增。经过 30～40 个循环，DNA 扩增即可完成。每完成一个循环需 2～4min，2～3h 就能将待扩增的目的基因扩增放大几百万倍。

3. DNA 琼脂糖凝胶电泳实验

DNA 分子在酸碱度高于其等电点的溶液中带负电，在电场中向阳极移动。在一定的电场强度下，DNA 分子的迁移速度取决于分子筛效应，即分子本身的大小和构型是主要的影响因素。DNA 分子的迁移速度与其相对分子质量成反比。不同构型的 DNA 分子的迁移速度不同。该电泳方法以琼脂凝胶作为支持物，利用 DNA 分子在泳动时的电荷效应和分子筛效应，达到分离混合物的目的。同时，加入 DNA 相对分子质量标准，即可大致测定 DNA 的相对分子质量大小。

三、仪器与试剂

（1）仪器：PCR 扩增仪、0.2μL 薄壁管、1.5mL 离心管、移液枪、枪头、微波炉、电泳仪、水平电泳槽、制胶板、紫外透射仪。

（2）试剂：Taq DNA 聚合酶、dNTP、buffer、正反向两种引物、日本血吸虫基因文库、无菌 ddH_2O、模板 DNA 、TBE、琼脂糖、EB、显色剂。

四、实验步骤

1. PCR 扩增

本次试验选择日本血吸虫皮肤钻穿相关蛋白酶 SjCB2 基因进行扩增。

（1）用容器在制冰机中铲取适量的冰，将 PCR 管放入其中预冷。

（2）配制 PCR 反应体系：先向已经事先预冷好的 PCR 管中加入 22μL 的灭菌水，然后依次加入 DNA 模板 1μL、正向引物 1μL、逆向引物 1μL，最后向 PCR 管中加入 25μL 的 2×Taq Master Mix（Dye Plus）酶，并用移液枪将整个体系混合均匀。在第 2 个薄壁管中加入无菌 ddH_2O 作为阴性对照。

（3）将薄壁管放入 PCR 扩增仪中，按照预定程序进行 PCR 扩增。其中循环过程需要达到 20～30 次。程序如下：

预热：94℃	5min	
变性：94℃	30s	25 个循环
退火：55℃	30s	
延伸：72℃	60s	
结束：72℃	7min	
保持：4℃	∞	

（4）将上述 PCR 管放入 PCR 扩增仪中，启动设置好的 PCR 程序开始扩增。PCR 扩增完成后，将样品取出并保存于 4℃ 环境中。

2. DNA 琼脂糖凝胶电泳实验

（1）配制 1% 的琼脂糖凝胶溶液：称取 1g 的琼脂糖于锥形瓶中，向其中加入 1×TAE 缓冲溶液 100mL 并在微波炉中加热使其慢慢完全溶解（取出锥形瓶时要用抹布包裹，小心烫伤）；待琼脂糖充分溶解后，用流体冷却的方法（在水龙头下用水冲锥形瓶的外壁）将溶液冷却至 30～40℃（一般判断方法为用手握住锥形瓶外壁感觉不是很烫手了，此时的温度大概就是 30～40℃）后向其中加入万分之一的 GelRed。

配制 50×TAE 电泳缓冲液：称取 242.24 gTris 和 18.612g EDTA，量取 57.1mL 冰醋酸，溶于适量 ddH_2O 中，用1M（$1mol \cdot L^{-1}$）盐酸溶液调节 pH 值到 8.0，定容到1L。使用时稀释 50 倍使用。

（2）制胶：取有机玻璃制胶板槽，在一端插好梳子，往槽内缓慢倒入上述已冷至60℃左右的配制好的琼脂糖凝胶溶液，使之形成均匀水平的胶面，让其自然冷却 20min 左右至成胶。

（3）待 DNA 凝胶凝结好之后轻轻拔下梳子，并将凝胶从制胶器中取出放入 DNA 电泳仪中（电泳仪的摆放位置为负极在上面、正极在下面，凝胶有孔的一端朝向负极），向其中加入 150mL 的 1×TAE 缓冲溶液（加缓冲溶液时需慢慢加，不要将凝胶冲跑）。

（4）在槽内加入 1×TAE 电泳缓冲液，至液面覆盖过胶面。取 1μL 缓冲液与 5μL 待测 DNA 样品混合。将 PCR 扩增产物和 DNA marker（D2000）依次用移液枪加入凝胶的孔洞中（一般凝胶两端的第一个孔不使用）。

（5）接通电泳仪和电泳槽，并接通电源，调节稳压输出，电压最高不超过 $5V \cdot cm^{-1}$ 时开始电泳，待凝胶中的条带跑到距离胶底部 1cm 左右时停止电泳。点样端放阴极端。根据经验调节电压使分带清晰。

（6）观察溴酚蓝条带（蓝色）的移动，当其移动至距胶板前沿约 1cm 处时，可停止电泳。

（7）在紫外透视仪的样品台上重新铺上一张保鲜膜，赶去气泡平铺，然后把凝胶放在上面。关上样品室外门，打开紫外灯，通过观察孔观察 PCR 结果并拍照。

五、结果与讨论

（1）试讨论本实验中 PCR 成功进行的主要影响因素。

（2）讨论 DNA 凝胶电泳图出现拖带及条带未完全分开的主要原因。

六、思考题

假设需要进行新冠病毒的 PCR 检测，请问需要哪些材料？如何设计实验？简述其基本原理和操作过程。

参考文献

[1] 魏群．生物化学与分子生物学综合大实验［M］．北京：化学工业出版社，2007.

[2] 萨姆布鲁克．分子克隆实验指南［M］．黄培堂，等，译．北京：科学出版社，2002.

实验15 $\gamma-Al_2O_3$ 催化剂的制备、表征及活性的评价

一、实验目的

（1）了解催化剂的制备方法和催化剂在有机催化反应中的应用。

（2）熟悉差热分析仪的基本操作技术。

二、实验原理

氧化铝，化学式为 Al_2O_3，有多种晶型结构和名称，一般在氧化铝前冠以希腊字母命名（如 α－、β－、χ－、ρ－、η－、γ－、κ－、δ－、θ－等）。

（1）自然界存在的刚玉属 $\alpha-Al_2O_3$，金属铝在氧气中燃烧或将氢氧化铝灼烧至高温也能得到 $\alpha-Al_2O_3$，其性能最稳定，熔点为2015℃，沸点为2980℃，莫氏硬度为8.8。它既不溶于水，也不溶于酸和碱，耐腐蚀和绝缘性能好，可用于制造耐火材料、砂轮和绝缘材料。刚玉中因含少量杂质而显不同颜色。高温熔融得到的 $\alpha-Al_2O_3$ 可做人造刚玉，用于钟表和精密仪器的轴承及人造宝石。

（2）将氢氧化铝加热至300℃以上时可得到 $\gamma-Al_2O_3$，它不溶于水，能溶于酸和碱，在低温下性能稳定，灼烧至高温就会转变成 $\alpha-Al_2O_3$。$\gamma-Al_2O_3$ 是一种多孔物质，具有很大的表面积，因此它有很强的吸附能力和很高的催化活性，大量用作催化剂载体，使一些活性很高但价格昂贵的催化剂（如铂、钯等）分布在载体表面，可以减少催化剂的用量。

氧化铝通常由氢氧化铝加热脱水制得。制造氢氧化铝的方法有很多，一般有酸中和法、碱中和法、铝溶胶法和醇铝水解法等。本实验首先用酸中和制得薄水铝石，再加热脱水得到氧化铝。其主要反应如下：

$$Al(OH)_3 + NaOH \longrightarrow NaAlO_2 + 2H_2O$$

$$NaAlO_2 + HNO_3 + H_2O \longrightarrow Al(OH)_3 + NaNO_3$$

$$2Al(OH)_3 \longrightarrow Al_2O_3 + 3H_2O$$

氧化铝有多种相态，当各种氢氧化铝加热脱水时，随加热温度不同会生成各种相态的氧化铝，如薄水铝石加热脱水顺序如下：

$$\text{薄水铝石}\ (Al_2O_3 \cdot H_2O) \rightarrow \gamma-Al_2O_3 \rightarrow \delta-Al_2O_3 \rightarrow \theta-Al_2O_3 \rightarrow \alpha-Al_2O_3$$

加热薄水铝石的直接产物是 $\gamma-Al_2O_3$，它存在的温度范围是450～600℃。薄水铝石脱水顺序受结晶度的影响，当结晶度较差时会使 $\delta-Al_2O_3$ 推迟生成或者不生成，从而扩大了 $\gamma-Al_2O_3$ 的存在温度范围。

虽然实验中仅涉及一些常规的操作（称量、加热、搅拌、过滤等），但对反应条件的

控制（反应物配比、反应温度、pH 值、反应时间等）却是实验成功的一个关键。

三、仪器与试剂

（1）仪器：电炉、电动搅拌机、布氏漏斗、水泵等。

（2）试剂：NaOH、$Al(OH)_3$、HNO_3、氨水、白油、甘油等。

四、实验步骤

1. $\gamma-Al_2O_3$催化剂的制备

制备$\gamma-Al_2O_3$的程序如图 2－15－1 所示。

（1）偏铝酸钠的制备：将 20g NaOH 加入干净的 400mL 烧杯中，并用 110mL 去离子水溶解，在电炉上加热煮沸，然后在搅拌下缓缓加入 24g $Al(OH)_3$，保持沸腾继续搅拌反应 1.5h，使$Al(OH)_3$溶解、反应完全，冷却后，用布氏漏斗抽滤，滤去少许未溶的$Al(OH)_3$，得到偏铝酸钠（$NaAlO_2$）溶液。

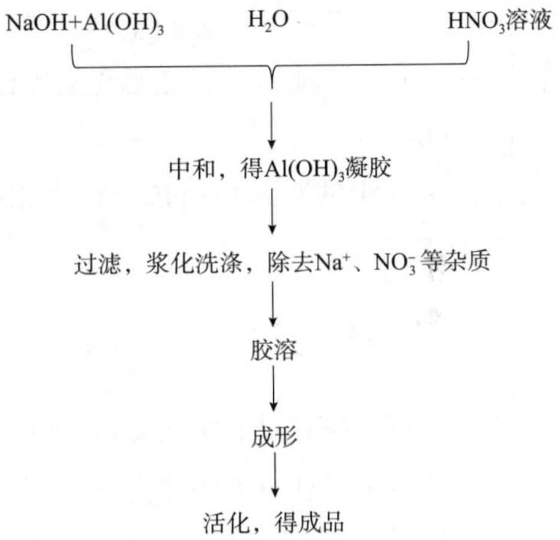

图 2－15－1　$\gamma-Al_2O_3$的制备程序

（2）中和，得到$Al(OH)_3$凝胶：在 400mL 烧杯中加入 20mL 去离子水，加热至 50℃左右。然后在搅拌下同时将上面制得的$NaAlO_2$溶液和大约 65mL（$6.3mol\cdot L^{-1}$）HNO_3 均匀地倒入烧杯中，当混合均匀后，马上用精密 pH 试纸测定反应液的 pH 值，保持反应液的 pH 值在 7.2～8.0 之间，加热搅拌 30min，反应温度控制在 45～50℃之间，得到氢氧化铝凝胶。

（3）浆化洗涤：由上述实验步骤合成的氢氧化铝凝胶及时用布氏漏斗抽滤，弃去母液，然后将氢氧化铝凝胶转移到 250mL 烧杯中，取另一支 250mL 烧杯加入 150mL 去离子水，加适量的稀氨水，使 pH 值为 7.2～8.0 并加热到 40℃，然后将其倒入盛有氢氧化铝凝胶的烧杯中，加热搅拌 5min，保持温度在 35～45℃之间，使杂质 Na^+、NO_3^-充分溶解，而后用布氏漏斗趁热抽滤，如此浆化洗涤 2～3 次。

（4）胶溶：向盛有浆化洗涤后得到的氢氧化铝凝胶的烧杯中加入 6～8mL（$6.3mol\cdot L^{-1}$）的 HNO_3，强烈搅拌 45min，使氢氧化铝凝胶成为很细且流动性较好的浆液（胶溶液）。

（5）成形：取一支 100mL 的量筒，加入 60mL（$5.6mol\cdot L^{-1}$）的氨水和 2mL 甘油，混匀，再在液面上加 20mL 白油，做成一支简单的油成形柱，用一干净滴管向油成形柱中不断地滴加以上制成的胶溶液，滴入的胶溶液将呈圆球状沉入量筒底部，滴加完毕后，倾去量筒里的上层液体（白油可回收利用），将量筒底部的球状氢氧化铝用布氏漏斗除去其余液体，然后将小球移入带柄的瓷蒸发皿中，待活化。

（6）活化：放置一天后，将瓷蒸发皿放入高温马弗炉，逐渐升温至（520±10）℃，让其在该温度下活化5h，即可得到最终产品$\gamma-Al_2O_3$。

2. $\gamma-Al_2O_3$的表征

（1）差热分析：制备氢氧化铝凝胶时，由于不同的操作条件会得到含不同结晶水的氢氧化铝，如薄水铝石（$Al_2O_3 \cdot H_2O$）、湃铝石（$Al_2O_3 \cdot 3H_2O$）等，而湃铝石加热脱水基本上只能获得$\gamma-Al_2O_3$，它的脱水顺序如下：

$$\text{湃铝石}\ (Al_2O_3 \cdot 3H_2O) \rightarrow \gamma-Al_2O_3 \rightarrow \theta-Al_2O_3 \rightarrow \alpha-Al_2O_3$$

因此由差热图谱可以定性判断产物湃铝石的生成量，从而判别产品的质量。

（2）用B. E. T. 法测定$\gamma-Al_2O_3$的比表面：薄水铝石脱水活化的温度提高到400℃时开始分解，生成微孔，比表面也随之增大，到500℃时达到最大值，超过550℃时逐渐消失，比表面也显著减小，因此活化温度绝对不能超过500℃。产品$\gamma-Al_2O_3$的比表面要求在$200 \sim 300m^2 \cdot g^{-1}$。

（3）用X射线粉末衍射仪分析物相：经马弗炉500℃高温活化，用X射线粉末衍射仪确定Al_2O_3的物相。

五、结果与讨论

（1）计算$\gamma-Al_2O_3$的产率，并分析可能造成损失的原因。

（2）计算$\gamma-Al_2O_3$的比表面积。

六、注意事项

（1）制备偏铝酸钠时，应随时补充去离子水，反应温度维持在110℃左右。

（2）用中和法制备$Al(OH)_3$凝胶时，反应条件对产物有重要影响：

①pH值：7.2~8.0［pH值过小易生成胶体，pH值过大易生成$\beta-Al(OH)_3 \cdot 3H_2O$］。

②反应温度：45~50℃［反应温度低不容易成胶，结晶状态也差；反应温度高易使$Al(OH)_3$单水合物向三水合物转化］。

③反应时间：30min左右（反应时间过长会影响成形产品的强度）。

（3）浆化洗涤过程中，加稀氨水调节溶液的pH值，其作用是使凝胶易过滤、减少损失，并有助于保持单水晶相。洗涤水的温度、pH值都要与中和时的一样。

（4）胶溶时HNO_3的用量主要视搅拌时浆液的流动性而定，用量不足或过多都会影响凝胶成球的好坏和产品的强度。

七、思考题

（1）影响产品产率和纯度的因素有哪些？

（2）对实验改进有哪些设想和建议？

（3）以下各物相的转变温度为多少？

$$(Al_2O_3 \cdot H_2O) \rightarrow \gamma - Al_2O_3 \rightarrow \delta - Al_2O_3 \rightarrow \theta - Al_2O_3 \rightarrow \alpha - Al_2O_3$$

参考文献

[1] 高建峰，徐春彦，王建中，等．由偏铝酸钠直接制取高纯 γ – Alzft [J]．化工学报，2003，54（12）：1783 – 1786.

[2] 李江，潘裕柏，等．湿化学法制备 α – AbOj 纳米粉 [J]．硅酸盐通报，2003，22（1）：92 – 95.

实验 16　SiO_2 微球的合成及其原子力显微镜表征

一、实验目的

（1）学习查询文献，了解关于纳米材料的知识，掌握硅胶微球的合成方法。

（2）了解原子力显微镜 AFM 的工作原理，学习样品的准备和仪器的操作，用于微球的表征，并进行表面形貌的观察。

二、实验原理

纳米材料和技术被称为 21 世纪“最有前途的材料”和“决定性的技术”。当物质达到纳米尺度以后，物质的性能就会发生突变，出现特殊性能，这种特殊性能构成的材料，即为纳米材料。比如，一个导电、导热的铜、银导体做成纳米尺度以后，它就失去了原来的性质，表现出既不导电也不导热。信息、生物技术、能源、环境、先进制造技术和国防的高速发展都将对材料提出新的要求，元件的小型化、智能化、高集成、高密度存储和超快传输等对材料的尺寸要求越来越小；航空航天、新型军事装备及先进制造技术等对材料性能的要求也越来越高。

SiO_2纳米颗粒为无定型的白色粉末，是一种无毒、无味、无污染的非金属材料。它不仅有较好的生物相容性，制备时容易控制其颗粒的粒径大小和分布，而且由于它特殊的表面性质，可以允许无机金属、有机高分子如具有生物活性、生物相容性的分子在其颗粒表面覆盖、包裹，因而在人工皮肤、组织工程支架等生物材料中使用相当广泛。本实验可以了解关于纳米材料的知识，掌握纳米材料制备和表征的基本方法，以便将来更好更快地适应纳米材料学科的发展需要。

1. 合成 SiO_2 微球颗粒原理

1）Stober 法

Stober 法是在酯－水碱体系中形成 SiO_2 微球。正硅酸乙酯水解形成单硅酸和醇，然后硅酸之间或者硅酸和正硅酸乙酯之间发生缩合反应，生成 Si—O—Si 键。其中，氨不仅是正硅酸乙酯水解的催化剂，还是 SiO_2 颗粒的形貌调控剂。其反应式如下：

（1）$Si(OC_2H_5)_4 + H_2O \longrightarrow Si(OH)_4 + C_2H_5OH$

（2）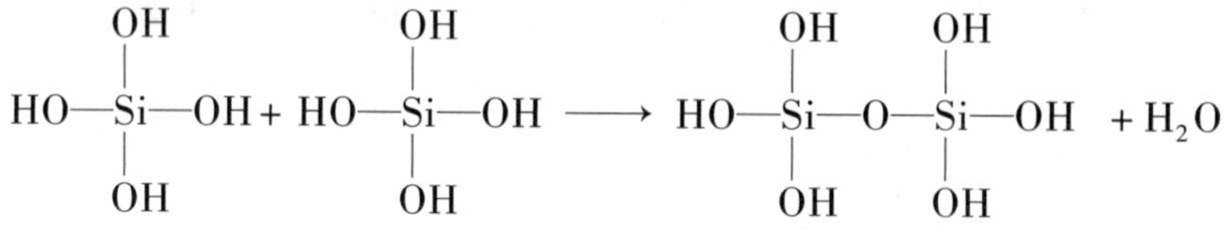

（3）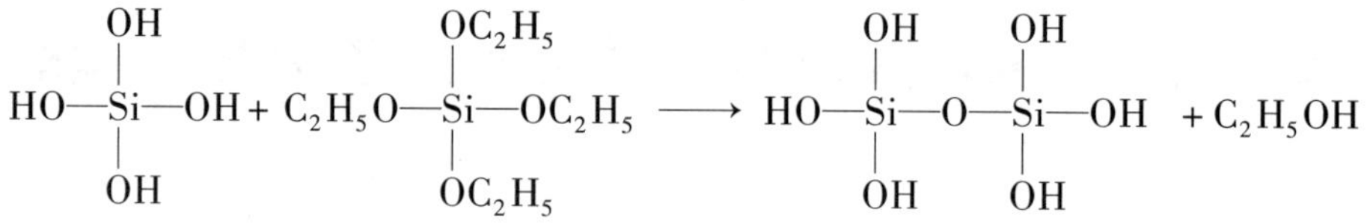

（4）$n(\text{O—Si—O}) \longrightarrow (\text{—O—Si—O—})_n$

2）改进的 Stober 法

该方法是在 Stober 法反应体系中加入透明质酸 HA。HA 在乙醇中形成溶胶聚集体，然后以此聚集体为核心，氧化硅包裹在外面形成颗粒。

2. AFM 基本原理

原子力显微镜（Atomic Force Microscope，AFM）是在 1986 年设计完成的，它主要通过检测针尖与样品之间的原子间作用力来获得样品表面的微观信息，因此不要求样品具有导电性。AFM 的工作原理是将一个对微弱力非常敏感的微悬臂一端固定，另一端装上探针，针尖与样品表面轻轻接触，针尖尖端原子与样品表面原子间极微弱的排斥力使微悬臂向上弯曲。通过检测微悬臂背面反射出的激光光点在光学检测器上的位置变化，可以转换成力的变化，因为反射光点的位置变化或微悬臂的弯曲变化与力的变化成正比。微悬臂的弯曲是多种力的共同作用结果，其中最普遍的是范得瓦尔力，针尖与样品表面微小的距离变化就能产生不同大小的范得瓦尔力。通过控制针尖在扫描中这种力的恒定，测量针尖纵向的位移量，就可获得样品表面的微观信息。

AFM 有两种工作模式：恒力模式和恒高模式。在恒力模式中，通过精确控制扫描头随样品表面形貌变化在纵向上下移动，维持微悬臂所受作用力的恒定，通过扫描头的纵向移动值得出样品表面的形貌。在恒高模式中，扫描头高度固定不变，从微悬臂在空间的偏转信息中直接获取样品表面信息。AFM 具有分辨本领高、可连续动态地在各种环境（真空、气体和液体）中检测物体微观信息等特点，被大量应用于生命科学研究领域。AFM 可以用于研究生物大分子（DNA 和蛋白质等）的结构与功能，这方面已积累了丰富的资料。近年来，在其他方面也展开了积极的探索，如将 AFM 用于研究生物大分子之间的相互作用、研究生物结构的纳米操作、研究活细胞的结构与功能以及用于医学和药物学研究等。

三、仪器与试剂

（1）仪器：Nanoscope Ⅲa 型扫描探针显微镜、电子天平、匀胶机、离心机、磁力搅拌器机、恒温水浴槽等。

（2）试剂：正硅酸乙酯（TEOS，27%，A. R.）、无水乙醇（99.5%，A. R.）、25%氢氧化铵等。

四、实验步骤

1. Stober 法合成 SiO_2 微球

将 1.5mL TEOS 溶解于 10mL 无水乙醇得到 A 液，再将 3mL 浓氨水溶解于 15mL 无水乙醇得到 B 液，在 40℃恒温和搅拌条件下，将 A 液缓慢滴加到 B 液中（约 10min 滴完）；滴加完毕后继续搅拌反应 22h，此为合成后的初始液体。然后将该液体离心洗涤（15min），最后得到的沉淀加无水乙醇分散保存。将上述制得的 SiO_2 颗粒用无水乙醇配成胶体溶液，并制成膜用 AFM 扫描。

2. 改进的 Stober 法制备 SiO_2 – HA 纳米颗粒

将 0.04g HA 溶解在 1.5mL 氢氧化铵（25%）中，然后与 30mL 的无水乙醇混合在 50mL 的锥形瓶中，磁力搅拌；加入 0.75mL TEOS，每过 2h 添加一次，在 10h 内加完；4h 后获得白色胶状物的纳米硅。将上述制得的 SiO_2 – HA 颗粒用无水乙醇配制成胶体溶液，并制成膜用 AFM 扫描。

3. 制膜方法

将反应制得的胶体溶液或分离后的液体滴加在云母片上，再把利用匀胶机获得的样品存放于干燥皿中，4 ~ 5h 后进行 AFM 扫描。

4. 原子力显微镜扫描

（1）将初合成的悬浊液体直接制膜扫描。

（2）将初合成的悬浊液体离心分离后，取沉淀物制膜扫描。

五、结果与讨论

（1）选择适当的扫描范围进行扫描，数据保存到电脑里。

（2）点击解析软件，打开扫描图，观察表面形貌，估算颗粒直径、水平距离等，并进行立体效果处理、粗糙度分析。

（3）测量 SiO_2 微球的粒径，与利用 AFM 在界面上获得的粒径数据进行比较。

六、思考题

（1）简述纳米材料的种类和应用。

（2）列举纳米材料常见的合成方法。

（3）影响产物纯度的关键因素有哪些？

参考文献

[1] 方俊，王秀峰，程冰，等. 组装胶体晶体用单分散二氧化硅颗粒的制备 [J]. 无机盐工业，2007(3)：37－39.

[2] WAN Y，YU S H. Polyelectrolyte controlled large－scale synthesis of hollow silica spheres with tunable sizes and wall thicknesses [J]. Phys. Chem. C.，2008，112：3641－3647.

[3] LI Y B，WAN J H，Deng K，et al. Transformation of self－assembled structure by the addition of active reactant [J]. Phys. Chem. C.，2011，115：6540－6544.

[4] LI Y B，DENG K，LEI S B，et al. Molecular arrays formed in anisotropically rearranged supramolecular network with molecular substitutional asymmetry [J]. Mater. Chem.，2010，20：9100－9103.

[5] LI Y B，MA Z，DENG K，et al. Thermodynamic controlled hierarchical assembly of ternary supramolecular networks at the liquid－solid Interface [J]. Chem. Eur. J.，2009，15：5418－5423.

[6] LI Y B，QI G C，YANG Y L，et al. Solvent effects on supramolecular networks formed by racemic star－shaped oligofluorene studied by scanning tunneling microscopy [J]. Phys. Chem. C.，2008，112：8649－8653.

实验 17　$\alpha-Fe_2O_3$ 纳米微粒的液相合成及表征

一、实验目的

（1）了解纳米材料的初步知识。

（2）了解液相法制备无机金属氧化物粒子的原理和方法。

（3）了解扫描探针显微镜在纳米的结构及形态表征中的运用。

二、实验原理

氧化铁在催化剂、建筑材料、磁记录材料、宠物饲料添加剂及冶金等领域具有广泛的应用价值，同时，氧化铁微粒制备及性质研究具有重要的理论研究价值，常作为金属氧化物胶体与界面性质研究的模型体系。目前，全球氧化铁的消耗量不断增加，其中70%是合成氧化铁，30%来自天然氧化铁。科技的不断发展对铁氧化物的品质、制备工艺和规模提出了越来越高的要求，探索适合时代要求和生产规模的铁氧化物制备途径，特别是无污染、低能耗、高产率的制备新途径，是许多科研工作的目标。

1. $\alpha-Fe_2O_3$纳米微粒的制备

氢氧化铁凝胶是制备铁系氧化物常用的前驱物之一，在不同的实验条件下可转化为$\alpha-FeOOH$和$\alpha-Fe_2O_3$等。本实验采用三价铁盐溶液和氢氧化钠溶液制备氢氧化铁凝胶，并研究氢氧化铁凝胶在常压下的液相转化过程，通过改变反应条件来制备不同粒径的$\alpha-Fe_2O_3$纳米粒子。

$$Fe^{3+}+3OH^{-}\longrightarrow Fe(OH)_3$$

$$2Fe(OH)_3\xrightarrow{\triangle}\alpha-Fe_2O_3+3H_2O$$

2. 扫描探针显微镜（SPM）

扫描探针显微镜（Scanning Probe Microscopes，SPM）是用于测量样品表面/界面性质的一类高分辨率的探针型显微镜，根据其成像原理和操作模式的差异，主要分为原子力显微镜（Atomic Force Microscopes，AFM）和扫描隧道显微镜（Scanning Tunneling Microscopes,STM）等。SPM仪器的探针由压电陶瓷驱动，在物体表面做精确的扫描。探针距离样品表面的距离控制在一定的范围内，进行扫描工作，最终以纳米级分辨率获得样品表面的结构信息。传统的分析仪器往往是通过间接或计算的方法来推算样品的表面结构，但是SPM可以实时地获得样品表面真实的结构特征。因此SPM技术的出现，帮助人们首次获得了原子在平整表面排布的高分辨的真实图像。除此之外，与SEM等技术相比，AFM在常温常压大气下以及在液体环境下均可成像，实验操作中无需对样品进行任何特殊处理，就可以在微米级到埃米级的扫描范围内完成高精度表面测量，并且提供真正的三维形貌图。

三、仪器与试剂

（1）仪器：酸度计、普通磁搅拌器、带磁搅拌的加热套、真空泵、红外光谱仪、X射线衍射仪、扫描探针显微镜等。

（2）试剂：$FeCl_3\cdot 6H_2O$、NaOH、浓HCl、浓H_2SO_4、浓H_3PO_4、$K_2Cr_2O_7$、$HgCl_2$、$SnCl_2\cdot 2H_2O$、二苯胺磺酸钠、无水乙醇等，均为分析纯。

四、实验步骤

（1）储备液配制及浓度标定：$2.0mol\cdot L^{-1}$ $FeCl_3$溶液，$6.0mol\cdot L^{-1}$ NaOH溶液，用$K_2Cr_2O_7$标准液标定$FeCl_3$溶液的浓度。

（2）前驱物的制备：用移液管准确量取计算量中的$FeCl_3$溶液，加入适量去离子水，在磁力搅拌下，首先以NaOH溶液调节体系的pH值至预定范围（4～10），充分搅拌约10min，以稀NaOH溶液调节pH值至预定值并定容。

（3）沸腾回流转化：将制得的反应前驱物$Fe(OH)_3$溶液凝胶移入锥形瓶中，在磁力搅拌下沸腾回流（回流时间与初始pH值有关）。反应完成后，产物经抽滤去离子水洗涤数次，用少量无水乙醇洗涤，滤饼于远红外箱中在70～80℃下烘干或室温下自然风干。

（4）同步骤（2）制备反应前驱物，达到预定pH值后加入少量Fe（Ⅱ）溶液（$\eta_{Fe^{2+}}/\eta_{Fe^{3+}}=0.02$），再以稀NaOH溶液调节pH值至预定值并定容。将反应体系转移至适当容器进行沸腾回流，观察转化时间与步骤（3）有何不同，转化产物的处理同步骤（3）。

五、结果与讨论

（1）取少量制备的产品与KBr混合，研碎后压片，用红外光谱仪测定样品的IR光谱，扫描范围为400～4000cm^{-1}，将所得的谱图与标准图对照，对产物做物相及纯度鉴定。

（2）取适量制备的产品，在X射线衍射仪上测定产物的XRD谱图，将所得谱图与标准谱图对照，对产物做物相鉴定。

（3）取少量制备的样品，加入适量的无水乙醇，超声分散，用AFM测定产物的平均粒径及粒度分布范围。

（4）对产物做AFM表征，观测产物的粒径和形貌。

六、思考题

（1）列举3种以上纳米材料常用的表征方法。

（2）列举纳米材料常见的合成方法。

（3）影响产物纯度的关键因素有哪些？

参考文献

[1] 周秋玲，李春忠，顾锋，等. 水热合成氧化铁纳米结构及机理分析［J］. 功能材料，2008，39（9）：1522－1524.

[2] WANG S B，MIN Y L，YU S H. Synthesis and magnetic properties of uniform hematite nanocubes［J］. J. Phys. Chem. C.，2007，111：3551－3554.

[3] 欧阳鸿武，孟小杰，黄誓成，等. 纳米铁及氧化铁粉制备技术的进展［J］. 粉末冶金材料科学与工程，2008，13（6）：315－322.

[4] LIU H，WEI Y，SUN Y H. The formation of hematite from ferrihydrite using Fe（Ⅱ）as a catalyst［J］. J. Mol. Catal. A：Chem.，2005，226（1）：135－140.

[5] 刘辉，李平，胡进勇，等. 纳米$\alpha-Fe_2O_3$粒子的液相催化合成及表面状态控制［J］. 人工晶体学报，2006，35（6）：1283－1286.

[6] 刘辉，魏雨. 一个简单易行的综合化学实验——纳米$\alpha-Fe_2O_3$微粒的液相合成及表征［J］. 大学化学，2008，23（4）：63－66.

实验 18　纳米 TiO_2 的制备和应用

一、实验目的

（1）学习查询文献，了解关于纳米材料的知识。

（2）掌握 TiO_2 的合成方法，了解纳米材料的一般合成及其表征方法。

二、实验原理

1. 概述

二氧化钛（TiO_2）光催化剂具有氧化活性高、深度氧化能力强、活性稳定、抗湿性好和强力杀菌等优异性能，在降解废水中的有机污染物、去除有害无机气体、杀菌和净化空气等方面得到了广泛的应用。其可以用太阳光作为潜在的激发光源，反应在常温常压下进行，具有不产生二次污染、化学性质稳定等特点，为利用太阳能消除环境污染提供了一条很好的途径。其在水处理、空气净化、杀菌除臭、自清洁等领域具有应用前景，已经引起了人们的广泛关注。

TiO_2的制备方法有很多，相比较而言，溶胶－凝胶法具有操作简单、反应过程容易控制、可大幅度减少副反应、可批量生产等优点。利用溶胶－凝胶法制备负载型 TiO_2的关键是溶胶的配置，以金属醇盐为前驱体、醇为溶剂制备的溶胶，需要经过 400℃ 的高温处理才能制备出牢固的有光催化活性的光催化剂。但如果只有玻璃、二氧化硅和三氧化二铝等耐高温的材料适合作载体，那么对于塑料、聚四氟乙烯和纤维等不耐热材料而言是不适合的。因此，在低温的情况下制备出有光催化活性的负载型 TiO_2，极大地扩展了其应用范围。

本实验主要用溶胶－凝胶法分别制备以醇和水为溶剂的溶胶。研究醇体系溶胶中加水量对溶胶及负载 TiO_2性能的影响，从醇体系中挑选出最佳的溶胶与水体系的溶胶进行光催化等方面的性能比较。

2. 基本原理

（1）溶剂化：能电离的前驱物——金属盐的金属阳离子 M^+ 吸收水分子形成溶剂单元 $[M(H_2O)_n]^{Z+}$（Z 为 M 离子的价数），为保持它的配位数而具有强烈的释放 H^+ 的趋势。

$$[M(H_2O)_n]^{Z+} \rightleftharpoons [M(H_2O)_{n-1}(OH)]^{(Z-1)+} + H^+$$

（2）水解反应：非电离式分子前驱物，如金属醇盐 $M(OR)_n$（n 为金属的原子价，R 代表烷基），与水反应，反应可延续进行，直至生成 $M(H_2O)_n$。

$$M(OR)_n + xH_2O \longrightarrow M(OH)_{n-1}(OR)_{n-x} + xROH$$

（3）缩聚反应：可分为失水缩聚反应和失醇缩聚反应。

失水缩聚反应：$M-OH+HO-M \longrightarrow M-O-M+H_2O$

失醇缩聚反应：$M-OR+HO-M \longrightarrow M-O-M+ROH$

三、仪器与试剂

（1）仪器：Nanoscope Ⅲa 型扫描探针显微镜、红外光谱仪和紫外分光光度计等。

（2）试剂：钛酸丁醋［$Ti(OBu)_4$］、乙酰丙酮（$C_5H_5O_2$）、异丙醇［$(CH_3)_2CHOH$］、浓硝酸（HNO_3）、冰醋酸（HAC）、无水草酸（$C_2H_2O_4$）、丙酮（C_3H_6O）、甲基蓝（$C_{32}H_{27}N_3Na_2O_9S_3$）生物染色剂。

四、实验步骤

1. 方法一（图 2－18－1）：用醇体系溶胶制备 TiO_2

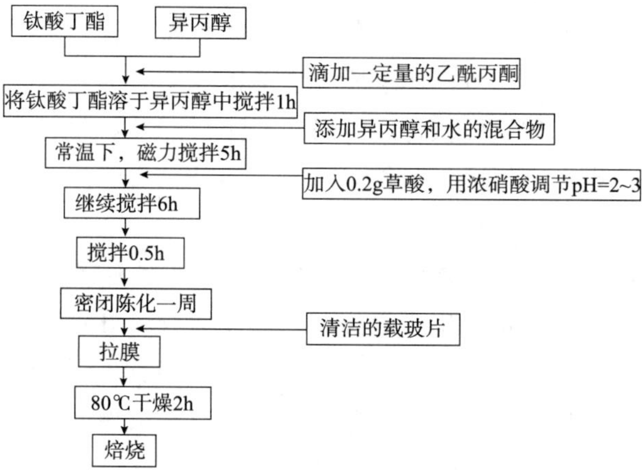

图 2－18－1　醇体系溶胶制备 TiO_2 的工艺流程图

2. 方法二（图 2－18－2）：用水体系溶胶制备 TiO_2

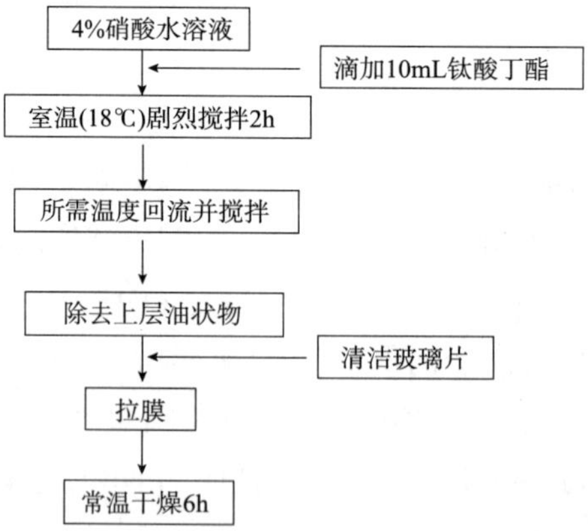

图 2－18－2　水体系溶胶制备 TiO_2 的工艺流程图

3. 光催化分解降解甲基蓝溶液

配制一定浓度（20mg · L^{-1}）的甲基蓝溶液作为光降解液。取100mL甲基蓝溶液置于烧杯中，将镀有TiO_2薄膜的载玻片平放在烧杯底部。置于太阳光下，用一块玻璃片盖在烧杯上，并计时。定时取样放到干净的比色皿中，用分光光度计测定降解液对特征吸收光（$\lambda_{max}=341nm$）的吸光度A，按下式计算溶液的降解率α：

$$\alpha=\frac{\rho_0-\rho_t}{\rho_0}\times 100\%=\frac{A_0-A_t}{A_0}\times 100\% \qquad (2-18-1)$$

式中　ρ_t——光照时间t时反应液中甲基蓝溶液的剩余质量浓度，mg · L^{-1}；

ρ_0——光照前反应液中甲基蓝溶液的质量浓度，mg · L^{-1}。

因为甲基蓝溶液的质量浓度与吸光度成正比，所以可利用吸光度代替甲基蓝溶液的浓度代入式（2－18－1）计算溶液的降解率。

五、结果与讨论

（1）AFM表面测试及分析（颗粒大小分析、表面形态结构分析和表面粗糙度分析）。

（2）光催化甲基蓝分析。

（3）TiO_2的红外光谱分析。

六、思考题

（1）列举表面分析仪器的类型。

（2）反应的跟踪方法有哪些？

（3）影响催化性能的关键因素有哪些？

参考文献

[1] 高镶，郑珊，张青红．纳米氧化钛光催化材料及应用［M］．北京：化学工业出版社，2002：65－125.

[2] 关鲁雄，秦旭阳，丁萍，等．光催化降解甲基蓝溶液［J］．中南大学学报（自然科学版），2004（6）：970－973.

[3] 殷竟洲．二氧化钛溶胶－凝胶制备及光催化性能研究［D］．大连：大连理工大学，2006.

实验 19　ZnS 纳米材料可控合成、组装及光电性能研究

一、实验目的

（1）了解 ZnS 纳米晶的结构特点、性能、用途。

（2）了解并掌握缓释合成 ZnS 纳米晶体的原理和方法。

（3）了解纳米材料的常用表征手段：SPM、UV - vis 等。

（4）了解利用光催化法处理印染废水的原理和方法。

二、实验原理

ZnS 是具有直接宽带隙的半导体材料。ZnS 体材料在 300K 时，其禁带宽度 E_g = 3.647eV，相应的紫外吸收带边为 340nm；在 0K 时，体材料的吸收带边蓝移至 325nm。随着粒子尺寸的减小，由于其显著的量子尺寸效应、表面效应，ZnS 纳米材料呈现出与其体材料截然不同的特异性质，对其光化学、电学及非线性光学性质等具有重要影响。

ZnS 具有两种晶体结构，即低温相的闪锌矿结构（Sphalerite）和高温相的纤锌矿结构（Wurtzite）。在闪锌矿结构的 ZnS 中，S^{2-} 形成立方密堆积，Zn^{2+} 占有 1/2 的四面体空隙，同样，每四个四面体共用一个顶点。其不同点在于二层四面体的相互取向不同。

ZnS 晶体是一种重要的半导体材料，显示出许多特异的光电性能，在光致发光、电致发光、磷光体、传感器、红外窗口材料和光催化等许多领域有着广泛的用途。

ZnS 的电致发光和光致发光效率较高，是目前多色荧光粉的重要基质材料。ZnS 作为荧光基质材料，最早是由法国化学家 Sidot 于 1866 年发现的。此后从 20 世纪 20 年代至 40 年代中，ZnS 材料的研究一直受到很大重视。ZnS 掺杂的主要激活离子是 Cu、Mn、Ag、Au 等离子。其中 ZnS：Cu^{+} 的发光颜色为绿色，发射中心的波长为 520nm；ZnS：Mn^{2+} 的发光颜色为橙色，发射中心的波长为 585nm。ZnS 用于电致发光器件的发光层，并且对于蓝光区域内的发光二极管和激光光致发光有很大的应用价值。

ZnS 晶体是一种重要的红外透过材料，在中红外和远红外区域光学性能良好，在精确制导武器上使用的长波红外材料中，热压多晶 ZnS 晶体是首选材料。特别是近 10 年来，随着红外技术在军事领域的应用和发展，ZnS 晶体发挥着越来越重要的作用，成为国防上不可缺少的关键材料。在火箭、导弹、人造卫星、宇宙飞船和高功率红外激光器等的应用中，需要有耐高温、耐热冲击、高强度、大尺寸的红外光学材料，ZnS 多晶材料以其性能和价格优势脱颖而出，成为该领域中应用最广泛的红外光学材料之一。

同时，由于其具有的非线性光学性质、发光性质、量子尺寸效应及其他重要的物理化学性质等，ZnS 基纳米材料已展示了广阔的应用前景，如广泛应用于各种发光装置、激光

与红外探测器件、红外窗口与非线性光学材料、光化学催化剂和光敏传感器等领域。随着粒子尺寸的减小，由于量子尺寸效应，ZnS 纳米材料呈现出与体相材料截然不同的特异性质，如光吸收和荧光发射显著增强并发生蓝移、光学三阶非线性响应速度显著提高等，有望成为制造新一代固态电子、光电子器件的材料。

最近，还有研究人员成功地将水溶性的 ZnS 纳米晶应用于生物大分子的测定和分析，暗示着 ZnS 纳米材料在分析化学和生物化学领域中广阔的应用前景。

ZnS 的性能极大地依赖于其颗粒的大小、形貌及分布等，因此制备具有一定形态、粒度及其分布的 ZnS 纳米微粒具有特别重要的意义。目前，已开发出许多制备 ZnS 的方法，大致可分为三种类型：固相法、液相法和气相法。固相法是将固体反应物研细后直接混合，在研磨等机械作用下发生化学反应，进而制得纳米颗粒，具有工艺简单、产率高和颗粒粒子稳定性好等优点。气相法主要是气相沉积法、喷雾热分解法和磁电溅射法等，此类方法生成的颗粒呈球状、分布均匀且不易团聚，但成本较高。液相法制备纳米材料是将分子或离子在溶液状态下通过化学反应聚集为纳米颗粒，反应条件温和，操作简单，是目前实验室和工业上广泛采用的制备纳米材料的方法。但如何实现 ZnS 纳米材料可控合成以及人工操作 ZnS 纳米体系的组装仍是一个极大的挑战。探索简便易行的合成路线具有重要的科学价值和实际意义。

本实验以 ZnS 作为研究对象，从分子设计角度出发，结合配位化学、表面活性剂化学、超分子化学及溶胶－凝胶化学，采用可控、缓释合成的化学思想，通过合理设计合成过程中的各参数，结合现代分析表征手段（SPM、UV－vis 等），监控 ZnS 纳米材料在晶化过程中各反应参数对晶体成核和生长过程的影响，揭示控制相、形貌及尺寸的规律，最终实现 ZnS 纳米材料的可控化合成。

传统的直接沉淀法制备 ZnS 粒子的反应过程如下：

$$Zn^{2+} + S^{2-} \longrightarrow ZnS$$

对于由 Zn^{2+} 和 S^{2-} 直接生成 ZnS 的快速沉淀过程，ZnS 的生成瞬间即可完成，其成核速率与生长速率均很快，这种方法合成的 ZnS 会因为初始阶段混合的不均匀性而使产物粒子尺寸分布较宽。为了避免上述现象，近来人们提出了以硫代乙酰胺（TAA）为硫源，利用均匀沉淀法来制备 ZnS 纳米粒子。其涉及的反应式如下：

$$CH_3CSNH_2 \longrightarrow CH_3CN + 2H^+ + S^{2-}$$

$$S^{2-} + M^{2+}(M = Zn、Cd、Cu) \longrightarrow MS$$

从上述反应过程可以看出均匀沉淀法的原理是在一定条件下制得含有所需反应物的稳定前体溶液，通过迅速改变溶液的酸度和温度来促使颗粒大量生成，由于在这个过程中反应物可以实现分子尺寸的均匀混合，同时 TAA 释放硫源是缓慢进行的，使得反应过程变得可控，从而避免了由于沉淀剂的直接加入而造成沉淀瞬时局部过浓的现象，克服了传统液相直接沉淀法制备 ZnS 纳米材料的不足。

如果能找到一个合适的络合物，它能够与溶液中的 Zn^{2+} 络合形成相对稳定的络合物前驱体，由于该络合物前驱体具有适当的稳定性，就可实现反应物在反应前分子尺度的均匀混合。

同时，通过改变外界条件，来实现 Zn^{2+} 的缓慢释放，以达到与 TAA 作硫源的相同效果。

乙二胺四乙酸（EDTA）分子中具有六个可与金属离子形成配位键的原子，它的两个氨基氮和四个羧基氧原子都有孤对电子，能与金属离子形成配位键，因此 EDTA 能与许多金属离子形成稳定的络合物。当 EDTA 溶解于酸度很高的溶液中时，它的两个羧基可再接受 H^+ 而形成 H_6Y^{2+}，这样 EDTA 相当于六元酸。由于多数金属离子的配位数不超过 6，所以 EDTA 与金属形成 1∶1 的络合物，只有极少数金属离子如锆、钼例外。因此，EDTA 与 Zn^{2+} 就不存在分步络合现象。通过合理地控制外界条件，EDTA 能够通过与 Zn^{2+} 之间的络合作用，实现 Zn^{2+} 的可控释放。

大量的研究表明，当晶粒尺寸减小到一定程度后，光能隙蓝移，对应于更高的氧化－还原电位，因而有更强的氧化－还原能力；另外晶粒尺寸减小后光生载流子迁移到晶粒表面的时间大大缩短，有效地减少了光生电子的光生空穴的体相复合。因此制备的 ZnS 纳米颗粒有望能够极大地提高其光催化活性。

近年来，荧光性半导体纳米晶和纳米团簇制备引起了人们的注意，因为这类荧光性的纳米结构材料在生物传感和临床检验等领域有着潜在的应用价值。作为一个合适的生物标贴，应该具有较高的荧光效率、生物相容性以及能够与生物分子发生作用的表面基团。从光催化角度来看，水溶性的表面也是可取的，因为亲水性的表面有利于半导体光催化剂与水溶性染料发生充分的接触，从而提高其光催化效率。

印染废水排放量大，成分复杂，对人体和环境的危害较大，印染废水的处理已成为世界各国治理水环境方面亟待解决的一大难题。目前常用的吸附法、生化法和混凝沉降法等均难以使印染废水的处理达到令人满意的结果。光催化处理印染废水是一种极有前途的处理方法。

三、仪器与试剂

（1）仪器：Nanoscope Ⅲa 型扫描探针显微镜、磁力搅拌器、UV－vis 光谱仪等。

（2）试剂：Na_2S、Zn（Ac）$_2$、EDTA、$NH_3 \cdot H_2O$、碱性紫 5BN 染料等，均为分析纯。

四、实验步骤

1. ZnS 纳米晶的合成

将 $Zn(Ac)_2$ 配成浓度为 0.2mol·L^{-1} 的溶液，在一定温度和剧烈搅拌下，加入一定量的稳定剂 EDTA，用 $NH_3 \cdot H_2O$ 调节体系达到设定的 pH 值，然后将预先配制好的 0.2mol·L^{-1} Na_2S 溶液倒入上述体系中反应。

将反应产物进行离心分离，用去离子水洗涤沉淀。置于110℃下干燥，即得到ZnS纳米晶。若不加EDTA，其他条件同上，则制得常规ZnS，称之为块体ZnS。

2. ZnS纳米晶的光催化活性考察

将各种水溶性的染料（碱性紫5BN染料）在室温条件下溶解制成50mg·L^{-1}溶液，取250mL上述溶液与20mg ZnS纳米粉体混合均匀，并迅速转移至光催化反应器内（反应器有效体积为250mL），开启500W紫外光源（主波段为365nm），每隔15min取样测试，于5000r·min^{-1}离心分离后，取上层清液进行紫外－可见光谱监测，用脱色率来反映整个降解过程有机染料的脱色效果。脱色率用下式计算：

$$脱色率=(1-A/A_0)\times100\% \qquad (2-19-1)$$

式中A_0、A分别为处理前后染料溶液在量大吸收峰处的吸收值。

五、结果与讨论

（1）通过改变反应条件，考察溶液pH值、浓度、温度和Zn^{2+}/EDTA的配比对产物产率、ZnS粒径及光学性能的影响。

（2）物相分析：用多晶X射线衍射法（XRD）确定产物的物相。

（3）ZnS粒径分析：用SPM测定ZnS的粒径及形貌。

（4）光学性能分析：用UV－vis测定ZnS纳米晶的光学性能及光催化活性。

六、思考题

（1）试从ZnS的结构特点解释它为什么会具有优异的光学活性。

（2）ZnS纳米晶具有哪些制备方法？各有什么优缺点？

（3）缓释合成ZnS纳米晶的原理是什么？除了EDTA，还可选择什么作络合剂？

（4）举例说明ZnS纳米晶有哪些用途？

参考文献

[1] 钱逸泰. 结晶化学导论［M］. 北京：中国科技大学出版社，2005.

[2] 李玉斌，徐运生. 8～12μm长波红外材料ZnS多晶的制备［J］. 人工晶体学报，2003，32（5）：508－511.

[3] 汪乐余，赵长庆，朱昌青，等. 功能性ZnS纳米荧光探针的合成及其光谱性质研究［J］. 光谱学与光谱分析，2004，24（1）：98－101.

[4] CALANDRA P，LONGO A，LIVERI V T. Synthesis of ultra－small zns nanoparticles by solid－solid reaction in the confined space of AOT reversed micelles［J］. J. Phys. Chem. B.，2003，107：25－30.

[5] JIANG Y，MENG X，LI J，et al. ZnS nanowires with wurtzite polytype modulated structure［J］. Adv.

Mater. ,2003, 15: 1195 – 1198.

[6] WANG Y, ZHANG L, LIANG C, et al. Catalytic growth and photoluminescence properties of semiconductor single – crystal ZNS nanowires [J]. Chem. Phys. Lett., 2002, 357: 314 – 318.

[7] 李军平. 基于 ZnS 纳米材料的可控合成、组装及其光电性能研究 [D]. 中国科学院研究生院, 2005.

实验 20　三十六烷在石墨表面自组装结构的扫描隧道显微镜观测

一、实验目的

(1) 了解自组装的初步知识。

(2) 了解扫描隧道显微镜的原理和方法。

(3) 了解扫描隧道显微镜在单分子自组装结构表征中的运用。

二、实验原理

长链的烷烃是最简单的有机分子之一，由于在润滑油等技术工业领域的重要应用，它们在单晶表面的吸附行为在过去的几十年里受到广泛的关注。自从 Groszek 通过热力学测量间接地确定了烷烃在固体表面的吸附结构，人们开始运用各种技术手段对杆状分子长链的烷烃在固态单晶表面的吸附行为进行研究，包括紫外线光电谱（ARUPS）和低能电子衍射（LEED）、中子散射、高分辨氦原子散射（HAS）、X 射线、扫描隧道显微镜（STM）以及分子力学模拟（MD）等。人们发现，长链烷烃和醇能够在固态单晶表面吸附形成高度有序的结构，包括在固态与液态（固 – 液）界面和固态与气态（固 – 气）界面环境中，形成的结构是由分子与分子之间和分子与衬底之间的相互作用（包括范德瓦尔斯相互作用）和氢键等决定的，分子的尺度、形状、对称性及分子本身的弹性和分子的功能团等对形成的表面分子单层晶体的结构和单层分子结构的熔化相变有重要影响。因此，研究烷烃在单晶表面的物理吸附有助于揭示有机分子在表面吸附形成有序结构的机理，更好地理解分子与分子之间和分子与衬底之间的相互作用。不但如此，近年来有机分子在表面的组装结构也引起了人们极大的兴趣。由于长链烷烃及其衍生物能够在单晶表面包括石墨（HOPG）和 Au（111）表面等形成有序、稳定的二维单层结构，使得烷烃及其衍生物在表面的组装结构在分子电子学领域有着广泛的应用前景，如可作为理想的分子模板制造“金属 – 分子 – 金属”结、分子开关等。

本实验研究了固 – 气界面中长链烷烃在 HOPG 表面吸附形成的有序结构，揭示了烷烃在固 – 气界面和固 – 液界面中物理吸附形成的自组装有序结构的晶格常数和分子排列方向。

扫描隧道显微镜的基本原理是利用量子理论中的隧道效应，在样品表面和针尖之间施加一个小的电压，当针尖和样品间隙减小到 1nm 时，在针尖和样品之间就会有隧道电子穿过所研究的样品与金属探针之间的势垒，形成隧道电流。在低偏压和低温下，隧道电流可表示为：

$$I \propto V_b \exp(-A\Phi^{1/2}s) \qquad (2-20-1)$$

式中 V_b——加在针尖和样品间的偏置电压；

A——常数，真空条件下约等于 1；

Φ——平均功函数，$\Phi = (\Phi_1 + \Phi_2)/2$，$\Phi_1$，$\Phi_2$ 分别为针尖和样品的功函数；

s——针尖与样品间的距离。

由式（2－20－1）可知，隧道电流与样品－针尖间距成指数关系，当 s 变化 1Å 时，隧道电流 I 将增加一个数量级。因此，利用电子反馈线路控制隧道电流的恒定，并用压电陶瓷材料控制针尖在样品表面的扫描，则探针在垂直于样品方向上高低的变化就反映出了样品表面的起伏。

STM 的工作方式一般可分为恒流和恒高两种模式，如图 2－20－1 所示。在恒流操作模式下，将针尖在样品表面扫描时运动的轨迹直接在显示屏上显示出来，就得到了样品表面态密度的分布或原子排列的图像。这种扫描方法可用于观察表面形貌起伏较大的样品，且可通过加在 z 向驱动器上的电压值推算表面起伏高度的数值。在恒高操作模式下，针尖以一个恒定的高度在样品表面快速扫描，检测的是隧道电流的变化值，在这种情况下，反馈速度被减小甚至完全关闭，即保持电压 V_z 基本恒定，当针尖扫描样品表面时，记录下每点的隧道电流值，经处理后得到图像。

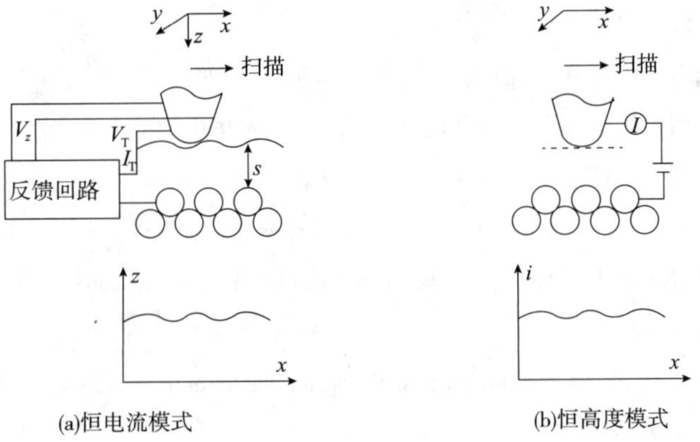

图 2－20－1 扫描模式示意图

三、仪器与试剂

（1）仪器：扫描隧道显微镜。

（2）试剂：三十六烷、石墨（HOPG）、针尖、溶剂等。

四、实验步骤

（1）三十六烷溶液的配制。

（2）Pt/Ir（80/20）针尖的准备。

（3）仪器的准备。

（4）取2μL浓度低于10^{-6}mol·L^{-1}的样品溶液，滴于基底表面，即可用于STM成像。实验在室温大气环境下以恒流模式进行。

五、结果与讨论

（1）观察三十六烷在石墨表面的自组装结构。

（2）运用软件画出简单模型。

六、思考题

（1）二维结构与三维结构有哪些差别？

（2）影响自组装结构的关键因素有哪些？

参考文献

[1] Binnig G，Rohrer H，Gerber C，et al. Surface studies by scanning tunneling microscopy [J]. Phy. Rev. Lett.，1982，49：57－60.

[2] 白春礼. 纳米科技与应用 [M]. 昆明：云南科技出版社，1995.

[3] 王琛，白春礼. 表面科学中的电子隧道效应 [D]. 武汉：华中师范大学出版社，1998.

[4] 李金锷，林家逖. 理论物理 [M]. 天津：天津大学出版社，1992.

[5] BARDEEN. Tunnelling from a many－particle point of view [J]. J. Phys. Rev. Lett.，1961，6：57－59.

[6] TERSOFF J，HAMANN D R. Theory of the scanning tunneling microscope [J]. Phys. Rev. B.，1985，31：805－813.

[7] CHEN C J. Theory of single－atom imaging in the scanning tunneling microscope [J]. Phys. Rev. Lett.，1986，56：1164－1167.

[8] ELEMANS J A A W，LEI S B，DEFEYTER S. Molecular and supramolecular networks on surfaces：from two－dimensional crystal engineering to reactivity [J]. Angew. Chem. Int. Ed.，2009，48：7298－7332.

[9] YANG Y L，WANG C. Hierarchical construction of self－assembled low－dimensional molecular architectures observed by using scanning tunneling microscopy [J]. Chem. Soc. Rev.，2009，38：2576－2589.

[10] BONIFAZI D，MOHNANI S，LLANES P. Supramolecular chemistry at interfaces：molecular recognition on nanopatterned porous surfaces [J]. Chem. Eur. J.，2009，15：7004－7025.

实验21　固定床甲醇脱水制二甲醚

一、实验目的

熟悉甲醇在固定床反应器中的催化剂上脱水生成二甲醚的反应。

二、实验原理

二甲醚（Methoxymethane，DME）被称为21世纪的新型清洁能源。它的用途十分广泛，也是一种重要的化工原料，可作为气雾推进剂、发泡剂，或替代氟利昂作环保型制冷剂，其最主要的用途是用作民用燃料或汽车燃料。二甲醚作为汽车燃料使用时，燃烧充分，无残液，在尾气中的污染物含量低于美国最严格的加州排放标准要求。

近年来，二甲醚生产技术已成为国内外工艺技术的研究热点。二甲醚的主要生产工艺是气相甲醇脱水，即将甲醇汽化后通入装有氧化铝或分子筛等固体酸性催化剂的固定床反应器中，甲醇发生脱水反应直接生成二甲醚（图2-21-1）。该工艺的优点是反应条件温和，反应器结构简单，工艺成熟，产品纯度高，既可以做化工原料又可以做燃料。

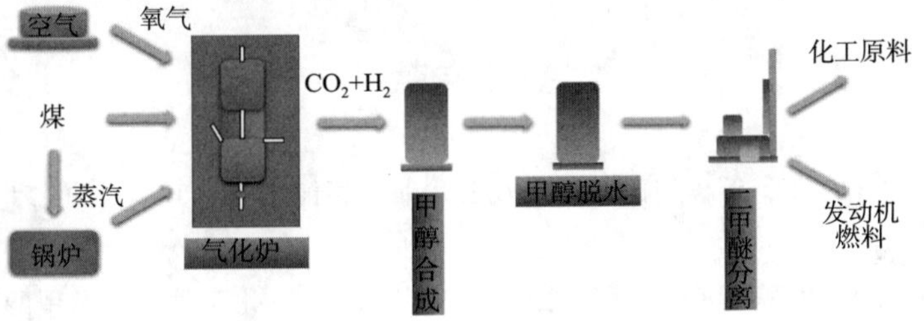

图2-21-1　甲醇（由煤基合成气合成）制二甲醚的工艺流程图

三、仪器与试剂

（1）仪器：固定床反应器、液体进样泵、气相色谱仪（氢火焰检测器，FID）。

（2）试剂：甲醇、固体催化剂（γ-氧化铝或分子筛）。液体甲醇由液体进样泵打入反应器中，固体催化剂由石英砂或石英棉固定在反应管的中间部位，反应温度由热电偶进行监控，反应产物通过色谱仪进行分析。

四、实验步骤

（1）将过20~40目筛的固体酸催化剂装入反应管中，用石英砂或石英棉将其固定在反应管的恒温段位置。

（2）将反应管置入加热炉中，连接管路，检查反应设备的密封性。

（3）打开气相色谱仪，检测管路密闭性，然后打开各路气体的开关，设定好产物分析条件，氢火焰检测器 FID 点火，稳定色谱基线。

（4）通入载气（氮气），通过控温仪对加热炉进行程序升温，反应管内催化剂床层的温度可以通过热电偶读出。

（5）等反应器温度升到规定温度后，打开液体进样泵，将甲醇注入反应器内，注意观察反应器的温度及压力变化。

（6）将气相产物通过六通阀或进样注射器注入色谱仪器中进行分析，识别不同停留时间的色谱峰所对应的化合物。

（7）反应完毕后，关闭色谱仪、液体进样泵、固定床反应器，关闭各气路开关。

五、结果与讨论

记录催化剂用量、反应温度等工艺条件，计算甲醇的转化率。

六、思考题

（1）甲醇脱水制二甲醚的反应产物主要有哪些？

（2）色谱图上化合物的出峰顺序有什么规律？

参考文献

[1] 崔世纯，胡力智，朱冬茂，等．甲醇气相催化脱水制二甲醚工艺［J］．石油化工，1999，28（1）：43－45.

[2] 张海涛，应卫勇，等．甲醇脱水制二甲醚固定床反应器［J］．化工催化剂及甲醇技术，2003（1）：14－15.

[3] 何宗华，吕爱梅，郝兴仁，等．甲醇脱水制二甲醚固定床工艺技术研究［J］．山东化工，2008（9）：3－5.

实验 22　改性活性炭的研究

一、实验目的

（1）了解活性炭结构，掌握酸改性活性炭的制备方法。

（2）熟悉活性炭表面基团及其微孔结构。

（3）通过对活性炭碘吸附值的测定，表征活性炭改性前后微孔的变化。

二、实验原理

活性炭作为化学吸附剂、催化剂及催化剂载体时其性能的优劣，主要由其表面的官能团及孔结构所决定，而它表面的官能团及孔结构可以通过对活性炭表面进行化学改性而改变其性质，常见的有氧化改性、还原改性、负载金属改性等。本实验主要通过氧化改性来改变活性炭的表面性质。氧化改性既可以调节活性炭的孔径结构，又可以改变活性炭表面的化学结构。活性炭表面结构变化即部分微孔比表面积的变化可以通过碘值来表征，有资料显示，活性炭的碘值可表征孔径为 d（$1.0nm < d < 1.4nm$）的比表面积。因此，通过活性炭碘值的测定就可以对比活性炭改性前后的结构变化。

三、仪器与试剂

（1）仪器：锥形瓶、滴定管、烧杯、电炉。

（2）试剂：活性炭、盐酸、硝酸、双氧水、碘、硫代硫酸钠、淀粉等。

四、实验步骤

（1）称取烘干过的活性炭 10g 两份，一份加入 200mL 5% 硝酸溶液，在电炉中煮沸 30min，另一份加入 100mL 5% H_2O_2 溶液，在 40℃ 下搅拌 1h，冷却后用去离子水（5×200mL 洗涤），110℃ 下干燥 1h。

（2）称取 150～200 目的活性炭 0.2g，加入 250mL 锥形瓶中，并加入 10mL（1+19）盐酸，煮沸后保持微沸 30s，冷却至室温，加入 20mL 的 $0.1mol\cdot L^{-1}$ 碘标准溶液，塞好瓶盖，用磁力搅拌 15min，过滤至干燥烧杯中。

（3）用移液管吸取 5mL 滤液，放入碘量瓶中，加水 100mL，用 $0.1mol\cdot L^{-1}$ 硫代硫酸钠标准溶液进行滴定，在溶液呈淡黄色时，加入 2mL 淀粉指示剂，继续滴定至溶液无色，记下硫代硫酸钠的体积。

（4）称取 0.2g 未改性的活性炭重复上述步骤（2）和（3）。

五、结果与讨论

活性炭碘吸附值计算公式如下：

$$A = 127\times5\,(4C_1 - 1.2C_2V_2)\,/m \qquad (2-22-1)$$

式中　A——试样的碘吸附值，$mg\cdot g^{-1}$；

C_1——碘标准溶液的浓度，$mol\cdot L^{-1}$；

C_2——硫代硫酸钠标准溶液的浓度，$mol\cdot L^{-1}$；

V_2——硫代硫酸钠溶液消耗的量，mL；

m——试样质量，g。

六、思考题

（1）活性炭改性常用的方法有哪些？

（2）活性炭碘吸附值的变化与活性炭的结构有什么关系？

参考文献

[1] GB/T 7702.7—1997 活性炭试验方法 碘吸附值的测定.

实验23 多孔材料 SAPO－34 的制备及性能评价

一、实验目的

（1）了解多孔材料基础知识，掌握其制作方法。

（2）熟悉多孔材料基元的结构。

（3）通过 XRD、物理化学吸附脱附仪测试其结构性能，了解结构对其催化性能的影响。

二、实验原理

硅磷酸铝（SAPO－n）系列分子筛是由 AlO_4、PO_4、SiO_4三种四面体构成的三维非中性的骨架结构。它的出现主要是为了克服 $AlPO_4-n$ 分子筛骨架中性的缺点。此系列分子筛是由硅原子取代 $AlPO_4-n$ 分子筛骨架中的磷原子或铝原子，因而含有可交换的阳离子，具有一定的酸性，并且具有良好的热稳定性和水热稳定性。SAPO 分子筛有一个很宽的组成范围，其无水状态时的组成可表示为$(0\sim0.3)R\cdot(Al_xSi_yP_z)O_2$，其中 R 为模板剂，$x$、$y$、$z$ 分别表示铝、硅、磷的摩尔分数，其范围分别为 0.01～0.6、0.01～0.02、0.01～0.52，且 $x+y+z=1$。

SAPO 分子筛通常采用水热合成，常用的硅源、铝源和磷源分别为硅溶胶、拟薄水铝石或烷氧基铝及磷酸。水热合成 SAPO 分子筛必须有模板剂存在，合成 SAPO－34 分子筛常用的模板剂为四乙基氢氧化铵、吗啉、异丙基胺、三乙基胺及二乙胺。模板剂的主要作用为：①模板剂分子的电荷分布、大小和空间形状是其具有导向性能的原因，通常存在空间效应和电子效应；②模板剂分子通过影响凝胶和成核过程，降低形成分子筛晶格的化学势，从而在热力学和动力学两方面都有利于分子筛晶格的形成。

SAPO 分子筛的生成从原理上可以看作是硅原子对磷酸铝分子筛组成中的磷、铝原子的取代。有关硅的取代机理又存在三种可能：①硅原子取代铝原子［图 2－23－1（a）］；②硅原子取代磷原子［图 2－23－1（b）］；③2 个硅原子分别取代 1 个铝原子和 1 个磷原子［图 2－23－1（c）］。

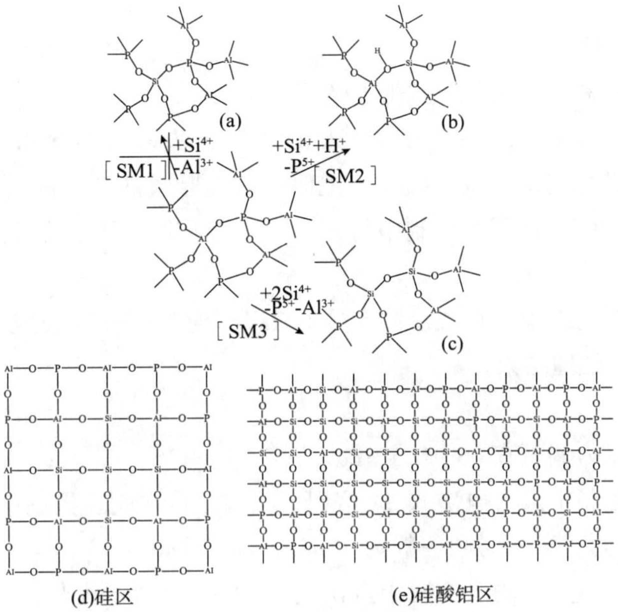

图 2－23－1 SAPO 分子筛中硅的取代机理

20 世纪 80 年代，Mobil 公司开发了以酸性 ZSM－5 分子筛为催化剂的 MTG 工艺，并在此基础上对甲醇转化机理做了深入研究，合成出了针对 MTO 和 MTP 工艺的新型 ZSM－5 分子筛，这对甲醇制低碳烯烃工艺的发展起到了至关重要的作用。之后，研究人员发现 SAPO－34 分子筛在 MTO 工艺中表现出了更好的催化性能，以 SAPO－34 分子筛为核心的 MTO 工艺成了研究热点。

三、仪器与试剂

（1）仪器：电子天平、搅拌器、夹套反应器、恒温水浴、真空干燥箱、净化釜、气相色谱、固定床反应器、TP－5080 型全自动吸附脱附仪、X 射线衍射仪等。

（2）试剂：磷酸、拟薄水铝石、去离子水、正硅酸乙酯、模板剂（四乙基氢氧化铵、吗啉、异丙基胺、三乙基胺及二乙胺，一种或混合模板）、甲醇。

四、实验步骤

1. 催化剂制备

将 18g H_2O 与 15.37g H_3PO_4 置于夹套反应器中混合，在搅拌的条件下，将 9.2g 拟薄水铝石逐渐加入，然后将上述混合物与 10g 水充分混合，搅拌 7h。将 10.3g 正硅酸乙酯与模板剂混合，将此混合物加入磷酸与拟薄水铝石的混合物中，继续搅拌 7h。

将上述物料置于 150mL Teflon 衬里的不锈钢反应釜中，在 200℃ 下晶化 24h，用去离子水洗涤 3～4 次，在 100℃ 下干燥 1h，最后在 550°C 下焙烧 5h，即得到产品。

2. TPD 实验

1）催化剂预处理

（1）称取 100mg 样品，装入石英反应管内。

（2）载气为氮气或氩气，将压力调整为 0.2MPa，流量调整为 30mL·min^{-1}左右。

（3）点击开始进行记录，基线归零，把信号值坐标调整为 20mV，点击回车键。

（4）点击软件右侧，在阀表控制中打开温控表 T1 进行温度设置，然后点击下载，点开始执行程序升温预处理阶段。

（5）等待升温时间结束，待温度降至 300℃ 以下时，打开阀表控制，启动风扇，进行降温，降至室温，预处理结束。

2）氨气吸附

（1）将吸附气压力调至 0.06～0.1MPa。

（2）先在阀表控制中点击电磁阀 S2 达到 1 状态，再在阀表控制中点击电磁阀 S1 达到 1 状态，此时开始吸附，吸附时间一般为 30min，吹扫 5min；

（3）吸附饱和之后先在阀表控制中点击电磁阀 S1 达到 0 状态，吹扫 5min，再在阀表控制中点击电磁阀 S2 达到 0 状态，吹扫 25min。

（4）然后停止记录。若要重新记录数据，点基线归零，点击开始进行记录。

3）氨气脱附

（1）把坐标值调整为 20mV，基线运行大于 10min。

（2）基线稳定后，点击软件右侧，在阀表控制中打开温控表 T1 进行温度设置，然后点击下载，点开始执行程序升温气体脱附阶段。

（3）待温度结束，点击停止记录，点击另存，保存文件。

（4）待温度降至 300℃ 以下时，打开冷却风扇，进行降温，降至室温，TPD 实验结束。

3. 催化剂性能评价

反应原料为含甲醇 95% 的甲醇水溶液，反应温度为 450℃，空速为 $3h^{-1}$。进料采用柱塞微量泵，按照设定的流量进料。催化剂床层温度由加热炉控制并通过热电偶实时监测。反应后的气体每隔 15min 取样，用上海天美 7980 气相色谱仪进行分析，色谱柱为安捷伦公司的 HP－PLOT/Q 毛细管柱（0.53mm×30m×40μm），载气为氮气，采用 FID 检测器。进样口温度为 150℃；色谱柱温度为 90℃，保持 2min，然后以 10℃·min^{-1}速率升至 120℃，再以 20℃·min^{-1}速率升至 190℃，保持 5.5min。HP－PLOT/Q 毛细管柱为聚苯乙烯－二乙烯基苯色谱柱，可以有效分离分析 C_1 到 C_3 的烃类、甲醇、二甲醚等。

五、结果与讨论

1. 甲醇转化率

$$X_{(\mathrm{MeOH})}=\frac{m_1}{m_0}\times 100\% \qquad (2-23-1)$$

式中 m_0——进入反应器中的甲醇质量，g；

m_1——反应掉的甲醇质量，g。

2. 乙烯的选择性

$$S_{(\mathrm{C_2^=})}=\frac{m_2}{m_1}\times 100\% \qquad (2-23-2)$$

式中 m_2——生成乙烯所消耗的甲醇质量，g。

3. 丙烯的选择性

$$S_{(\mathrm{C_3^=})}=\frac{m_3}{m_1}\times 100\% \qquad (2-23-3)$$

式中 m_3——生成丙烯所消耗的甲醇质量，g。

4. 甲烷的选择性

$$S_{(\mathrm{CH_4})}=\frac{m_4}{m_1}\times 100\% \qquad (2-23-4)$$

式中 m_4——生成甲烷所消耗的甲醇质量，g。

5. C_4 烃类的选择性

$$S_{(\mathrm{C_4})}=\frac{m_5}{m_1}\times 100\% \qquad (2-23-5)$$

式中 m_5——生成 C_4 烃类所消耗的甲醇质量，g。

六、注意事项

（1）禁止用手触摸加热炉，防止烫伤。

（2）禁止在试验过程中把热电偶检测器从加热炉内拔出。

（3）色谱仪开机前，应首先打开载气，禁止无载气开机。

七、思考题

（1）氨气吸附脱附实验前，为什么需要对催化剂进行预处理？

（2）本实验由甲醇可以获得哪些产物？

参考文献

[1] 徐如人，庞文琴，霍启升，等. 分子筛与多孔材料化学：第2版 [M]. 北京：科学出版社，2015.

实验24 离子交换法制备氢型分子筛

一、实验目的

（1）掌握固体酸分子筛催化剂的主要物理化学性质。
（2）熟悉了解离子交换法的基本原理。
（3）掌握标准溶液配制、离子交换、抽滤的操作方法。

二、实验原理

固体酸分子筛催化剂经常应用于石油化工行业的催化裂解、催化重整工艺中。硅（或铝）-氧环可以形成不同的笼结构，由不同数量和种类的笼即可形成不同类型的分子筛。分子筛属于一种水合的硅铝酸盐晶体，因分子中Si/Al比不同，可以有A、X、Y及丝光沸石型分子筛。分子筛具有规整的孔道、有机物分子直径大小的孔径和酸碱中心，可用于酸碱催化反应。

分子筛主要由硅源、铝源、有机模板剂、氢氧化钠、水按一定配比合成。合成的分子筛属于钠型分子筛，需要经过离子交换才能制得可以使用的酸型分子筛催化剂。在加热、搅拌的条件下，钠型固体酸分子筛催化剂上的钠离子与溶液中的铵离子进行离子交换，所得分子筛催化剂经洗涤、过滤、烘干、焙烧，制得氢型固体酸分子筛催化剂，可以用于固体酸催化反应。

三、仪器与试剂

（1）仪器：500mL容量瓶、烧杯、玻璃杯、量筒、电子天平、磁力搅拌器、温度计、称量纸、药勺、表面皿、坩埚、滤纸、烘干箱等。

（2）试剂：硝酸铵、去离子水等。

四、实验步骤

（1）配制硝酸铵溶液：称取一定量的硝酸铵溶解于去离子水中，再倒入500mL容量瓶中，配制成$1mol \cdot L^{-1}$的硝酸铵溶液。

（2）取5g分子筛样品置于50mL的硝酸铵溶液中，在70℃水浴中加热搅拌0.5h，取出放入烧杯置于磁力搅拌器上用去离子水洗涤。

（3）将所得混合液倒入抽滤漏斗中进行抽滤除水。

（4）所得滤饼继续重复离子交换、抽滤步骤二次。

（5）所得固体粉末置于烘箱110℃下烘干，在550℃下焙烧5h后制得氢型固体酸分子筛催化剂。

五、结果与讨论

（1）硝酸铵溶液（500mL，$1mol \cdot L^{-1}$）的溶质计算公式。

（2）滤纸放入抽滤漏斗中，要用去离子水润湿，开真空抽滤泵将滤纸紧紧贴在抽滤漏斗上，防止混合液泄漏。

（3）分子筛的酸性质可以通过氨吸附脱附进行测试。

六、思考题

（1）铵型固体酸分子筛催化剂在焙烧过程中会产生何种气体？

（2）分子筛催化剂如何成型？

参考文献

[1] CHENG Y T, WANG Z, GILBERT C J, et al. Production of p－xylene from biomass by catalytic fast pyrolysis using ZSM－5 catalysts with reduced pore openings. Angew [J]. Chem., 2012, 51: 11097－11100.

[2] MEI C, WEN P, LIU Z, et al. Selective production of propylene from methanol: mesoporosity development in high silica HZSM－5 [J]. J. Catal., 2008, 258: 243－249.

[3] 肖丰收，孟祥举．沸石分子筛的绿色合成［M］．北京：科学出版社，2019.

实验25　透明有机玻璃的制备

一、实验目的

（1）了解本体聚合的原理，掌握本体聚合的实施方法。

（2）熟悉有机玻璃的制备方法及工艺。

二、实验原理

甲基丙烯酸甲酯在过氧化苯甲酰引发剂存在下进行自由基聚合反应。自由基聚合的工艺方法主要有四种：本体聚合、溶液聚合、悬浮聚合及乳液聚合。本体聚合由于反应组成少，只是单体或单体加引发剂，所以产物较纯，但散热难控制；溶液聚合易控制，散热较快，不过产物中含溶剂（有些污染环境），后处理比较困难；悬浮聚合以水作溶剂，水无污染，散热好，易除去，但要求单体不溶于水，故在应用上受到限制；乳液聚合反应机理不同，可以同时提高聚合速度和聚合度，散热好，易操作。

自由基聚合属连锁反应，一般有三个基元反应：链引发、链增长、链终止（有时还会出现链转移）。

链引发：R· + M ⟶ RM·

链增长：RM· + M ⟶ RMM· + M ⟶ RMMM· + M ⟶ ··· ⟶ ~~M·

链终止：~~M· + ~~M· ⟶ “死”聚合物

本实验采用本体聚合，当反应到一定程度时黏度增大，大分子链自由基活度降低，阻碍了链自由基的相互结合，使链终止的速率减慢，而小分子单体却依然可以自由地与链结合，链增长速率不会受到影响，从而导致自动加速效应，内部温度急剧上升，又继续加剧反应，如此循环，而黏度增大后又会屏蔽热量，使局部温度过高，严重影响聚合物的性质，这是我们不想看到的。

三、仪器与试剂

（1）仪器：试管、具塞锥形瓶、恒温水浴锅。

（2）试剂：过氧化苯甲酰（BPO）、甲基丙烯酸甲酯（MMA），均为分析纯。

四、实验步骤

实验流程图如图 2－25－1 所示。

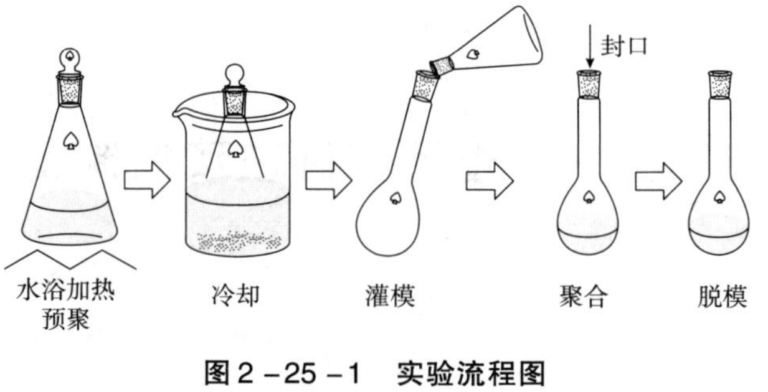

图 2－25－1　实验流程图

（1）预聚：洗净并干燥玻璃仪器，同时加热水浴锅到 80～90℃，称取 0.05g 引发剂 BPO 放入带磨口的小烧瓶中，再加入 15mL 单体 MMA，轻轻摇动烧瓶使 BPO 充分溶解于单体 MMA 中，在水浴锅中加热锥形瓶，盖上塞子（不要老是摇动），当瓶内预聚物的黏度与甘油（或新鲜蜂蜜）的黏度相近时，立即停止加热，冷却至室温。

（2）灌模：取一干燥洁净的金属模具（可放入花瓣、绿叶等装饰物），为避免有气泡产生，将预聚物缓慢、呈细流线状倒入试管中，注意切勿完全灌满，应预留一定空间以防胀裂。

（3）聚合：将模具封口，放在 60℃ 的烘箱中聚合 2h，直至硬化，最后在 100℃ 情况下处理 0.5～1h，使反应趋于完全。

（4）脱模：加热、敲打模具，取出聚合物有机玻璃。

五、结果与讨论

（1）预聚时要注意黏度变化，当预聚物的黏度与甘油的黏度相近时，立即停止加热并冷却，如果不控制好，黏度将继续升高，会导致自动加速效应，甚至爆聚，致使局部过热，而且黏度过大会造成灌模困难。此外温度控制在 80～90℃ 是为了使引发剂的半衰期更有效地用于反应时间。

（2）水浴加热时，由于引发剂质量的不同，反应到黏稠状的时间长短也会有差异。有些 BPO 很纯，那么温度可以在 85℃ 左右，而且很快变稠，而有些同学提纯的引发剂不是很纯，就会很长时间都还没变稠，那么这时可以适当升温，比如升到 89℃ 左右。另外，在加热时，不要老是摇动锥形瓶，这样容易把氧气溶入溶液中而氧化引发剂使之失效。

（3）灌模时也有技巧，试管稍微倾斜，使冷却的高聚物呈细线形稳定、缓慢地流入，这样做的目的主要还是减少氧气的进入而氧化引发剂，因为反应中引发剂始终是十分重要的。氧在低温时是阻聚剂，而在高温时却可以加速聚合反应，使之发生暴聚，产生许多气泡；同时，由于反应生成固体时体积会增大，所以灌模时不能灌满。

六、思考题

（1）影响聚合反应的主要因素是什么？

（2）为什么预聚后要在 40～50℃ 温度下聚合，而不是 80～90℃？

实验 26　锂电池电极材料制备、组装及电化学性能测试

一、实验目的

（1）了解锂离子电池材料基础知识，掌握极片的制作方法。

（2）熟悉锂离子电池基本结构，掌握模拟电池的装配步骤。

（3）通过电池性能测试，熟悉锂离子电池充放电的机理。

二、实验原理

锂离子电池主要由正极、负极、电解质和隔膜组成。商业化的锂离子电池主要采用具

有插层结构的过渡族金属氧化物作为正极材料，常见的有钴酸锂、锰酸锂等，而负极材料主要是具有层状结构的碳材料，隔膜一般采用具有微细孔的聚烯有机高分子隔膜，电解质由导电盐溶质和有机溶剂构成。锂离子电池实际上是一种锂离子浓差电池，正负极由两种不同的锂离子嵌入化合物组成。其工作原理如图 2－26－1 所示，电池在充电时，锂离子从正极材料的晶格中脱出，经过电解质和隔膜，嵌入负极材料的晶格中，负极处于富锂态，正极处于贫锂态；放电时则相反，锂离子从负极材料的晶格中脱出，经过电解质和隔膜，重新嵌入到正极材料的晶格中，正极处于富锂态。在正常充放电情况下，锂离子在层状结构碳材料和层状结构氧化物的层间嵌入和脱出，一般只引起层面间距变化，晶体结构不会发生明显变化。

正极上发生的反应为：

$$LiMO_2 \longrightarrow Li_{1-x}MO_2 + xLi^+ + xe$$（正方向为充电，反方向为放电）

负极上发生的反应为：

$$6C + xLi^+ + xe \longrightarrow Li_xC_6$$（正方向为充电，反方向为放电）

实验室常采用模拟电池来研究正负极材料，在模拟电池中，研究电极作为正极，锂片为负极。模拟电池又叫半电池或锂电池，当对电池充电时，正极上的锂离子脱出经过电解液穿过隔膜，嵌入负极当中，嵌入的锂离子越多充电量就越高；放电时锂离子从负极脱出经过电解液穿过隔膜，又重新回到正极，回到正极的锂离子越多，放电容量就越高。

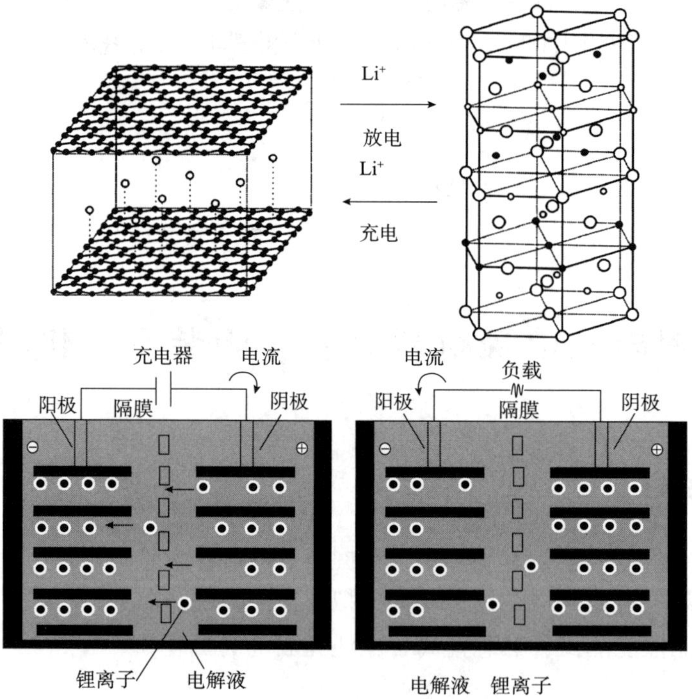

图 2－26－1　锂离子电池的充放电示意图

三、实验设备与材料

（1）实验设备：电子天平、增力搅拌器、真空干燥箱、鼓风干燥箱、涂布器、裁片机、手套箱、封口机、对辊机、电池电化学性能测试仪。

（2）实验材料：扣式电池壳、铝箔、正极活性物质（钴酸锂、镍钴锰酸锂）、隔膜（多孔的丙烯膜、聚乙烯薄膜等）、垫片（铝片、铜片集电器）、支撑片（弹片）、锂片、石墨、电解液（六氟磷锂的有机溶液）、聚偏氟乙烯（PVDF）、*N*－甲基吡咯烷酮（NMP）。

四、实验步骤

1. 配料与涂布

1）物料与器具

PVDF、NMP、导电剂、正极活性物质、烧杯（100mL、250mL）、增力搅拌器、搅拌桨、电子天平（精度≥0.0001g）、小铁勺、胶头滴管、磨口试剂瓶、干燥器、涂布器、铝箔。

（1）导电剂：提高正极片的导电性，补偿正极活性物质的电子导电性。

（2）PVDF（聚偏氟乙烯，黏结剂）：将正极材料、导电剂和铝箔黏合在一起。它是一种非极性物质，链状物，相对分子质量为300000～3000000，吸水后相对分子质量下降，黏性变差。

（3）NMP（*N*－甲基吡咯烷酮，溶剂）：弱极性液体，用来溶解/溶胀PVDF，同时用来稀释浆料。

2）准备工作

（1）物料烘烤：将PVDF、导电剂、正极材料于干燥箱中干燥。干燥时间及温度为：

①正极材料、导电剂：120℃下烘烤2h；

②PVDF：80℃下烘烤2h。

（2）配置黏结剂（5%）：先在250mL烧杯中称取5g PVDF（1g），再称取95g NMP（19g）倒于其中，用搅拌器将混合溶液搅拌至白色粉末全部溶解，黏结剂要求透明无颗粒（为加快溶解速度，可将溶液稍加热到50℃，溶解过程中注意水分流失，可用保鲜膜封住烧杯），搅拌完成后倒入磨口试剂瓶中，并置于干燥器中保存备用。

3）称重

（1）称正极材料：将天平归零，打开天平右面那扇门，将干净的100mL烧杯轻轻放入，待数值稳定后将天平归零，称取9.0g正极样品，待数值稳定后将天平归零。

（2）称导电剂：用纸巾将铁勺擦干净，然后用铁勺称取0.5g导电剂放入烧杯中，待数值稳定后将天平归零。

（3）称黏结剂：加10g黏合剂，待数值稳定后将天平归零。

4）搅拌

（1）将烧杯置于增力搅拌器下，用烧杯夹固定好烧杯，调节搅拌机位置，使搅拌桨处于烧杯正中心，同时使桨片处于尽量挨近烧杯底但转动时不与杯底发生摩擦的位置，先慢速搅拌 5min。

（2）关闭搅拌机，松开烧杯夹，用手扶住烧杯，再将搅拌机调到慢速，配合搅拌桨的转动，用手不断调节烧杯位置，使烧杯边角处的浆料全部被充分搅拌，如此 1～2min，直到烧杯中浆料无沉淀现象，重新固定好烧杯。

（3）将搅拌机调至高速，快速搅拌 10min 至浆料呈蜂蜜膏状为好，搅拌过程中随时观察，确保不会发生浆料溅出、烧杯打碎等异常情况。

（4）搅拌完毕，立即开始涂布。

5）涂布

（1）将调好的浆料倒在铺平的铝箔上，调节涂布器两端的调节螺母，将间隙调节到（150μm 或 200μm），拿住涂布器两端缓慢向前推动，使刮过的表面光滑。

（2）将涂好的极片置于真空干燥箱中 120℃下真空干燥 3h。

2. 制片与组装

1）物料与器具

涂布好的极片、冲片机（ϕ12mm、ϕ18mm）、电子天平（0.0001g）、镊子、折好的小纸片、正极壳、负极盖、隔膜、垫片、弹片、锂片、电解液、称量瓶、镊子、封口机、胶头滴管。

2）准备工作

（1）铝箔称重：清洁冲片机，用剪刀剪取 20～30mm 长的铝箔，均匀地选取不同区域在冲片机（ϕ12mm）下冲取 20 片，随机选取其中 10 片在天平下精确地称重，并计算平均值，确定平均箔重。

（2）隔膜准备：将隔膜上下两面放上白纸，用冲片机（ϕ18mm）冲出直径为 18mm 的隔膜，去掉不好的隔膜，将裁好的隔膜置于真空手套箱中备用。

（3）电池壳准备：用无水乙醇或丙酮清洗电池壳、垫片、弹片三遍，烘干后置于真空手套箱中备用。

（4）手套箱中工具准备：将封口机、镊子（2 把，其中 1 把用生料带缠好一只脚防短路）、称量瓶、胶头滴管放入真空手套箱中，电解液、锂片长期放置于真空手套箱中保存。

3）制片

（1）用酒精清洁对辊机的对辊面并用电吹风吹干，小心地将极片放入对辊机中对辊，压力大约为 20MPa。

（2）清洁冲片机（ϕ12mm），然后将压完后的极片放入冲片机下（涂布面朝上），冲下约 10 片极片，于天平中称重（精确至 0.1mg），选取 4 片无缺陷并且质量相近的极片，给极片编号，装入小纸袋中并放入真空手套箱。

4）组装

（1）用称量瓶取 2～3mL 电解液，并取数片隔膜于其中浸润，从锂片罐中取出所需数量的锂片，并把锂片罐包好。

（2）将负极壳开口向上，用镊子夹取一块弹片置于其中（碗口朝上）。

（3）夹取垫片于弹片之上，严格对齐。

（4）夹取锂片于垫片之上，严格对齐（若锂片表面氧化，应用刀片刮掉其氧化层），并往锂片上滴加 2～3 滴电解液。

（5）用镊子轻轻夹取之前浸润的隔膜边缘于正中心覆盖锂片，再往隔膜上滴加 1～2 滴电解液。

（6）将正极片涂布面朝下，置于正中心位置。

（7）再夹取垫片于正极片之上，严格对齐。

（8）用生料带缠过的镊子将组装好的电池放于封口机中，正极朝上，封口压力为 $100kg \cdot cm^{-2}$。封口完成后，取下电池，搁置 4h 左右，准备测试。

3. 电池电化学性能测试

1）测试

将制作好的扣式电池安装到测试柜夹具上（红正黑负），按下式计算充放电电流强度：

$$I = (M_4 - M_5) \times M_1 / (M_1 + M_2 + M_3 \times 0.05) \times 0.2 \times a \qquad (2-26-1)$$

式中　I——充放电电流强度，mA；

M_1——正极材料的质量，g；

M_2——导电剂的质量，g；

M_3——PVDF 溶液（5%）的质量，g；

M_4——冲片机上切下的极片质量，g；

M_5——切片机上切下的空白铝箔质量，g；

0.2——充放电倍率；

a——样品估计放电比容量（正极材料一般为 $150mAh \cdot g^{-1}$）。

充放电制度如下：

静置：60min；

恒流充电：截止电压 4.2V；

静置：5min；

恒流放电：截止电压 3V；

静置：5min；

循环：起始 2，次数 50（根据要求）；

结束。

充放电倍率：1h 内电池的充电（放电）次数，如式（2-26-1）中的 0.2，称为 0.2C，表示设定该电池 1h 充电（放电）次数为 0.2，即完成一次充电或放电需要 5h。

2）软件运行

（1）双击图标运行软件：，系统自动搜索联机测试仪。

（2）选择对应电池通道 ，右键选择启动，设置工步，按充放电制度设置电流、电压、比容量质量等信息，如图 2－26－2 所示。

（3）测试完成后记录首次放电比容量和首次充放电效率。

（4）取下电池，关闭软件，然后关闭主机。

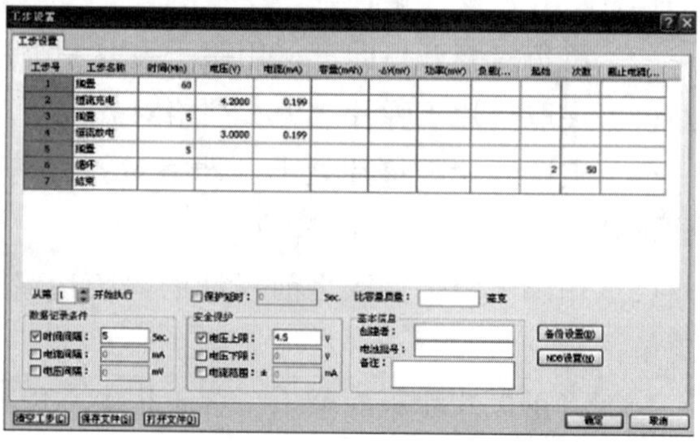

图 2－26－2　测试界面图

五、结果与讨论

（1）记录并分析实验过程中各项参数、实验现象：烘烤时间、称量重量、搅拌时间、浆料特征、涂布状态、对辊状态。

（2）记录电池装配过程及电池测试数据，并根据测试数据分析每一步装配过程对电池性能的影响。

实验 27　钇增强氧化锆结构陶瓷材料的制备

一、实验目的

（1）了解陶瓷材料粉体成型的过程。

（2）掌握陶瓷粉体钢模压制成型的原理与操作。

（3）了解陶瓷材料预成型胚体的烧结原理及过程。

（4）掌握陶瓷材料烧结坯的密度、烧结收缩率、硬度等性能的测试。

（5）了解陶瓷增韧原理。

二、实验原理

结构陶瓷主要是指用于各种结构部件，以发挥其机械、热、化学和生物等功能的高性能陶瓷材料。因结构陶瓷常常在高温下使用，也称为高温结构陶瓷或工程陶瓷。

结构陶瓷按化学成分主要分为：

（1）氧化物陶瓷：氧化铝、氧化锆、氧化镁、氧化钙、氧化铍、氧化钛等陶瓷；

（2）碳化物陶瓷：碳化硅、碳化硼、碳化锆、碳化钛、碳化钨等陶瓷；

（3）硼化物陶瓷：硼化锆、硼化钛、硼化镧等陶瓷；

（4）其他结构陶瓷。

1. 钇增强氧化锆结构陶瓷材料的结构及性能

结构陶瓷具有优异的性能，是现代高新技术、新兴产业和传统工业改造的物质基础，也是现代军事技术和生物医学不可缺少的材料。但是结构陶瓷也有致命的弱点——脆性、低可靠性和低重复性，这就要求优化陶瓷材料制备的各个环节如粉体制备、成型和烧结等过程以获得性能的改善。

纯氧化锆有三种同素异构体——单斜结构、四方结构、立方结构，其结构及参数见表2－27－1和图2－27－1。

表2－27－1　氧化锆三种同素异构体结构参数

晶型	晶系	理论密度/（$g\cdot cm^{-3}$）	晶格常数			备　注
			a	b	c	
单斜型	单斜	5.68	5.194	5.266	5.308	$\beta=80°48'$
四方型	四方	6.10	5.107		5.106	$c/a=1.107$
立方型	立方	6.27	5.124			

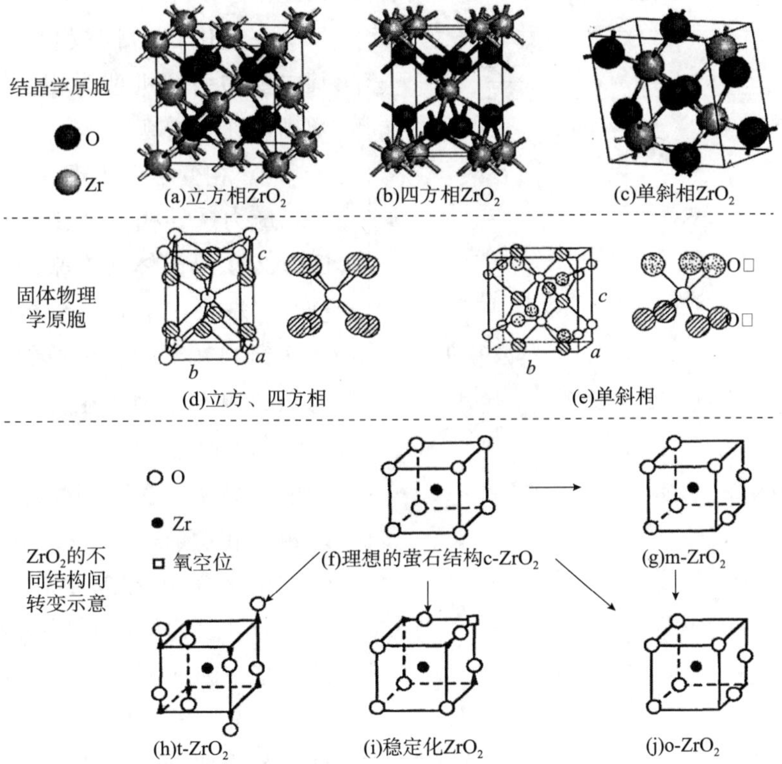

图2－27－1　氧化锆三种同素异构体结构图

纯 ZrO_2 在特定的条件下会发生同素异构体转变，如图 2－27－2 所示，在升温时由单斜向四方转化，有 5% 的体积收缩，而降温时由四方向单斜转化，产生 8% 的体积膨胀，出现较大应力，结构中会产生微裂纹，加之导热系数小、热膨胀系数大，使纯 ZrO_2 的力学、电学以及抗热振等性能都很差，导致纯 ZrO_2 不能直接用来制造大型、异形产品，极大地限制了 ZrO_2 的应用。因此需要加入适量的稳定剂（氧化钙、氧化镁、氧化钇、氧化铈）与 ZrO_2 形成固溶体或化合物，以抑制 ZrO_2 晶体转化，起到稳定作用，其中氧化钇的稳定效果良好，此产品已经投入生产，工艺成熟。

$$m\text{-}ZrO_2 \underset{850\sim1000℃}{\overset{1170℃}{\rightleftharpoons}} t\text{-}ZrO_2 \overset{2370℃}{\rightleftharpoons} c\text{-}ZrO_2 \overset{2680℃}{\rightleftharpoons} \text{熔体}$$

图 2－27－2　氧化锆三种同素异构体相变

在氧化钇－氧化锆系相图（图 2－27－3）中，氧化钇在极限四方相溶体中有很大的溶解度，当 2.5%（摩尔分数）氧化钇溶解到与低共析温度线相交的固溶体中时，可获得全部四方相的陶瓷，氧化钇的量一般控制在 2%～3%（摩尔分数）。在氧化钇－氧化锆系四方氧化锆中，存在临界尺寸（约 0.3μm），超过此尺寸将导致强度和韧性降低，同时临界尺寸的大小与组分相关，因此控制烧结工艺十分重要，常常采用超细粉末，在 1400～1500℃之间烧结，通过控制晶粒生长的速度来获得细晶陶瓷。稀土钇的增加可显著增强氧化锆陶瓷材料成型，细化晶粒，减少显微疏松和热裂倾向，改善性能。

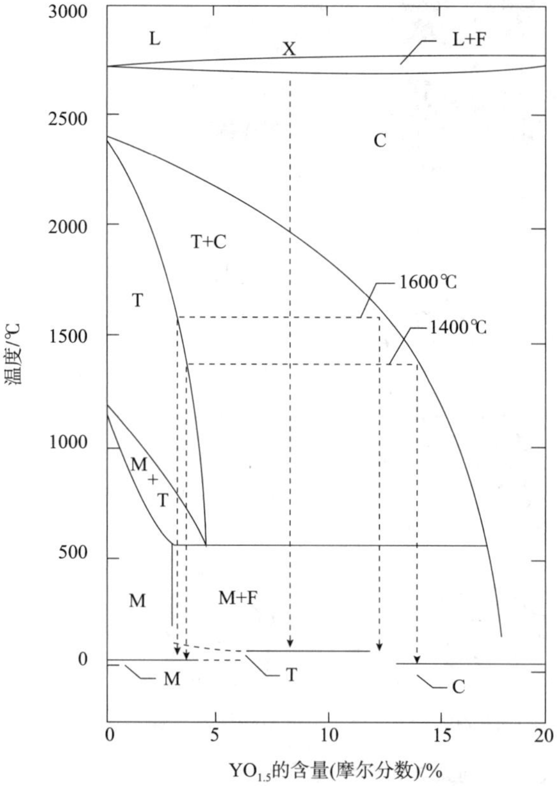

图 2－27－3　氧化钇－氧化锆系相图

在氧化钇增韧氧化锆陶瓷材料中，其主要的增韧机理为相变增韧、微裂纹增韧、弥散增韧。

1）相变增韧机理

应力诱导相变增韧是利用应力诱导四方 ZrO_2 马氏体相变来改变陶瓷材料的韧性。ZrO_2 在室温下为单斜晶系，当温度达到 1170℃时，由单斜晶系转化为亚稳态的四方晶型，在应力作用下，亚稳态的四方晶型 ZrO_2 可诱发相变重新转化为单斜晶型。在高温烧结时，ZrO_2 颗粒以四方相存在，而烧结致密后冷却时，四方相 ZrO_2 颗粒就要转变为单斜相颗粒。但这时周围的致密陶瓷基体束缚它的膨胀，因而相变也受到抑制。在室温时，ZrO_2 颗粒仍以四方相存在，它有一种力图膨胀而变成单斜相的自发倾向。在许多陶瓷基体中，分散了这种亚稳定

的 ZrO_2 颗粒，会使陶瓷的韧性有极大提高，这是因为四方相 ZrO_2 颗粒是处在压应力状态，基体沿颗粒连线方向也是受到应力的。当外力作用时，陶瓷的内应力可使四方相的 ZrO_2 粒子解除约束发生四方相 ZrO_2（$t-ZrO_2$）转变成单斜相（$m-ZrO_2$）的马氏体相变，引起体积膨胀。而相变颗粒的剪切应力和体积膨胀对基体产生压应变，使裂纹停止延伸，以致需要更大的能量才能使主裂纹扩展。即在裂纹尖端应力场的作用下，ZrO_2 粒子发生四方相→单斜相的相变而吸收了能量，外力做了功，从而提高了断裂韧性。

2）微裂纹增韧机理

微裂纹增韧是多种陶瓷材料的一种增韧机理。由于大多数情况下陶瓷体内存在裂纹，当受外力或存在应力集中时，裂纹会迅速扩展，致使陶瓷受到破坏，因此，防止裂纹扩展、消除应力集中是提高陶瓷强韧性的关键。ZrO_2 在由四方相向单斜相转变时，相变出现的体积膨胀也会导致微裂纹。这样不论是陶瓷在冷却过程中产生的相变诱发微裂纹，还是裂纹在扩展过程中其尖端区域形成的应力诱发相变导致的微裂纹，都将起到分散主裂纹尖端能量的作用，从而提高了断裂能，即微裂纹增韧。当陶瓷材料受到张应力的作用时，在主裂纹的尖端形成塑性区，在塑性区内，原先存在的大量微裂纹发生延伸，增加许多新的裂纹表面，吸收大量的弹性应变能，从而引起陶瓷断裂韧性的增加。另外，在张应力作用下，延伸后形成的较大微裂纹将与主裂纹汇合，导致主裂纹的扩展路径发生扭曲和分叉，增加裂纹的扩展路径，吸收更多的弹性应变能，从而导致材料断裂韧性进一步提高。

3）弥散增韧机理

弥散增韧主要是在陶瓷基质中加入第二相 ZrO_2 粒子，这种颗粒在基质材料受拉伸时阻止横向截面收缩，而要达到与基体相同的横向收缩，就必须增加纵向拉应力，这样就使材料消耗了更多的能量，起到了增韧作用。同时，高弹性模量的颗粒对裂纹起钉扎作用，使裂纹发生偏转绕道，耗散了裂纹前进的动力，也起到了增韧作用。另外，颗粒的强化在于颗粒与基体的热膨胀失配，使外加载荷重新分配，提高承载能力，防止基体内位错运动，从而达到强化的目的。

ZrO_2 增韧陶瓷为多相结构，ZrO_2 呈微细的分散相弥散分布在被韧化的陶瓷基质中，ZrO_2 颗粒尺寸和分布对陶瓷基体韧性影响较大。当 ZrO_2 弥散粒子的直径小于室温相变临界颗粒直径（一般 $<1\mu m$）时，会使陶瓷基体内储存相变弹性应变能，从而导致其韧性和强度均有不同程度的提高。另外，最佳的 $t-ZrO_2$ 体积分数、均匀的 $t-ZrO_2$ 弥散程度以及陶瓷基体和 ZrO_2 颗粒热膨胀系数的匹配在陶瓷增韧中都是必不可少的。

2. 钇增强氧化锆结构陶瓷材料的制备

1）粉体成型

所谓的粉体成型是指将粉末状的材料制成具有一定形状、尺寸、孔隙率以及强度的预成型坯体的加工过程。不同材料因其物理化学特性不同所采用的成型方法与技术并不完全相同，主要的成型方法有模压成型、等静压成型、注射成型和轧制成型等。钢模压制成型方式有三种：单向压制、双向压制和浮动凹模压制，如图 2－27－4 所示。本实验采用单向压制。

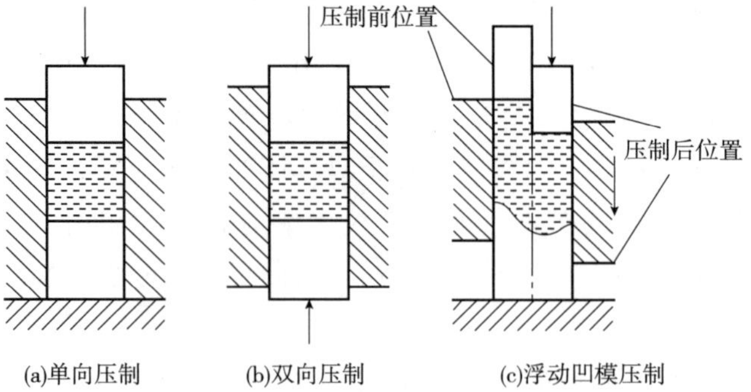

图 2－27－4 钢模压制方式

单向压制是压力施加在粉末坯料的上顶部。因此，粉末坯料与凹模之间的摩擦使得在经单向压制所得到的预成型坯中，底部与顶部的密度有很大差别。这种密度差随预成型坯高度的增加而增加，随直径的增大而减小，降低高径比，会使压力沿高度的差异相对减小，使密度分布变得更加均匀。若使用润滑剂，可以减少粉末坯料与模壁之间的摩擦力，也可以降低沿高度方向的密度不均匀程度。

室温单向模压成型模具的制造材料有 CrWMn、Cr12、Cr12MoV、3Cr2W8V 等，热处理后的 HRC 硬度要求≥60。

模具的上、下模具配合公差应在 0.01～0.02mm 范围内，一般凹模的下方稍低于凸模下冲高度有 30′左右的喇叭口，以利于脱模。由于材料在高硬度时韧性较低，为了防止在冷压成型时模具开裂伤人，大多数情况下在凹模外加一个 Q235 钢或 45 钢制成的套，该套不经过热处理。

粉末压制在压力机上进行，将经预处理的陶瓷粉末装在钢压模内，当对钢压模中粉末施加压力时，粉末颗粒间将发生相对移动，粉末颗粒将填充孔隙，使粉末的体积减小，粉末颗粒迅速达到最紧密的堆积，直到达到所要求的密度。随着压制力的继续增大，当压力达到和超过粉末颗粒的强度极限时，粉末颗粒发生塑性变形（对于脆性粉末来说，不发生塑性变形，而出现脆性断裂），直到达到具有一定密度的坯块。

由于粉末对钢压模模壁的侧压力，使钢压模内靠近模壁的外层粉末与模壁之间产生摩擦力，这种摩擦力的出现会使压坯在高度方向存在明显的压力降。在接近加压端面的部分压力最大，随着远离加压端面，压力逐渐降低。由于这种压力分布的不均匀性，造成了压坯各个部分粉末致密化不均匀。

压坯在压模中，当去除压力时压坯仍会紧紧地固定在钢压模内。为了从钢压模中取出压坯，还需施加一个脱模压力。当把压坯脱出钢模后，由于压坯内聚集了很大的内应力，会使压坯产生弹性后效现象。

总之，压制是一个复杂的过程，粉末在压制中之所以能够压制成型，关键在于粉末本身的特征，而影响压制过程的各种因素中，压制力又起着决定性的作用。

2）粉体烧结

烧结是粉末冶金生产过程中最基本的工序之一，对最终产品的性能起着决定性作用。

烧结是粉末或粉末压坯在适当的温度和气氛条件下加热所发生的一系列复杂的现象或过程。烧结的结果是颗粒之间发生黏结，烧结体的强度增加，在多数情况下密度会得到提高。如果烧结条件控制得当，烧结体的密度和其他物理性能及力学性能可以接近或达到相同成分致密材料的性能。

三、实验设备与材料

（1）实验设备：托盘天平、气氛保护硅钼棒烧结炉、YLJ－24T 手动台式压力机、压制模具。

（2）实验材料：氧化钇锆预合金粉、甘油。

四、实验步骤

试验采用超细氧化钇锆预合金粉体，通过钢模压成型，获得预成型坯，然后再进行烧结，最终得到钇增强氧化锆结构陶瓷材料。

（1）原料的称量。

①氧化钇锆粉体或压坯：10～50g；

②甘油：10mL。

（2）模具的清理、润滑剂的涂抹。

（3）氧化钇锆粉体的填装、半干法压制成坯。

①压制（选择压力及保压时间）；

②氧化钇锆坯体的顶出。

（4）氧化钇锆坯体的尺寸测量，压坯密度测量。

（5）氧化钇锆坯体的干燥与烧结。

①升温速率为 $1\sim2℃\cdot min^{-1}$；

②氧化钇锆粉体制成坯的干燥；

③氧化钇锆压制坯的高温烧结，烧结温度为1450℃，保温时间为3h，随炉冷却。

（6）氧化钇锆陶瓷烧结坯的密度、烧结收缩率、硬度等性能的测试。

五、结果与讨论

绘制出氧化钇锆预合金粉密度－压力关系曲线，并进行分析。

六、思考题

（1）说明氧化钇锆陶瓷增韧机理。

（2）简述粉体成型的原理及过程。

（3）说明压制过程中，有哪些因素会影响粉末的致密化程度及压坯密度的均匀性。

（4）试说明氧化钇锆陶瓷烧结工艺的选择依据。

实验28 镁合金微弧氧化膜层制备及其电化学性能表征

一、实验目的

(1) 掌握微弧氧化法制备镁合金表面氧化膜的原理和方法。
(2) 掌握 WHD-30 型多功能双极性微弧氧化电源的使用方法。
(3) 了解电化学工作站的结构与原理。
(4) 掌握合金极化曲线测试的操作方法及数据处理。
(5) 了解微弧氧化处理中各工艺参数对微弧氧化膜层的影响。

二、实验原理

1. 镁合金微弧氧化膜层制备

镁合金具有资源丰富、比强度和比模量高、热稳定性高、电磁屏蔽性能好等优点，但镁与氧的亲和力较大，在干燥的大气中，镁表面可形成氧化膜，该氧化膜表面比较疏松，其致密度系数 $\alpha=0.79$（Al_2O_3的 $\alpha=1.28$），这种不致密的表面膜，不能阻碍反应物质的通过，使氧化反应得以不断进行，其氧化动力学曲线呈直线形。为了提高镁合金的耐腐蚀性及其应用性能，已研制开发出了多种表面防护处理方法。其中微弧氧化技术工艺简单、清洁无污染、材料适应性宽，得到的微弧氧化陶瓷膜层既具备普通阳极氧化膜的性能，又兼有陶瓷喷涂层的优点，硬度高、耐磨性好、韧性好、与基体结合力强、耐腐蚀、耐高温氧化、绝缘性好，故具有很广阔的发展前景。

微弧氧化（Micro Arc Oxidation，MAO）又称为等离子微弧氧化（Plasma Micro Arc Oxidation，PMAO）、微等离子体氧化（Micro Plasma Oxidation，MPO）等。国外常称为等离子体电解氧化（Plasma Electrolytic Oxidation，PEO），也称微弧放电氧化（Micro-arc Discharge Oxidation，MDO）等。它是通过电解液与相应电参数的组合，在铝、镁、钛等其他金属及其合金表面依靠弧光放电产生的瞬时高温高压作用，生长出以基体金属氧化物为主的陶瓷膜层。在微弧氧化过程中，化学氧化、电化学氧化、等离子体氧化同时存在，因此陶瓷层的形成过程非常复杂，至今还没有一个合理的模型能全面描述陶瓷层的形成。

目前，通常将微弧氧化过程分为阳极氧化阶段、火花放电阶段、微弧氧化阶段和熄弧阶段（或称弧光放电阶段）四个阶段，但不同反应体系的微弧氧化过程并不一致。

(1) 阳极氧化阶段：材料表面产生大量气泡，金属光泽逐渐消失。此阶段以表面氧化为主，在电场作用下，材料表面产生一层带有绝缘特性的氧化膜。随着时间的延长，氧化膜的厚度逐渐增加，承受的电压越来越大，材料表面生成大量气体，这为等粒子的产生创造了条件。

(2) 火花放电阶段：材料表面产生大量不稳定的白色弧光，在材料表面不断移动。当电压达到临界电压时，初生的氧化膜被高压击穿，材料表面形成白色弧光。在白色弧光形成的瞬间，高温高压微区的氧化膜被熔融，等粒子体弧在微区消失，电解液很快将热量带走，熔融物迅速凝固，在材料表面形成多孔状氧化层。同时，在电场作用下，材料其他表面不断形成新的氧化膜，并被击穿产生新微弧，击穿发生在氧化膜薄弱的微区，从而造成微弧点不断移动。

(3) 微弧氧化阶段：产生红色光泽弧斑。多孔状氧化层的微孔（气孔），或自身扩大或与其他微孔连成一体，形成导电通道，出现较大的光泽弧斑，使氧化进一步向深层渗透。

(4) 熄弧阶段：此时弧斑已消失，然而微等离子体现象依然存在。

镁合金微弧氧化是以镁合金试样作为阳极，电解槽作为阴极，通过使用专用的微弧氧化电源在镁合金试样上施加电压，使镁合金试样表面与电解液相互作用，在试样表面形成微弧放电，在高温、电场等因素的作用下，金属表面形成陶瓷膜，达到优化镁合金试样表面性能的目的。微弧氧化实验装置如图 2-28-1 所示。

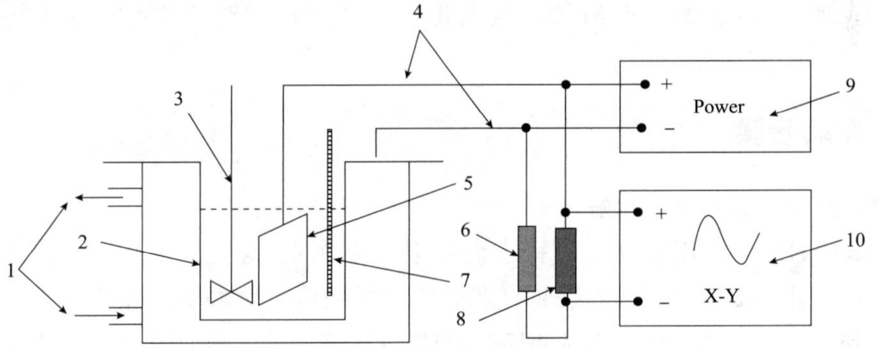

图 2-28-1　微弧氧化实验装置示意图

1—冷却水；2—阴极（不锈钢电解槽）；3—搅拌器；4—导线；5—阳极（镁合金）；6—大电阻；7—温度计；8—小电阻；9—高压电源；10—X-Y 记录仪

2. 镁合金微弧氧化膜层电化学性能的表征——极化曲线的测定

镁合金微弧氧化膜层具有较好的耐腐蚀性能，一般可通过检测其极化曲线来表征其电化学腐蚀性能。

电极上电势随电流密度变化的关系曲线称为极化曲线。极化曲线表示了电极电位与电流密度之间的关系，从极化曲线上可以求得任一电流密度下的过电势（超电势），看出不同电流密度时电势变化的趋势，直观地反映了电极反应速度与电极电势的关系。在某一电流密度下极化曲线的斜率 $\Delta\varphi/\Delta i$ 称为极化度（极化率），极化度的大小可以衡量极化的程度，判断电极过程的难易。极化度小，电极过程容易进行；极化度大，电极过程受到较大阻碍而难以进行。从极化曲线还可求电极过程动力学参数，如交换电流密度 i_0、电子传递

系数 α、标准速度常数、扩散系数，还可以测定反应级数、电化学反应活化能等。

被控制的变量电极电位是随时间连续线性变化的。随时间连续线性变化的电位可用线性方程表示：

$$\varphi = \varphi_i + Vt \tag{2-28-1}$$

式中 φ——扫描电位，V；

φ_i——扫描起点电位；

V——扫描速度，$V \cdot s^{-1}$；

t——扫描时间，s。

常以研究电极相对于参比电极的开路电位作为扫描的起点电位。

三、仪器与试剂

（1）仪器：WHD－30 型多功能双极性微弧氧化电源、电钻、金相试样抛光机、5L 量筒、电子天平、烧杯、砂纸、水桶、Corrtest 电化学工作站、1000mL 容量瓶、烧杯、玻璃棒、电吹风、饱和甘汞电极、铂电极、试样（如 ϕ1mm × 1mm × 1mm）、水磨砂纸、指甲油、铁架台、铁夹、电解池（250mL）、游标卡尺。

（2）试剂：无水乙醇、硅酸钠、氢氧化钾、多聚磷酸钠、甘油、氯化钠，均为分析纯。

四、实验步骤

1. 镁合金微弧氧化膜层制备

（1）试样的制备：用电钻在试样表面钻取一个 3mm 的孔，将试样依次用 180 号、800 号、1500 号水磨砂纸打磨，然后将打磨后的试样用蒸馏水冲洗干净后放入无水乙醇溶液中超声处理 15min，超声处理完后用蒸馏水将试样表面的乙醇冲洗干净，将铝杆与试样连接，用吹风机吹干待用。

（2）电解液的配制：按照 $20g \cdot L^{-1}$ Na_2SiO_3、$4g \cdot L^{-1}$ KOH、$2g \cdot L^{-1}$ $Na_5P_3O_{10}$、甘油 $10mol \cdot L^{-1}$的电解液配方称量相应的药品后倒入水桶中，用量筒量取 10L 蒸馏水溶解，待完全溶解后倒入电解槽中。

（3）膜层的制备：将铝杆连接的试样悬挂在电解槽上的阳极杆上，打开循环冷却水，通上电源后打开微弧氧化设备，点击电极液晶屏上的“设置”按键进入设置界面设置实验参数，参数设置完毕后点击“设置”按键返回界面首页，先按下绿色“正向启动”按钮，然后按下绿色“负向启动”按钮，最后在液晶屏上按下“开始”按键实验开始进行。

（4）数据导出：实验完成后，用数据线连接微弧氧化设备，在计算机桌面打开“电脑数据串口 1”，点击液晶屏上的“通讯”按钮，听到“滴”的一声数据导入完成，保存数据。

（5）设备清洗：取出试样，关闭循环冷却水，打开水槽的出水口阀门，用自来水管冲洗，冲洗干净后取下阳极杆，将电解槽内的塑料筐拿出用布擦干并将电解槽擦干，然后把塑料筐放回电解槽内，装好阳极杆将塑料盖盖好。

2. 镁合金微弧氧化膜电化学性能测定

（1）试样的制备：选用经特定微弧氧化工艺处理后的镁合金作为试样，用指甲油将试样的其他面覆盖，只暴露一个工作面，用游标卡尺测量暴露的工作面的尺寸，用去离子水清洗试样后，用电吹风吹干待用。

（2）电解池与电极的连接：将工作电极、参比电极、辅助电极插入电解池内，将 3.5% NaCl 电解液倒入电解池内，将电极电缆线的绿色护套夹（WE）与试样（工作电极）相连，红色护套夹（CE）与辅助电极（铂电极）相连，黄色护套夹（RE）与参比电极相连，使参比电极、辅助电极和工作电极处于同一水平面（图 2－28－2）。

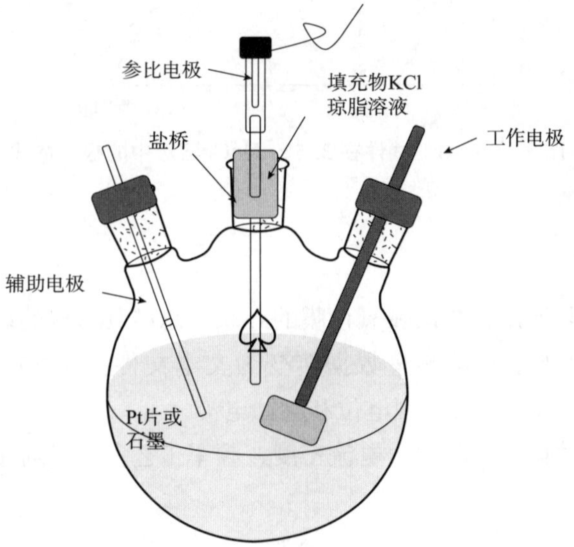

图 2－28－2　电解池与电极的连接示意图

（3）打开电化学工作站电源，指示灯亮，打开计算机电源，计算机进入 Windows 系统，点击 Windows 系统中的 Corrtest 电化学测试程序。

（4）极化曲线的测定：菜单设置中选择稳态极化的动电位扫描方法，设定"相对开路电位"的初始电位、终止电位、扫描速率；坐标类型选择"电位－Lg 电流"；在恒电位仪菜单中点击"虚地"；在电解池设置菜单中设置试样面积，参比电极选择"SCE（汞/甘汞饱和 KCl）"；待开路电位稳定时（1min 内上下浮动 3mV 以内），点击确定开始测试极化曲线。

（5）实验完毕，退出 Corrtest 电化学测试应用程序。在确定所有应用程序都退出后，关闭 Corrtest 电化学工作站电源，然后关闭计算机。

（6）数据分析：将 Corrtest 电化学测试测量数据转变为文本文件，导入 origin 软件中作图，得到 $E-\lg i$ 极化曲线，如图 2－28－3 所示，自腐蚀电位为 E_{corr}，作出 Tafel 区直线方程（与自腐蚀电位相差100mV左右的线性区域），将自腐蚀电位 E_{corr} 代入直线方程，计算出的电流即为腐蚀电流 i_{corr}。

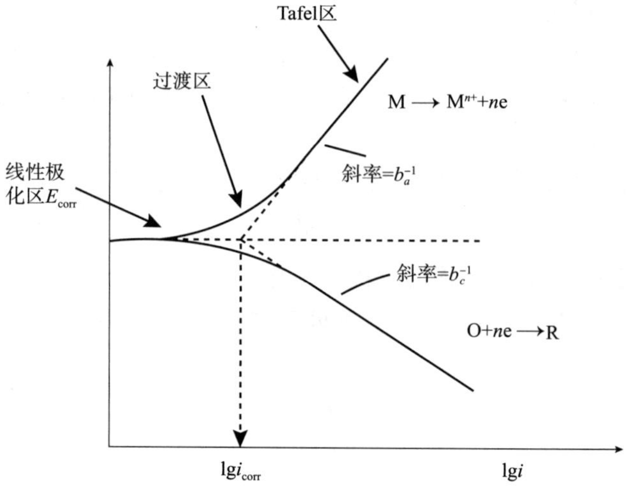

图2-28-3　试件在3.5% NaCl溶液中的极化曲线

五、结果与讨论

（1）观察不同工艺下镁合金微弧氧化膜的外观，总结其形成的影响因素。

（2）将Corrtest电化学测试测量数据转变为文本文件，在origin软件上作图，得到 $E-\lg i$ 极化曲线。求出试样的自腐蚀电位和腐蚀电流。

（3）根据得到的数据分析时间、电流密度、频率工艺参数等对微弧氧化试样的电化学腐蚀性能的影响。

六、注意事项

微弧氧化时，夹具装夹时应注意夹具与工件结合良好，不能出现松动、接触不良等情况。工件要与夹具旋合紧密，防止电解液进入夹具与工件的空隙内，引起不必要的氧化反应，影响工件的表面质量。

七、思考题

（1）简述微弧氧化法的优点及其膜的形貌特征。

（2）影响镁合金微弧氧化膜外观的主要因素有哪些？

实验 29　铝合金的熔炼与铸造

一、实验目的

(1) 掌握熔炼的基本工艺方法。
(2) 了解工艺变化对组织的影响。
(3) 理解变质剂对组织的影响。

二、实验原理

金属及合金的晶粒大小、形状和分布与凝固条件、合金成分及其加工过程有关，实际生产中，铸锭不可能在整个截面上均匀冷却，并同时开始凝固，因此铸锭凝固后的组织一般是不均匀的，这种不均匀性将引起金属材料性能的差异。结晶是指物质从液态转变为固体晶态的过程。结晶过程首先是在液体内形成许多晶核，随后这些晶核不断长大，同时伴随着新的晶核生成，直到晶体长大到相互接壤，最后液体全结晶到固态为止。这一过程是金属和非金属结晶所共同遵循的基本规律。

形核方式有均匀形核和非均匀形核两种，由于冷却条件不同，晶体长大的方式可能是平面生长，也可能是树枝状生长。当以树枝状生长时，树枝之间的间隙逐渐被结晶所填满而看不到枝晶，只有在枝晶间隙得不到液体的补充时，结晶树枝才可能被保留下来。

熔炼是使金属合金化的一种方法，它是采用加热的方式改变金属物态，使基体金属和合金化组元按要求的配比熔制成成分均匀的熔体，并使其满足内部纯洁度、铸造温度和其他特定条件的一种工艺过程。熔体的质量对制品的加工性能和最终使用性能产生决定性的影响，如果熔体质量先天不足，将给制品的使用带来潜在的危险。因此，熔炼又是对加工制品的质量起支配作用的一道关键工序。而铸造是一种使液态金属冷凝成型的方法，它是将符合铸造的液态金属通过一系列浇注工具浇入具有一定形状的铸模（结晶器）中，使液态金属在重力场或外力场（如电磁力、离心力、振动惯性力、压力等）的作用下充满铸模型腔，冷却并凝固成具有铸模型腔形状的铸锭或铸件的工艺过程。

1. 铸锭的典型组织

金属铸锭横断面的宏观组织一般是由三个晶区组成，由外向内依次为细晶区（外壳层）、柱状晶区和中心等轴晶区，如图 2-29-1 所示。

第一晶区是铸锭的外壳层，由细小等轴晶粒组成。把液体金属浇入铸型，结晶刚开始时，由于铸型温度较低，形成较大的过冷度，同时模壁与金属产生摩擦引起液体金属剧烈“骚动”，于是靠近型壁大量地形核，并且由于型壁不是光滑的镜面，晶粒长大时，各枝晶主轴很快彼此相互接触，使晶粒不能继续长大，所以晶粒的尺寸不大，即形成细晶区。

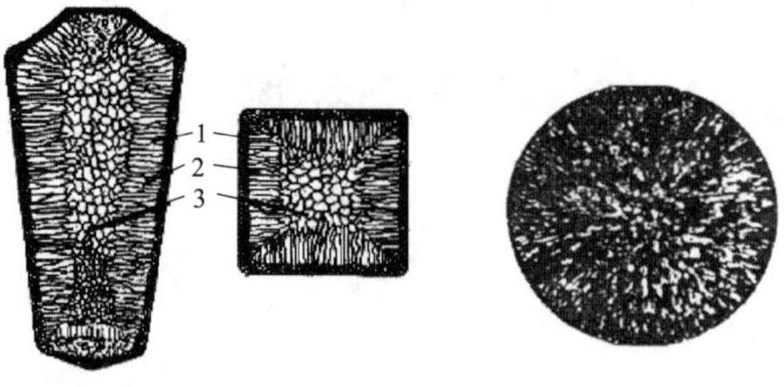

图 2－29－1　金属铸锭横断面的宏观组织

1—细晶区；2—柱状晶区；3—中心等轴晶区

第二晶区是柱状晶区。液态金属与铸型接触处的型壁剧烈地过冷是在液态金属和铸型的分界面上生成很多小晶粒的原因，其中过冷与经过铸型激烈地传热有关，随着外壳层的形成，铸型变热，对液态金属的冷却作用减缓，这时只有处于结晶前沿的一层液态金属才是过冷的。这个区域可以进行结晶，但一般不会产生新的晶核，而是以外壳层内壁上原有晶粒为基础进行长大。同时，由于散热是沿着垂直于模壁的方向进行的，而结晶时每个晶粒的成长又受到四周正在成长的晶体的限制，因而结晶只能沿着垂直于模壁的方向由外向里生长，结果形成彼此平行的柱状晶区。

在纯金属中，晶体的长大速度是很快的，如果结晶前沿液态金属的过冷与柱状晶的长大速度相适应，则柱状晶一直能生长到铸锭的中心，直到与对边的柱状晶相碰为止，这种铸锭组织称为穿晶组织。柱状晶区各晶粒朝中心液体生长时，由于其他方向的长大都受到阻碍，使树枝晶得不到充分的发展，树枝晶的分枝很少，因此结晶后的显微缩孔少，组织较致密。但是，由于柱状晶较粗大，因而较脆，由于方向一致，导致热加工困难。柱状晶除对热加工有不良影响外，对不进行热加工的铸件也是不利的。当柱状晶较发达时，将使铸件在性能上呈现方向性。

第三晶区是铸锭的中心部分，随着柱状晶的发展，模壁温度进一步升高，散热愈来愈慢，而成长着的柱状晶前沿的温度又由于结晶潜热的放出而有所升高，这样整个截面的温度逐渐变为均匀。当剩余液态金属都过冷到熔点以下时，就会在整个残留的液态金属中同时出现晶核而进行结晶。在铸锭中心散热已无方向性，形成的晶核向四周各个方向自由生长，从而形成许多位向不同的等轴晶粒。在这种情况下由于冷却较慢，过冷度不大，形成的晶核也不会很多，所以铸锭的中心区就形成了比较粗大的等轴晶。等轴晶与柱状晶相比，因各枝晶彼此嵌入，结合得比较牢固，铸锭易于进行压力加工，铸件性能不呈现方向性。其缺点是因树枝晶较发达，分枝较多，显微缩孔增多，使结晶后的组织不够致密，重要工件在进行锻压时应设法将中心压实。

2. 获得柱状晶的因素

（1）金属在熔化温度以上剧烈过热并使液体的浇铸温度增高。

（2）采用传热系数高、导热快的铸型，例如金属型和水冷却的铸型等。

（3）液态金属在铸型内静止冷却（在冷却时没有搅拌、振动等）。

3. 获得等轴晶的因素

（1）液态金属过热不大，而且浇铸温度较熔化温度高出不多。

（2）使用导热系数小的铸型（如陶瓷型或砂土型），使其缓慢冷却或均匀散热。

（3）在冷却过程中搅拌铸型中的液体金属。

（4）液态金属中有难熔杂质的存在。

4. 晶粒细化

铸锭是液态金属在不同材料的铸型中或者是在同样材料不同厚度的铸型中冷却后得到的。本实验是研究凝固工艺（冷却速率）及变质处理后对铸锭宏观组织的影响。细化晶粒是提高金属机械性能的有效手段之一。

根据结晶理论，细化晶粒的途径包括：

（1）控制结晶工艺条件，采用冷却速度较大的铸模，获得较大的冷却度，得到细晶组织。

（2）变质细化处理，加入变质细化剂，产生大量非均匀形核核心，细化晶粒。

（3）采用超声波处理或机械振动等方法，在结晶过程中击碎晶粒、细化组织。

稀土铝钛硼是一种有效的铝变质剂。由于多种元素的复合作用，有较好的变质作用。

三、实验设备与材料

（1）实验设备：井式坩埚电阻炉。

（2）实验材料：石墨坩埚、全套金属模型、放大镜、纯铝、金相砂纸、稀土铝钛硼、显示铝铸锭宏观组织的浸蚀剂（王水）等。

四、实验步骤

1. 铝铸锭试样的制作

（1）把纯铝放入经预热发红的石墨坩埚中，升温使其熔化，当铝液温度达到720℃或820℃时，浇入冷金属模、热金属模（在箱式电炉中预热到300℃）。

（2）用钳子从炉中取出盛有金属的坩埚浇入铸型中，当铸型中的液体金属凝固后，取出铸锭，并用印记打上号码，然后用手锯将铸锭沿横断面锯开。

（3）用锯开的铸锭制作宏观试样，其步骤如下：

①将试样用粗砂纸磨光；

②用水清洗后用苯除去油迹，再用乙醇除去水渍并吹干；

③用适当的浸蚀剂浸蚀（王水，时间3～5min）；

④浸蚀后在水中冲洗并吹干。

（4）铝铸锭宏观组织的观察：观察铝铸锭的晶粒大小、形状及分布情况，并注意观察缩孔、气泡、树枝状晶的特征。

2. 变质处理

（1）把纯铝放入经预热发红的石墨坩埚中，升温到750℃使其熔化，保温5min后加入不同含量的稀土铝钛硼作为变质剂，保温5min。

（2）当铝液温度降到720℃时，浇入热金属模（在箱式电炉中预热到300℃）。

（3）用钳子从炉中取出盛有金属的坩埚浇入铸型中，当铸型中的液体金属凝固后，取出铸锭，并用印记打上号码，然后用手锯将铸锭沿横断面锯开。

（4）用锯开的铸锭制作宏观试样，进行组织观察。

五、结果与讨论

观察不同工艺、变质处理后的宏观晶粒组织变化，绘制出典型铸锭的组织特征。

六、注意事项

（1）浇铸前，所有模具和工具都要预热干燥，防止浇铸时爆炸伤人。

（2）接触液体金属时需要特别小心，当用抱钳夹持盛有液体金属的坩埚或热的金属模时，特别要注意保护眼睛不受烧伤，不能让水或其他液体溅到热金属表面上。

（3）本实验用的浸蚀剂为王水，应在通风橱中或在通风条件下进行浸蚀，经过浸蚀后的试样要用钳子来拿，首先要在盛水的容器内洗净，然后才可以在水龙头下冲洗。

七、思考题

（1）实验中采用的浇铸工艺条件的差异及变质处理对铸锭组织有何影响？

（2）晶粒细化后对材料的力学性能有何影响？

实验30 材料热处理综合设计实验

一、实验目的

（1）根据材料成分与组织性能的关系，制定合理的热处理工艺，掌握热处理操作过程。

（2）加深对不同热处理工艺将获得不同硬度及金相组织的理解。

（3）了解常用热处理设备及温度控制方式。

二、实验内容

1. 2024铝合金的固溶淬火及时效

（1）制定固溶淬火及时效工艺（包括自然时效和人工时效）；

（2）制定获得2024过烧组织的工艺；
（3）分析比较自然时效和人工时效时硬化规律的异同点；
（4）分析正常淬火组织和过烧组织的特点，并画出示意图；
（5）硬度测试采用HB（ϕ5钢球，250kgf/30s）。

2. 7075铝合金的淬火及时效

（1）制定固溶淬火及时效工艺（包括单级时效和双级时效）；
（2）比较单级时效和双级时效时硬度变化特点；
（3）分析淬火组织的特点，并画出示意图；
（4）硬度测试采用HB（ϕ5钢球，250kgf/30s）。

3. QBe2铍青铜的淬火及时效

（1）制定QBe2固溶淬火及时效工艺；
（2）测定时效硬化曲线；
（3）比较原始态、淬火态及时效后硬度变化规律；
（4）制定产生不连续脱溶的时效工艺；
（5）观察固溶淬火、时效组织并比较不连续脱溶组织与正常时效组织的特点；
（6）硬度测试采用HV。

4. H68黄铜的退火

（1）制定H68黄铜退火工艺；
（2）测定H68黄铜退火温度与硬度变化规律；
（3）比较不同退火温度下晶粒大小（与标准图谱比较）；
（4）比较原始态（变形态）组织及退火态组织的特点；
（5）硬度测试采用HB（ϕ5钢球，250kgf/30s）。

5. 碳钢的退火与正火

材料：工业纯铁（含0.02%C）、20钢（含0.2%C）、45钢（含0.45%C）、T8钢（含0.8%C）、T12钢（含1.2%C）。

（1）制定退火及正火工艺；
（2）比较不同碳含量对退火组织及硬度的影响；
（3）比较不同碳含量对正火组织及硬度的影响；
（4）硬度测试采用HRB或HB（ϕ1.588钢球或ϕ5钢球，250kgf/30s）。

6. 碳钢的淬火

材料：20钢、45钢、T8钢、T12钢。

（1）制定淬火工艺；
（2）分析不同碳含量对淬火组织及硬度变化的影响规律；
（3）硬度测试采用HRC（金刚石压头，150kgf/10s）。

7. 钢的淬火及回火

材料：45钢、T10钢和轴承钢GCr15（含0.95%~1.0%C）。

（1）制定淬火及回火工艺；
（2）分析比较三种钢的淬火及回火组织；
（3）研究不同温度回火时硬度变化规律；
（4）硬度测试采用 HRC。

8. T12 和 GCr15 的球化退火

（1）制定球化退火工艺及 T12 普通退火工艺；
（2）比较普通退火和球化退火组织及硬度的差异；
（3）比较普通球化退火和等温球化退火组织及硬度的差异；
（4）硬度测试采用 HRB 或 HB。

9. 20CrMnTi 钢渗碳

材料：20CrMnTi 钢，采用固体渗碳（渗碳剂为木炭、碳酸钡和碳酸钠）。
（1）. 制定渗碳工艺；
（2）分析渗碳后退火状态下从表面至中心部分的显微组织；
（3）制定渗碳后 20CrMnTi 钢的热处理工艺；
（4）测定从渗层到中心的硬度变化；
（5）硬度测试采用 HV。

三、实验组织和程序

（1）每班可分为 8 ~9 组，每组 3 ~4 人，任选上述实验内容中的有色合金和钢的热处理实验各 1 项。

（2）要求每组学生自己查阅资料，拟定实验方案，经教师审批后进行实验。

（3）实验后由教师组织学生进行交流、讨论和总结。

四、结果与讨论

（1）写出实验名称与实验方案（包括整体方案和本人负责部分的方案）。
（2）记录实验数据及总结实验结果。
（3）分析实验结果的规律性。
（4）显微组织均需画出示意图，并作出说明和比较。

实验 31　材料现代分析测试综合设计实验

一、实验目的

（1）综合运用所学金相分析、X 射线分析、电子显微分析、材料物理性能分析等相关专业课程，解决工业生产和科学研究中的典型材料分析测试问题。

（2）熟悉各种分析测试方法的特点和综合应用。

二、实验材料

分析测试样品应密切联系实际，选择典型的材料分析测试问题，以材料的显微组织分析、化学成分分析和晶体结构分析为重点。

推荐在以下材料（根据各专业特点来选择）中选择一种进行综合分析测试：

（1）钢铁或铝、镁、铜基合金。

（2）金属、半导体或氧化物薄膜，如 TiO_2、SiC、ITO、PZT 等的薄膜。

（3）金属、氧化物的粉末等。

三、实验要求

（1）对于金属材料的分析测试要求制备金相和透射电镜样品，测试材料的显微组织形貌、晶体结构、化学成分，重点对第二相和晶体缺陷进行分析测试。

（2）对于陶瓷材料的分析测试要求制备金相及透射电镜样品，分析测试材料的组织形貌、测定陶瓷中的组成相和各相的含量以及化学成分等，重点对结晶相的结构进行定性和定量分析。

（3）对于薄膜材料的分析测试要求测试薄膜平面和截面的显微形貌、薄膜以及薄/基界面的结构、薄膜的厚度和成分等。

（4）对于粉末样品的分析测试要求测试粉末的组成相、颗粒显微形貌、粒径、化学成分等。

四、实验设备

提供的分析测试仪器设备包括 GX－71 光学金相显微镜、JSM－6700F 场发射扫描电子显微镜、JEM－3010 高分辨透射电子显微镜、XRD－7000 型 X 射线衍射仪、OXFORD X 射线能谱仪以及样品制备设备等。各组根据所测试样品和要求选择仪器设备。

五、实验步骤

（1）本综合实验以小组为单位进行，每组 5～6 名学生，每组完成一种典型的材料分析试验课题。

（2）每组安排有经验的指导教师组织和指导学生完成实验测试方案设计、上机实验测试以及实验结果的分析。

（3）本综合实验包含查阅资料、方案设计、实验测定、数据处理、结果分析、撰写实验报告等环节。学生接受分析测试课题后，通过查阅资料、集中讨论、个别答疑等方式，对测试任务设计出一套详细的分析测试方案，经讨论确认后进行实验测试。

（4）结合实验室仪器设备具体情况，选择有条件的分析测试项目进行实验测定，分析处理实验结果，得出结论，完成分析测试报告。

六、结果与讨论

（1）本综合实验报告内容应包括分析测试实验方案、分析测试实验结果、分析讨论、测试结论等内容。

（2）采用的分析测试仪器应涉及材料的显微组织分析、化学成分分析和晶体结构分析的主要设备，如光学金相显微镜、电子显微镜、X 射线衍射仪、能谱仪或电子探针等。

第三章　分析仪器的使用与维护

第一节　电感耦合等离子体原子发射光谱仪

一、概述

1. 仪器发展历史

电感耦合等离子体原子发射光谱仪是基于电感耦合等离子体原子发射光谱法（ICP - AES）而进行分析的一种常用分析仪器。它是一种由传统原子发射光谱法衍生出来的新型分析技术，该技术是以电感耦合等离子炬为激发光源的一类新型原子发射光谱分析技术。

早在 1884 年 Hittorf 就注意到，当高频电流通过感应线圈时，装在该线圈所环绕的真空管中的残留气体会发生辉光，这是电感耦合等离子体光源等离子放电的最初观察。1961 年 Reed 设计了一种从石英管的切向通入冷却气的较为合理的高频放电装置，Reed 把这种在大气压下所得到的外观类似火焰的稳定的高频无极放电称为电感耦合等离子炬（ICP）。Reed 的工作引起了 Greenfield、Wenat 和 Fassel 的极大兴趣，他们首先把 Reed 的 ICP 装置用于 AES，并分别于 1964 年和 1965 年发表了他们的研究成果，开创了 ICP 在原子光谱分析上的应用历史。

1975 年美国的 ARL（Applied Research Laboratories）公司生产出了第一台商用 ICP - AES 多色仪，1977 年出现了顺序型（单道扫描）ICP 仪器，此后各种类型的商用仪器相继出现。至 20 世纪 90 年代 ICP 仪器的性能得到迅速提高，相继推出分析性能好、性价比高的商用仪器，使 ICP 分析技术成为元素分析的常规手段。1991 年采用 Echelle 光栅及光学多道检测器的新一代 ICP 商用仪器，开始采用电荷注入器件（Charge Injection Device，CID）或电荷耦合器件（Charge Couple Device，CCD）代替传统的光电倍增管（PMT）检测器，ICP - AES 全谱直读型仪器问世。

2. 仪器特点

电感耦合等离子体原子发射光谱仪的主要特点如下：

（1）样品范围广，分析元素多。电感耦合等离子体原子发射光谱仪可以对固态、液态及气态样品直接进行分析。应用最广泛也是优先采用的是溶液雾化法（即液态进样），可以进行 70 多种元素的测定，不但可测金属元素，还可对很多样品中的非金属元素硫、磷、氯等进行测定。

（2）分析速度快，可多种元素同时测定。多种元素同时测定是 ICP – AES 法最显著的特点。在不改变分析条件的情况下，可同时进行或有顺序地进行各种不同浓度水平的多元素的测定。

（3）检出限低、准确度高、线性范围宽。ICP – AES 法与其他分析技术相比，显示了较强的竞争力，对很多常见元素的检出限达到 $\mu g \cdot L^{-1} \sim mg \cdot L^{-1}$ 水平，动态线性范围大于 10^5，已迅速发展成为一种普遍和广泛适用的常规分析方法。

（4）定性及半定量分析。对于未知的样品，等离子体原子发射光谱仪可利用丰富的标准谱线库进行元素的谱线比对，形成样品中所有谱线的“指纹照片”，计算机通过自动检索，快速得到定性分析结果，再进一步可得到半定量的分析结果。

（5）等离子体原子发射光谱仪的不足之处是光谱干扰和背景干扰比较严重，对某些元素灵敏度还不太高。

二、工作原理

ICP – AES 作为一种大型精密的分析仪器，主要用于无机元素的定性及定量分析，广泛地应用于稀土分析、贵金属分析、合金材料、电子产品、医药卫生、冶金、地质、石油、化工、商检以及环保等领域。

其中的 RF 发生器为感应线圈充电，炬管上提供氩气用于生成和维持等离子体。样品溶液通过样品引入系统泵入喷雾室，在喷雾室中雾化，产生喷雾，氩气将喷雾传输进入等离子体。样品喷雾在等离子体中被蒸发、原子化、电离并激发。原子由激发态跃迁返回到基态（或跃迁到较低能级）时，以光的形式发射出能量（表现为一定波长的光谱）。波长选择器隔离出选择的谱线，在检测器上光能转化成电流，通过计算机处理信号。

总的来说，ICP – AES 是基于每种元素独特的发射光谱。而采用电感耦合等离子体的目的是因为等离子体可以达到很高的温度，有利于让元素中的原子或者离子发射出特征波长的光子（一般而言，温度越高，发射现象越明显）。其基本分析流程如下：

（1）等离子体的产生：高频电流经感应线圈产生高频电磁场，使工作气体（Ar）电离形成火焰状放电高温等离子体，等离子体的最高温度可达 10000K。

（2）样品与高温等离子体发生作用，产生光子：试样溶液通过进样毛细管经蠕动泵作用进入雾化器雾化成气溶胶，由载气引入高温等离子体，进行蒸发、原子化、激发、电离，并产生辐射。

（3）发射光谱的分析：产生的特征辐射谱线经光栅分光系统分解成代表各元素的单色光谱，由半导体检测器检测这些光谱能量，参照同时测定的标准溶液计算出试液中待测元素的含量。

三、结构及组成

电感耦合等离子体原子发射光谱仪由样品引入系统、电感耦合等离子体（ICP）光源、色散系统、检测系统等构成，并配有计算机控制及数据处理系统、冷却系统、气体控制系统等，如图 3－1－1 所示。

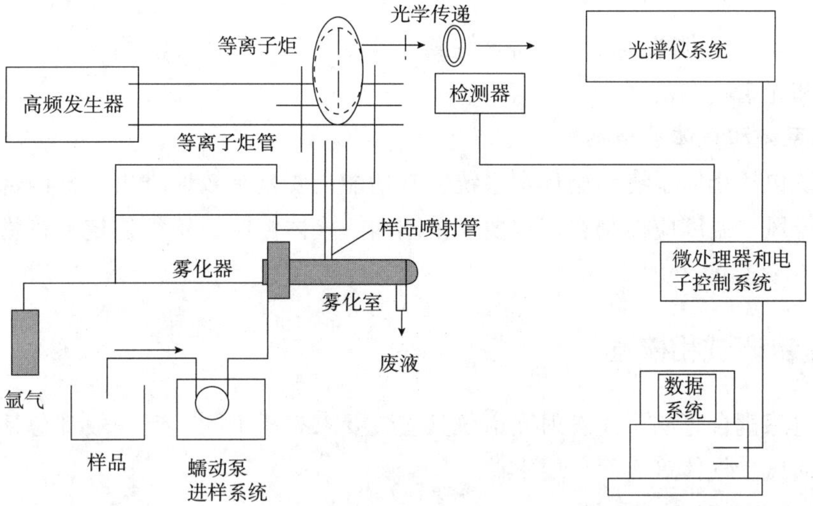

图 3－1－1 电感耦合等离子体原子发射光谱仪

1. 样品引入系统

按样品状态的不同，可以分为液体进样与固体进样，通常采用液体进样方式。样品引入系统由两个主要部分组成：样品提升部分和雾化部分。样品提升部分一般为蠕动泵，也可使用自提升雾化器。要求蠕动泵转速稳定，泵管弹性良好，使样品溶液匀速地泵入，废液顺畅地排出。雾化部分包括雾化器和雾化室。样品以泵入方式或自提升方式进入雾化器后，在载气作用下形成小雾滴并进入雾化室，大雾滴碰到雾化室壁后被排除，只有小雾滴可进入等离子体源。要求雾化器雾化效率高，雾化稳定性高，记忆效应小，耐腐蚀；雾化室应保持稳定的低温环境，并需经常清洗。常用的溶液型雾化器有同心雾化器、交叉型雾化器等，常见的雾化室有双通路型和旋流型。实际应用中应根据样品基质、待测元素、灵敏度等因素选择合适的雾化器和雾化室。

2. 电感耦合等离子体（ICP）光源

电感耦合等离子体光源的“点燃”，需具备持续稳定的纯氩气流，以及炬管、感应圈、高频发生器、冷却系统等条件。样品气溶胶被引入 ICP 光源后，在 6000～10000K 的高温下，发生去溶剂、蒸发、解离、激发、电离、发射谱线。根据光路采光方向，可分为水平观察 ICP 光源和垂直观察 ICP 光源；双向观察 ICP 光源可实现垂直、水平双向观察。实际应用中应根据样品基质、待测元素、波长、灵敏度等因素选择合适的观察方式。

3. 色散系统

电感耦合等离子体原子发射光谱的单色器通常采用光栅或棱镜与光栅的组合，光源发出的复合光经色散系统分解成按波长顺序排列的谱线，形成光谱。

4. 检测系统

电感耦合等离子体原子发射光谱的检测系统为光电转换器，它是利用光电效应将不同波长光的辐射能转化成电信号。常见的光电转换器有光电倍增管和固态成像系统两类。固态成像系统是一类以半导体硅片为基材的光敏元件制成的多元阵列集成电路式的焦平面检测器，如电荷耦合器件（CCD）、电荷注入器件（CID）等，具有多谱线同时检测、检测速度快、动态线性范围宽、灵敏度高等特点。检测系统应保持性能稳定，具有良好的灵敏度、分辨率和光谱响应范围。

5. 冷却系统和气体控制系统

冷却系统包括排风系统和循环水系统，其功能主要是有效地排出仪器内部的热量。循环水温度和排风口温度应控制在仪器要求范围内。气体控制系统须稳定、正常地运行，氩气的纯度应不小于99.99%。

四、安装调试和校准

不同的电感耦合等离子体发射光谱仪其安装要求有所不同，但一般都包括对实验室环境、电源、通风、气体等方面的要求。

1. 实验室环境要求

实验室环境要求主要包括环境温湿度、环境洁净状况、光及磁场干扰等。具体要求如下：

（1）环境温湿度：一般室温要求维持在10～25℃间的一个固定温度，温度变化应小于±1℃，最佳工作温度为（20±2）℃。实验室湿度要求为20%～80%，无冷凝，仪器最佳工作湿度范围为35%～50%。实验室最好配备空调，在相对湿度较大的地区应配备去湿机。

（2）实验室应该保持干净。每立方米的空气中大于0.5μm的灰尘颗粒应少于36000000个。室内应无腐蚀性气体，以免腐蚀仪器。

（3）无强光干扰、振动及磁场干扰，实验室应无过多的振动，室内照明不宜太强，且避免直射日光的照射，仪器应尽量远离高强度的磁场、电场及发生高频波的电气设备，且应防电磁干扰等。

2. 电源要求

各个品牌的仪器以及其附件容许的电压范围和功率都有所不同，使用前务必按照说明书的要求进行配置。一般采用三相供电系统，其中一相供主机，一相供计算机及打印机，一相供空气压缩机及循环冷却水装置等。为了保证ICP仪的安全运行，供电线路必须要有足够大的容量，并且供电线路不与大电机如空调机、马弗炉等共享一条供电线路，以免在这些用电设备启动时，供电线路的电压大幅波动，造成仪器工作不稳定。此外，为保证仪器具有良好的稳定性和操作安全，必须具有良好的接地线，接地电阻要求小于4Ω。以某品牌为例，仪器具体电源要求如下：

（1）仪器主机：要求的供电电源为200～240V的稳定电源，20A，50Hz，单相，具备独立地线，并配备有单独控制仪器的断路器（建议使用空气开关）。如果用户电网电压变化过大，则用户应配置5kW以上的稳压电源。作为一台精密测量仪器，它还需要有相对稳定的电源，供电电压的变化一般不超过5%，如超过这个范围，需要使用自动调压器或磁饱和稳压器，不能使用电子稳压器，因为电子稳压器在电压高时会产生削波，造成电脉冲，影响电子计算机、微处理器及相敏放大器的工作。

（2）计算机及打印机：消耗功率大约为800W，单相。注意，计算机及打印机必须同仪器主机共用一条地线。用户应准备适合计算机及打印机使用的多用插线板，插线板必须能够接入独立地线。

（3）循环冷却水装置：220V/240V，50Hz，15A，单相。

（4）空气压缩机：220V/240V，50Hz，6A，单相。

3. 通风要求

抽风系统对于电感耦合等离子体发射光谱仪实验室是非常重要的，因为电感耦合等离子体发射光谱仪的等离子体部分一般会产生有害气体，抽风系统可以保护实验室工作人员健康，保护仪器不受由样品产生的腐蚀性气体的损害；同时，抽风良好，可以改善等离子炬的稳定性，排除仪器产生的热量。对于ICP原子发射光谱仪器抽风系统主要应考虑满足以下要求：

（1）抽风系统材料因可能承受的最高温度为200℃，因此建议采用不锈钢的通风管道。

（2）在通风管道末端通风罩处要求有较大的排风量，如Perkin Elmer Optima ICP的排风量要求不小于5600L · min^{-1}。抽风系统的通风罩，应完全能够将仪器样品仓的排风口罩住，通风罩应安装在仪器样品排风口上端5～10cm处。

（3）在适当的通风情况下，仪器扩散到实验室的热量大约为2200W。

4. 气体要求

（1）氩气。目前电感耦合等离子体发射光谱仪一般采用氩气作为工作气体，仪器需要使用较大量的氩气，工作状态下氩气流量一般为15～20L · min^{-1}，一钢瓶氩气大约可使用5～6h，如经常需要连续开机操作，建议配备大型罐装液氩。此外，还应准备至少一块氩气减压阀及足够的氩气，减压阀的低压表显示的最大刻度值应为2～4MPa。一般使用高纯氩气，纯度要求为99.99%以上。

（2）吹扫气体。吹扫气体采用氮气或氩气，使用高流量时流量为3L · min^{-1}，正常使用时流量为0.5L · min^{-1}，气体纯度要求为99.999%。如果用户需要进行光路吹扫，应准备一块气体减压阀及大约三瓶吹扫气体，减压阀的低压表显示的最大刻度值应为2～4MPa。

5. 实验室空间要求

早期的ICP仪器一般为立式，随着仪器小型化发展，目前大多数为台式。仪器的长、宽、高尺寸为70～150cm，仪器净重为200～300kg，用户必须根据生产厂家提供的仪器尺寸及重量，准备能够安全承载并适合长期放置仪器主机的工作台（可以采用耐腐蚀可承重仪器台或水泥工作台）。

放置仪器的工作台，前边应留有足够的空间进行仪器的操作，左边及后边应至少留出

50cm 的空间，右边应至少留出 70cm 的空间，以便进行调试及维修。计算机及打印机应在靠近仪器主机的旁边。由于循环冷却水装置和空气压缩机有一定的噪声，建议在实验室内建一隔断，将循环冷却水装置和空气压缩机与仪器主机分开放置。

6. 校准

在几类光谱仪器的安装过程中，电感耦合等离子体原子发射光谱仪器的安装相对较为复杂，一般也是由仪器公司的专业安装工程师负责，实验室操作人员最重要的是按仪器安装的基本要求准备好相关的实验场地、水电、气体、排风等安装条件。

与其他仪器类似，电感耦合等离子体原子发射光谱仪器一般带较多附件和零配件消耗品等。对于新采购的仪器，应与仪器公司厂家或其代理商的代表一起，开箱验收，对照仪器采购合同清单逐一查对仪器主机、附件、零配件消耗品和使用说明书等是否一致和齐全，同时要检查仪器表观是否有损伤。如发现问题应及时向生产厂家提出。

配合仪器安装工程师将仪器主机、计算机、打印机、空压机、循环冷却水装置、自动进样器等按说明书要求整体布局，连接好仪器的电路、气路和水路。然后安装进样系统，包括等离子体线圈、炬管、雾化器、雾室、泵管等。仪器安装好后开机点燃等离子体，进行有关初始化校正或调试。大多数仪器需要进行暗电流校正、波长校正、观察高度位置的优化等，具体校正方法参考以下内容进行。

1）暗电流校正

目前 ICP 仪器大多采用固体检测器，包括电荷耦合器件 CCD、分段耦合器件 SCD、电荷注入器件 CID，这些检测器感光元件均存在暗电流，即在不曝光时由检测器上的电荷累加而形成，是电子由热运动产生的电流，与器件的温度有关，通常可用冷却检测器来降低暗电流。仪器暗电流校正一般由仪器自动进行。

2）波长校正

波长校准一般有两种方法，一种采用标准溶液进行校准，另外一种是利用汞灯波长进行校准。通常前者在仪器新安装或环境条件有较大变化时才进行，而后者则主要用于波长漂移，一般可每间隔一定时间定期进行。无论哪种方法，一般仪器都是自动进行的，所不同的是前者需要在点火状态下收集一定元素的某些波长来进行。

对于 Perkin Elmer Optima ICP 仪器，一般采用标准溶液对紫外波长和可见波长分开进行波长校准，因此，需要有两种专用的校准溶液，即紫外波长校正溶液和可见波长校正溶液。具体的校准方法和步骤如下：

（1）启动仪器：按相应的操作规程开启光谱仪，点燃等离子体已至少 1h。在“工具”菜单中，单击“光谱仪控制”，将显示“光谱仪控制”窗口。

（2）紫外光通道波长校准：吸入紫外波长校正溶液，在“光谱仪控制”窗口中，选择“紫外光”，然后单击“波长校准”，在显示的对话框中，单击“确定”执行校准。

（3）可见光通道波长校准：吸入可见光波长校正溶液，在“光谱仪控制”窗口中，选择“可见光”，然后单击“波长校准”，在显示的对话框中，单击“确定”执行校准。

汞灯重新校准（Hg-Realign）是将内部汞灯的已知波长与检测器中的找到位置进行比较，并用于补偿光谱仪的漂移。在进行“波长校准”（“检查光谱”窗口）之前，执行此功能特别有用。此外，在利用自动进样器分析样品时，可在“自动分析控制”窗口中，指定在自动分析过程中以给定间隔进行（建议间隔为1h）汞灯重新校准（称为“自动波长重新校准”）；因为光谱仪对热效应敏感，所以对于ICP光谱仪，启动波长校准前，至少要在等离子体打开1h后才能对仪器进行操作。也可在“工具”菜单中，单击“光谱仪控制”，将显示“光谱仪控制”窗口，单击“汞线重新校准”将显示“汞线重新校准”对话框，单击“确定”启动汞线重新校准。此过程需要大约1min时间。

3）炬管观察位置调整

在ICP仪器炬管的不同观察位置进行观察，其灵敏度有很大差异。目前ICP仪器无需手动设置仪器观察高度，而改为通过软件自动优化来寻找到仪器等离子体炬管的最佳观察位置，从而获得最高的信号强度。

除了在仪器初次安装或被移动之外，在炬管被移动或更换、更换磁感线圈等操作后也需要执行该程序。具体的操作步骤如下：

（1）打开计算机，启动ICP软件。

（2）在调整前点燃等离子体使炬管升温30min。

（3）准备一份10mg·L^{-1}和一份1mg·L^{-1}的锰溶液。其中：10mg·L^{-1}锰溶液用于Radial View alignment（垂直观测），1mg·L^{-1}锰溶液用于Axial View alignment（水平观测）。

（4）在“Tools”菜单中，点击“Spectrometer Control”。在分光计控制窗口选择“Axial”或“Radial”；如果要在程序运行时观察光谱图，可打开“Spectlra Display”窗口。

（5）在分光计控制窗口点击“Align View”，打开“Align View”对话框，选择“Martganese”——锰作为大多数分析物的代表性调整波长，设定“Ready Delay”为30s。

（6）吸取锰溶液，系统会在选定的波长测定强度，同时调整观察位置，在“Results”窗口会有各个位置的强度报告，打印“Results”窗口的数据。

（7）系统自动改变“炬管观察位置”到有最高强度的位置。

五、操作和使用

（1）启动：开载气、循环水、风机、仪器，紧泵，将样管插入载流中，开计算机，开ICP-NEO，单击Anonymous logon，单击Plasma Window，单击【Connect】连接，观察Nebulizer中“Flow：0.83”“Pressure：2.91”的数值是否正常。

（2）点火：点击【Start】，待显示“Ready”即点火成功。点击光路图标，点击【Zero order 1st grating】【Reference 1st grating】，每天做一次即可。

（3）建方法：点击【Home】，点击Method中的【New】，对文件进行命名，点击【Select】选择需要测定的元素以及谱线，点击OK，在Optical emission lines窗口中选中全部元素，点击【Measurement】，将mode选择为【Maximum】，Measurement point改为

“1”，点击【Plasma】，将样品稳定时间改为2s，清洗时间改为5s，点击【Calculation】建立标准曲线，点击【Add】依次添加标准点，设置完成后，点击【Save as】进行保存，命名，保存后关闭窗口。

（4）建序列：点击【Home】，点击Sequence中的【New】，点击【Task】，在Method中选中已建方法，点击【Peak search】进行寻峰，点击【Attenuate】进行衰减，点击【Calculation】，设置测样个数【Count】，点击【Analysis】，点击【Sequence Common Tools】，点击【Save as】进行保存，保存为Sequence 1即可。

（5）测试：用不带基体的标准溶液作为寻峰液，用最高浓度的标准溶液作为衰减液，点击【Sequence Common Tools】，点击【Run】即开始依次测试。

（6）打印报告：点击【Results】、【Result lists】，选中数据，点击【Report】。

（7）关机：点【Stop】、关软件、电脑，等5min后松开泵，关循环水、风机、钢瓶。

六、维护保养与故障排除

ICP-AES能够分析从几个ppb（10^{-9}）到百分之几乃至百分之几十的样品浓度，若对分析的环境条件不严格控制，势必会造成实验的不准确。此外，也要求在使用中严格对仪器进行维护保养，才能达到严格控制分析质量和延长仪器寿命的目的。

1. 实验室器皿的清洗

实验室常用的器皿，如烧杯、容量瓶等，在使用前需进行清洗。聚四氟乙烯（PTFE）及硼硅玻璃器皿可先用肥皂或洗涤剂清洗，用水冲洗后，再用（1+1）的HNO_3浸泡24h（或煮沸），然后再用水清洗，用去离子水洗涤（三次）。有的玻璃器皿油污严重，可用洗液（浓硫酸加重铬酸钾配制）浸洗后，再用水充分冲洗。

2. 使用和保养

1）环境

本仪器要求一般室温维持在20~25℃之间的一个固定温度，温度变化应小于±1℃。室内湿度应小于70%，最好控制在45%~60%之间，并配有空气净化装置。

2）供电线路

为了保证ICP仪的安全运行，供电线路必须要有足够大的容量，否则仪器运行时线路的电压将过大，影响仪器寿命。电路环境的具体要求请参考《仪器安装条件》。

3）防尘

实验室内需要采用排风机，排除仪器的热量及工作时产生的有毒气体时，实验室与外部就形成压力差，实验室产生负压，室外含有大量灰尘的空气从门窗的缝隙中流入室内，大量积聚在仪器的各个部位上，容易造成高压组件或接头打火，以及电路板及接线、插座等短路、漏电等各种各样的故障，因此，需要经常进行除尘。特别是计算机、电子控制电路、高频发生器、显示器、打印机、磁盘驱动器等，需要定期拆卸或打开，用小毛刷清扫，并同时使用吸尘器将各个部分的积尘吸除。对光电倍增管负高压电源线以及计算机显示器的高压线及接头，还要用纱布沾上少许无水酒精小心地抹除积炭和灰尘。磁盘驱动器及打印机清除灰尘之后，要在机械活动部件滴加少许仪表油。打印机的打印头还要拆下，用软毛刷刷扫，并用绒布抹净，防止针孔被纸屑堵塞，然后按照说明书调整一定的打印压力。对于仪器除尘，一般由电子、仪修或计算机的专业人员帮助，仪器使用或管理人员如不懂电子知识，不了解仪器结构，不要轻易触动仪器，以免发生意外，除尘应事先停机并关掉供电电源后再进行。

4）雾化器的维护

雾化器是进样系统中脆弱、关键的部分，需要很好地维护和使用。要定期地清理，特别是在测定高盐溶液之后，在雾化器的顶部、炬管喷嘴会积有盐分，造成气溶胶通道不畅，常常反映出来的是测定强度下降、仪器反射功率升高等。炬管上积尘或积炭都会影响点燃等离子体焰炬和保持稳定，也影响反射功率，因此要定期进行酸洗、水洗，然后用无水乙醇润洗并吹干，并保持进样系统及炬管的清洁。

5）使用中尽量减少开停机的次数

开机测定前，必须做好安排，事先做好各项准备工作，切忌在同一段时间里频繁开启。仪器频繁开启容易造成损坏，这是因为仪器在每次开启的时候，瞬时电流大大高于运行正常时的电流，瞬时的脉冲冲击容易造成功率管、真空电容以及其他芯片的损伤。

6）其他注意事项

（1）进样前进样系统的检查；

（2）测定后进样系统的检查和清洗；

（3）废液桶中的废液要经常清理；

（4）炬管、雾化器、雾室的清洗；

（5）冷却水的定期更换；

（6）每次开机前请注意：当等离子气小于 1MPa，只能点火 1h 时，建议更换气瓶；

（7）仪器点燃后不能随便调整等离子气的流量计和压力表，否则会烧坏石英炬管；

（8）仪器点燃后进样毛细管必须放在溶液中，更换溶液时毛细管离开液体（进空气）不能超过 10s，否则会导致熄火；

（9）如发现石英炬管内很脏时请及时清洗；

（10）拆装炬管、喷雾器、雾室时注意轻拿轻放（石英玻璃制品易碎）。

3. 故障排除

ICP 光谱仪常见故障可分为等离子炬光源熄火或难点火故障、进样系统故障、机械扫描单色器故障及环境因素造成的故障、气路系统故障、循环水冷系统故障及环境因素造成的故障等。仪器内部出现故障时一般要通知仪器生产商的专业维修工程师来解决，但实验室也有相当一部分的仪器外部条件或进样系统简单的故障可由操作人员预先进行排除。以下从几种常见故障可能的原因来分析，仪器操作人员可结合实验室实际对这些故障进行排除。

1）ICP 等离子体无法点亮

（1）点火时无反应，应检查氩气纯度是否达到规定的纯度 99.99% 以上。

（2）点火时按“IGNITE”键后，即有一类似环形的火焰绕在铜线圈上。这种现象表明矩管使用时间过长，需要更换清洗。

（3）在操作中，若发现炬管内有螺旋状放电现象，则有可能是矩管内有水汽，需更换干燥的矩管；也可能是矩管过热，进样系统发生了堵塞。因此，应仔细检查，确定原因后，采取相应措施。

（4）检查循环水冷系统是否有充足的冷却液，如冷却液不足则仪器也会出现不点火的情况。

（5）点火时按“IGNITE”键，仅听见点火器发出的轻微响声，但点不着火，不加高压 RF，现象仍相同，则可初步判定为 RF 发生器无输出功率，需联系仪器专业工程师维修。

2）ICP 使用过程中熄火

（1）排风系统排风不畅或不连续，等离子矩区域的热量无法及时排出，影响等离子炬的稳定。因排风故障造成的熄火一般在仪器连续使用 30min 后才会出现。

（2）炬管的安装位置对于等离子矩的稳定至关重要，但其对仪器的启动影响更大，会造成等离子炬无法正常点火或点火后无法持久等现象。

（3）功率、雾化气、冷却气等操作参数对等离子炬的稳定都有一定影响。

（4）炬管外围的铜线圈外壁结垢、管内部结垢、循环系统渗漏及管道过滤器堵塞等原因导致循环水量不足以及风冷效果不佳（与室内温度有直接关系），均会影响循环水冷却的效果。

（5）大功率管老化，运行不稳定。

（6）气源压力过低而导致的自动保护，或者载气（氩气）纯度不够，仪器等离子炬不稳定。

（7）检查循环水冷器是否正常工作，如不正常则可能是由于冷却水温度过高。

（8）其他的人为操作问题，如触动联锁控制点（开关等），造成熄火。

（9）是否高频发生器发生故障。

3）仪器无信号

（1）检验中，突然没有数据输出，则可能是由雾化器的进样管或载气管脱落而造成的。

（2）检验时采集不到积分的数据，也可能是光学系统控制异常，如光栅转动异常导致所选用的某一元素的一些谱线不能准确地照射到出射狭缝上。这时可以暂时中断当前的分析，再重新进行一次波长校正。如果同时进行的是多元素的测定，则只需对检测不到的元素进行波长校正，然后再进入分析状态继续进行检测。

4）信号很不稳定

（1）如果发现 RSD 变大，但雾化室并无故障迹象显示，应检查雾化器和氩气导管的接口及其密封性。Tygon 或其他聚合物导管用久了有时会变硬，丧失其柔韧性和气密性。

在许多ICP分析作业中，即使1%的氩气损失都可能产生几个百分比的改变。还需检查雾化器，避免有少量空气进入。

（2）检验中发现元素扫描强度突然降低，或短期精密度达不到要求，应检查雾化器及进样管，如任何一方堵塞，此时可更换或清洗雾化器。如雾化器雾化效率较低，则可以确定是雾化器前端喷嘴破损，此时可更换雾化器。工作中发现载气流量大大低于正常设定值，无论怎么调节载气流量都没有多大变化，此时说明雾化器很有可能堵塞或破损。

5）环境因素造成的故障

若检测过程中，发现仪器性能很不稳定、短期精密度较高（如果不是因为仪器预热时间不够），则检查实验室内温度及湿度是否达到要求。该仪器最佳工作温度范围为15～35℃，且温度变化不应大于1℃·h^{-1}，相对湿度较大时，不容易一次点火成功。

6）气路系统故障

（1）点火时发现等离子气流量不足，调节流量器没有多大变化，此时初步判定为气路泄漏或气路堵塞，处理方法是按气体管路接头分段排查。

（2）点火时发现等离子体发出“噼啪”声音，而且不易点着，此时初步判定为氩气含水分过高或气体纯度不够，更换为高纯氩气即可。

第二节　气相色谱－质谱联用仪

一、概述

气相色谱－质谱联用仪的研制始于20世纪50年代，到60年代才有商品化仪器。气相色谱是有机化合物很好的分离手段，质谱是准确的鉴定手段，计算机可以快速、准确地处理数据。色谱－质谱－计算机构成联用技术，可直接分析那些可以用气相色谱分离的混合物，避免了许多繁杂的化学分离手段，缩短了分离时间，同时还可以鉴别微量组分、组成分物质的化学结构等，已广泛应用于医药、化工、食品行业。

色谱仪器在分析仪器中具有重要地位。色谱仪中的色谱柱具有分离混合样品的能力，能将物质按保留时间大小进行分离，然后通过与标样保留时间进行对比的方法来确定物质性质，但对未知样品很难定性分析。而质谱仪能直接测定物质的质量与电荷的比值（m/z），在定性分析方面既准确又快速。把色谱与质谱联合起来使用的，气相色谱－质谱联用仪（GC－MS）实际上是把质谱仪作为色谱仪的一个通用检测器来使用。

气相色谱－质谱联用仪的分类方式有多种：

（1）按分析规模分类：小型气相色谱－质谱联用仪和大型气相色谱－质谱联用仪。

（2）按分辨率分类：低分辨气相色谱－质谱联用仪、中分辨气相色谱－质谱联用仪和高分辨气相色谱－质谱联用仪。

（3）按质量分析器的时空属性分类：时间型气相色谱－质谱联用仪和空间型气相色谱－质谱联用仪。

（4）按质量分析器的工作原理分类：气相色谱四极杆质谱联用仪、气相色谱离子阱质谱联用仪、气相色谱飞行时间质谱联用仪和气相色谱傅里叶变换质谱联用仪等。

（5）按用途分类：生物气相色谱－质谱联用仪、制药气相色谱－质谱联用仪、化工气相色谱－质谱联用仪、食品气相色谱－质谱联用仪、医用气相色谱－质谱联用仪和酒精气相色谱－质谱联用仪等。

气相色谱法和质谱法的许多共同点为两种分析技术联用提供了有利条件：①气相色谱分离和质谱分析都是在气态下进行的；②气相色谱分析的化合物沸点范围适用于质谱分析；③气相色谱法和质谱法对样品的制备和预处理要求有共同之处；④气相色谱法和质谱法两种技术都是分析混合物的理想工具。这些共同点使得气相色谱和质谱联用时，色谱仪和质谱仪在结构上几乎不必做任何改动，不同档次的气相色谱仪和质谱仪都可以成为联用系统。将色谱柱出口和质谱的进样口连接起来，使色谱柱流出的组分进入质谱系统并不困难，重要的是流入组分的压强不破坏质谱正常运行的真空，也就是说色谱柱的流量和质谱真空系统的通导及真空泵抽速要匹配。另外，进入离子源的样品组分性质不能发生变化，且无损失。

气相色谱－质谱联用技术的发展，主要是围绕以下三个问题的解决而不断取得进展的：①气相色谱柱出口气体压力与质谱正常工作所需要的高真空的适配；②质谱扫描速度与色谱峰流出时间的相互适应；③必须能同时检验色谱和质谱信号，获得完整的色谱、质谱图。以上三个问题都与色谱、质谱仪器的结构和功能有关，因此联用技术的发展和完善有赖于气相色谱、质谱仪器性能的提高，随着气相色谱、质谱技术的不断发展，联用技术也不断得到完善。此外，真空技术、电子技术、计算机科学等各项技术的发展也是 GC－MS 技术日臻完善的重要因素。

经过近半个世纪的努力，气相色谱－质谱联用技术在分离、检测和数据采集方面的整体性能都有很大的提高，已经是一个非常成熟、完善的定性、定量优良工具。由于提供信息的能力、可靠性及商品化系统的多种选择性和可用性，它不仅在许多科学研究领域，而且在工业生产的各种检测和检验部门中都得到了广泛的应用。目前小型台式气相色谱－质谱联用仪和各种专业型的气相色谱－质谱联用仪器，已经成为许多实验室不可缺少的常规分析工具。

二、工作原理

气相色谱法（Gas Chromatography，GC）是一种应用非常广泛的分离手段，是以惰性气体作为流动相的柱色谱分析，其分离原理是基于标本中的组分在两相间分配上的差异。气相色谱法可以将复杂混合物中的各个组分分离开，但定性能力较差，通常只利用组分的保留特性定性，这在欲定性的组分完全未知或无法获得组分的标准标本时，对组分定性分析十分困难。随着质谱（Mass Spectrometry，MS）、红外光谱及核磁共振等定性分析技术的发展，目前主要采用联用技术，即将色谱分析与其他定性或结构分析直接联机，以解决色谱定性困难的问题。由于从气相色谱柱分离的标本呈气态，流动相也是气体，与质谱的进样要求相匹配，因此最容易将这两种仪器联用。最早的色谱联用仪是气相色谱－质谱（GC－MS）联用仪，小型台式 GC－MS 已成为很多实验室的常规使用仪器。

气相色谱仪是质谱法的理想“进样器”，试样经色谱分离后以纯物质形式进入质谱仪，充分发挥质谱法的特长。质谱仪是气相色谱法的理想“检测器”，色谱法所用的检测器都有局限性，而质谱仪能检出几乎全部化合物，灵敏度高。

为了保证质谱仪器的正常工作，必须要组成高真空系统的真空室。仪器使用了高性能的涡轮分子泵与前级真空泵构成两级真空机组以确保所需的真空。被分析样品经毛细管柱分离，进入离子源。采用电子电力标准配置（EI），产生正离子后，在推斥、聚焦、引出电极的作用下将正离子送入四极杆系统。四极杆在高频电压与正负电压联合作用下形成高频电场，在扫描电压作用下，只有符合四极场运动方程的离子才能通过四极杆对称中心到达离子检测器，再经离子流放大器放大，产生质谱信号。得到质谱图后，通过解释谱图或进行谱库检索来识别未知样品的组成。

在典型的 GC－MS 系统中，待分析样品通过载气（氢气或氦气）经过 GC 色谱柱得到初步分离，从色谱柱流出的各组分经过 GC－MS 接口模块传输进入 MS 模块的离子源单元，在这里各组分被离子化形成离子，进而被 MS 模块中的质量分析单元分析，分析获得的数据由 GC－MS 平台的数据处理模块进行处理、显示，并进行数据库搜索和比对。整个分析过程所涉及的流程处理顺序均由 GC－MS 平台的仪器控制模块进行控制和协调。

色谱质谱联用就是将色谱的分离能力与质谱的定性功能结合起来，实现对复杂混合物更准确地定性和定量分析，而且简化了标本的前处理过程，使标本分析更简便。多组分的混合样品经过色谱柱分离，按顺序随同载气进入质谱仪的离子源，样品组分被电离成离子碎片，经质量分析器和检测器检测，得到组分质谱图。通过对质谱图进行检索和谱图解析，可进行定性和定量分析。

三、结构及组成

GC－MS 主要由三部分组成：色谱部分、质谱部分和数据处理系统。

1. 气相色谱－质谱联用仪的气相色谱部分

该气相色谱部分主要是对混合物进行分离，把分离后的单一组分逐一送入质谱计进行鉴定。气相色谱－质谱联用仪实际上是利用色谱柱对复杂混合物的高分离能力，将各组分分离开，以单一组分的形式逐个送入质谱计中进行定性鉴定。用于气相色谱质谱联用的气相色谱仪一般都有程序升温、载气流速、柱压控制等可改进色谱分离的部件及进样口、分流器等。气相色谱－质谱联用仪对色谱柱及固定液有一定要求。

1）色谱柱的选择

用于气相色谱质谱联用的气相色谱仪，通常配有填充柱及毛细管柱两种接口，既可选用填充柱也可选用毛细管柱，选用的填充柱多为 2mm 内径的金属或玻璃柱，柱长一般为 1 ~ 3m。填充柱分离效能较毛细管柱低，只适宜于分离成分不太复杂的混合物，且氦气消耗量大，现在用得较少。毛细管柱柱效比填充柱高得多，多用来分析复杂多组分混合物，在气相色谱质谱联用中使用最为普遍。

2）固定液的选择

不管选用填充柱还是选用毛细管柱，都涉及固定液的选择问题，在气相色谱质谱联用分析中，能够使用的固定液只有少数十几种，一般要求最高使用温度在 250℃ 以上。因为在较高程序升温操作温度下，固定液的“流失”是要认真考虑的因素。因为大量流失的固定液一旦进入质谱仪，就将产生过高的质谱本底而严重干扰样品质谱峰的识别，因此气相色谱质谱联用分析中，常选用最高使用温度较高且流失较小的固定液。为了减少色谱柱中固定液的流失，必须在连接质谱计之前把色谱柱充分老化好。

2. 气相色谱质谱 - 联用仪的中间装置

中间装置是色谱仪与质谱计连接的“界面”，它是不同形式的分子分离器，其作用是将色谱柱出口的大量载气分离出去并浓缩分离出的样品组分。这种中间装置主要用于填充柱与质谱计的连接，在采用大抽速真空装置的条件下，如果色谱分离使用毛细管柱时，可不用中间装置，毛细管色谱柱出口可直接伸入质谱计离子源中，实现毛细管色谱柱与质谱计的直接联用，并可获得较好的质谱分析数据。

3. 气相色谱 - 质谱联用仪的质谱部分

质谱部分是气相色谱 - 质谱联用仪最重要的部分，它包括进样器、离子源、质量分析器、离子收集器、放大器、计算机控制和数据处理系统及真空系统等。

1）进样器

它是将样品引入离子源的装置，要求在不改变样品的结构和组成的条件下，将样品引入离子源。常用的有气体进样器、直接进样器（对固体和高沸点液体）、隔膜进样器（对 PFK 及低沸点液体样）、FAB 进样器和适用于混合物的气相色谱、液相色谱进样的进样器。

2）离子源

其作用是把有机分子电离成离子以便进行质量分析。离子源有多种类型，最常用的是电子轰击电离源。电子轰击电离（Electron Impact，EI）是指由各种进样方式导入的被测样品，经加热后形成气化分子在离子室内受通电灯丝发射的热电子轰击，热电子的能量通常为 70eV（在 20 ~ 100eV 间可调），大于有机化合物的离子化电位（一般为 7 ~ 13eV），故可使有机分子电离，多出的内能使分子离子进一步裂解成各种碎片离子。

化学电离（Chemical Ionization，CI）源是在电离室内先通入少量的反应气（如甲烷、异丁烷或氨），反应气分子受热电子轰击先离子化，然后试样分子与反应气离子发生分子 - 离子反应而发生质子转移，形成准分子离子及加合离子。当用 EI 源不能获得化合物分子离子峰或分子离子峰很弱时，改用 CI 源可使质谱图碎片离子大大减少，分子离子峰的丰度（准分子离子 M^{+1}）将大大提高。现在不少质谱计将 EI 源和 CI 源结合在一起成为

EI/CI 复合离子源，不需更换拆装离子源即可直接转换，进行 EI 或 CI 分析。

快原子轰击（Fast Atomic Bomb，FAB）电离源，氩气分子被电子轰击生成 Ar^+ 离子，被加速到 5～10keV 的能量后，经电荷中和后成为高能量的中性 Ar 原子流，然后去轰击样品靶上浸在甘油或硫代甘油、硝基苄醇、三乙醇胺等这类基质中的试样分子而产生二次离子，即称为 FAB 法。该法适用于相对分子质量较大的 EI、CI 均不易获得分子离子峰的有机化合物，易于获得相对分子质量信息。

3）质量分析器

亦称为离子分析器，它由静电分析器及磁铁组成。当有机化合物分子在离子源中被电离成带正电荷的分子离子及各种碎片离子进入质量分析器时，在电场和磁场的综合作用下，就按它们的质量与电荷比值（质荷比，以 m/z 表示）的大小分开，依次进入离子接收器并记录下来，形成的谱图（横坐标为离子的 m/z，纵坐标为离子的强度）称为质谱图。质谱图中不同质荷比的离子种类和它们的强度与样品的分子结构有关。质谱分析就是利用这些数据对有机化合物进行定性鉴别的。

4）离子收集器及放大器

通常采用的是电子倍增器/放大器，其灵敏度高，响应快，所得离子信号放大后由计算机数据处理系统采集存储、输出、显示并打印图谱。在离子室电离后，各种质荷比的离子在离子接收器上所产生的总电流信号与时间对应的关系图称为总离子流图（Total Ion Current，TIC）。在气相色谱质谱联用分析时，TIC 与色谱分析时各种检测器所得的色谱图相对应，称为总离子流色谱图（Total Ion Chromatogram，TIC）。总离子流色谱图中各峰的面积可作为 GC－MS 定量分析的依据。

5）计算机控制和数据处理系统

该系统由接口、计算机、软件构成，用作数据采集、存储、图谱库检索、图谱打印和仪器自动控制。

6）真空系统

该系统包括低真空前级机械泵、高真空泵（扩散泵或分子涡轮泵）、真空测量仪表及管路、阀等，以确保仪器所需的高真空。

四、安装调试

1. 实验环境

（1）仪器室内不得有强烈的机械振动和电磁干扰，不得存放与试验无关的易燃、易爆和强腐蚀性气体或试剂。

（2）实验室温度：15～27℃。

2. 标准物质和试剂

（1）八氟萘－异辛烷溶液标准物质：100pg · μL^{-1}；

（2）苯甲酮－异辛烷溶液标准物质：10.0ng · μL^{-1}；

（3）六氯苯 - 异辛烷溶液标准物质：10.0ng · μL^{-1}；

（4）硬脂酸辛酯 - 异辛烷测试溶液：10.0ng · μL^{-1}；

（5）异辛烷或正辛烷：HPLC 级或同等级别。

3. 校准设备

（1）微量注射器：10μL；

（2）气相色谱仪检定专用测量仪。

五、操作和使用

气相色谱 - 质谱联用仪的基本操作步骤如下。

1. 质谱开机

（1）拧松分压表，打开钢瓶总阀，开分压表，约为 0.6MPa。

（2）开 GC 的总电源开关，等待 GC 自检直到仪器显示盘里出现最终版本号。

（3）开 MS 总电源。

（4）打开 Tune，等待软件传输结束。

（5）在 Tune/Show Status View/Vaccum 里显示 Turbo Pump 和在 Turbo Pump RPM 显示 Failed，这两项在 3 ~ 5min 内要显示 OK。

（6）前接泵压力（Fore Pressure）过几十分钟后所显示的为真实的压力。

（7）在 Instrument/Set Temperature 里设定离子源的温度为 250℃。

（8）MS - Tranfer 温度调节：在 GC 面板上的 AUX/Temperature Zone 为 250℃。

（9）检查 Carrier 里的 Vaccum Comp（真空补偿）是否打开（如果处在 off 位置则真空就很难保持）。

（10）待仪器真空度为 50 ~ 60mTorr。

如果仪器本身处在开机状态，则检查前级压力是否小于 60mTorr，若满足此条件则可以进行下一步。

2. 质谱调谐

调谐的频率没有必要过高，一般在重新开机后或碎片离子发生明显的偏离后，需要进行调谐。调谐的过程如下：

（1）检查前级压力是否小于 60mTorr，对于放空后时间较长或湿度较大的环境，需要几个小时。

（2）如果系统中有离子规管则检查离子规管压力是否小于 7×10^{-5}Torr。

（3）检查空气/水谱图，选择 Experiment/Full Scan 开始从 m/z 10 到 m/z 100 进行扫描，选择 Instrument/Fil/Mult/Dyn On 打开灯丝，比较空气/水谱图，确定是否有泄漏。

（4）核查背景谱图，选择 Experiment/Full Scan 开始从 m/z 10 到 m/z 650 进行扫描。从低质量端到高质量端，背景逐渐减少。被抽空后的第一天可能背景谱图会稍高一些。

（5）核查校准气的谱图，选择 Experiment/Full Scan 开始从 m/z 50 到 m/z 650 进行扫

描，选择 Instrument/Calibration Gas/EI/NICI 打开离子源校准气，核实所有峰，并且 m/z 69 的丰度为 100%，其强度大于 9.5×10^5。

（6）通过选择 Tune/Automatic Tune 显示 Automatic Tune 页面，运行自动调节。

（7）通过选择 Instrument/Fil/Mult/Dyn Off，关闭灯丝。

（8）观察调谐报告，Leak Check <10%，表明质谱接柱端不漏气。

3. 气相端柱评价

将炉温设置到 50℃，点击 GC 前面板上的 Column Eval（柱评价），选择进行柱评价。该值需要和标准卡上的数值比较，不应该相差太大（例如 30m 长、内径为 0.25mm 的柱子，以氦气为载气时标卡上是 1.7，实际测出来的也应有 1.5~1.8 的值）。如果测定出来的值过小，表明柱子有泄漏或碎裂，换个进样垫或拧紧进样口螺母，或割断有断裂的部分柱子（一般柱口）即可以解决。如果测定出来的值过大，表明柱子有堵，也需要检查排除。点击 Enter，结束后会显示 *K* 值。

4. 气相端检漏

将炉温升至 100℃，点击气相前面板上的 Leak Check，选择要进行检漏的柱子。点击 Enter 后进行检漏。Leak Check 一定要在柱评价之后做，否则没有任何意义。Leak Check 和柱评价结果的 *K* 值一样，表示通过。所有的准备工作完成后，即可开始做样品分析。

5. Xcalibur 软件操作

（1）打开 Xcalibur 软件，点击 Instrument Setup。

对于台式气相色谱－质谱仪，方法设置一般包括自动进样器、气相色谱、质谱三个部分，点击界面左侧的相关图便可进入对应设置参数部分。

（2）仪器方法编辑完成后，便可进行样品分析，从主页中选择 Sequence Setup 窗口。在类似于 Excel 列表的结构框架中设置对应参数。在样品列表编辑完成后，便可实现进样分析。进样只需点击编辑，在跳出的窗口中点击 OK 便可完成进样。

6. 关机

（1）先把离子源的温度设定到 100℃，让它先冷却了。在 Tune/Instrument 中点击 Shut Down，等待 Ion Source 温度降到目标值后，仪器会提示可关闭 MS 总电源。

（2）把 GC 上面的所有温度、传输线（off）、柱温箱（50℃）、进样口温度（off）都降下来。

（3）关闭 Tune 窗口，关闭 MS 总电源。

（4）关闭 GC 总电源，关闭气路。

六、维修保养与故障排除

1. 质谱漏气诊断与排除

判断真空系统漏气的方法：在峰监测窗口中观察，若 m/z 28 强度与 m/z 18 强度的比值大于 2，而且 m/z 28 强度与 m/z 32 强度的比值在 3~4 之间，则有漏气可能。需进一

步判断 m/z 28 强度和 m/z 69 强度的比值，小于 2 即不漏气，若大于 2 则漏气的可能性较大。

排除步骤如下：

（1）确认真空启动时间，一般情况下真空启动 2h 后才能达到较稳定的状态，如果启动时间小于 1h，氮气峰可能会略高。

（2）系统中可能存在假漏气：

①如果刚刚更换了钢瓶，氦气管路中混入了空气，在一段时间内造成氮气峰较高，可加大分流比，使总流量加大到 500mL · min^{-1}，吹扫 10min 后再进行漏气检查。

②如果刚刚更换了氦气气管路过滤器，在一段时间内氮气峰较高，可加大分流比，使总流量加大到 500mL · min^{-1}，吹扫 10min 后再进行漏气检查。

③如果载气管路中安装了氦气过滤器，有较长一段时间仪器没使用，过滤器中有部分氮气会释放，造成峰监测时氮气峰略高，可加大分流比，使总流量加大到 500mL · min^{-1}，吹扫 10min 后再进行漏气检查。

④如果载气管路中安装了氦气过滤器，长时间使用后，过滤器出现饱和而释放氮气，造成峰监测时氮气峰略高，建议更换新的氦气过滤器。

⑤氦气纯度不够、杂质中含有部分氮气，在峰监测时也会造成氮气峰略高。

（3）经过以上判读，若在峰监测时依然漏气，则最常见的漏气可能有：

①色谱柱两端的螺母没有拧紧，需压紧新安装的 Vesple 压环，升温至 200 ~ 250℃，保持 10 ~ 30min，降温后重新紧固才有可能完全密封。

②检查进样口密封垫是否已经超过使用次数，进样口螺母是否拧紧。

③检查进样口衬管 O 形密封圈是否已经破损，进样口衬管螺母是否拧紧。

④如果真空腔门的密封圈上沾满灰尘，也会造成系统漏气，请关闭真空后打开真空腔门，清除密封圈上的灰尘，重新启动真空，进行漏气检查。

2. 调谐无法通过故障排除流程

当自动调谐无法通过，或调谐过程中出现错误时，请参照如下顺序检查：

（1）首先确认真空启动时间及真空度，真空一般启动 2h 后会达到比较稳定的状态。使用常规毛细柱时真空度应小于 3×10^{-3}Pa，此时再进行调谐才能达到较稳定的结果。

（2）自动调谐前，在 Peak Monitor View（峰监测）窗确认系统是否漏气。

（3）在工具栏中选择新建调谐文件，在 Auto Tuning Condition（自动调谐条件）中选择“lnitialize”（初始化），然后进行自动调谐。

（4）调谐无法通过时，如果显示灯丝耗尽（Filoment consumed）或捕集电流不足（Trap current insufficient），此时应更换新灯丝，再进行自动调谐。

（5）检查离子源，灯丝或灯丝连接线的安装位置是否正确。

（6）检查离子源是否污染，如果长时间未清洗离子源，请清洗离子源后再进行自动调谐。

(7) 若仪器使用年限较长（特别是5年以上），则检查调谐液－PFTBA剩余量是否过少。少于标准样品瓶容积的20%以下时需要添加标准样品，但是添加后要小于标准样品瓶容积的70%。

(8) 检查色谱柱伸入MS端接口的长度是否与标准长度一致。

3. 灯丝报错故障排除流程

(1) 检查灯丝是否断开，如灯丝断开，更换灯丝。

(2) 检查灯丝是否安装到位。

(3) 检查两根灯丝是否均已正常安装。

(4) 检查安装离子源类型是否正确。

(5) 检查色谱柱安装到传输线端的长度是否合适。

4. 气路的维护检查

(1) GC－MS常用的载气为氦气，必须严格控制氦气的质量，纯度需要达到99.999%以上，当气瓶余压为2MPa左右时需要换气。

(2) 换气时，把GC面板上所有的温度包括传输线温度设为off，柱温箱温度降到50℃以下，进样口温度设为off，等这些温度下降100℃后关闭载气，把气瓶总阀门关死，分压阀门拧松，换好气后，把气瓶总阀打开，顺时针拧紧分压阀至0.6MPa左右，把GC面板上的载气打开，并保持10min左右，升高气相的各项温度。

5. 灯丝使用寿命维护

(1) 一般情况下真空启动半小时后才能打开灯丝，如果在真空度不好时打开灯丝，会加快灯丝消耗。

(2) 真空漏气也会加快灯丝的氧化和消耗。

(3) 长期分析高浓度样品，会加快灯丝消耗。

(4) 灯丝与离子源如果位置有偏差，会导致灯丝变形，加快灯丝消耗。

(5) 如果溶剂切除时间设置不合适，在出溶剂时打开灯丝，会加快灯丝消耗。

(6) 如果长时间不清洗离子源或清洗离子源时对上下两个电子导入孔清洗不彻底，会致使电子导入效率降低，从而加快灯丝消耗。

6. 离子源的清洗

(1) 如果离子源被污染，会有样品响应差、噪声大、重现性差、自动调谐不良或不通过等现象，需要及时清洗离子源。

(2) 要对真空腔体内的部分进行清洁，需准备清洁手套，保证工具的洁净。推荐用丙酮清洁工具，减少污染噪声。用打磨工具打磨离子源和排斥极。

(3) 在丙酮溶剂中超声处理2次，每次15min。

(4) 离子源和排斥极需在400℃马弗炉中高温老化1h，其他部分室温干燥即可。

(5) 完成后原样组装。

第三节 高效液相色谱－质谱联用仪

一、概述

20世纪70年代高效液相色谱－质谱（HPLC-MS）联用技术进行了开创性的研究，直到90年代出现了各种商品化仪器，大气压电离技术变得成熟后，HPLC－MS联用技术才出现在人们眼前，并且在运用分析方面迅速发展，成为科研和日常分析的检测工具。

液－质联用接口技术主要是沿着三个分支发展的：

（1）流动相进入质谱直接离子化，形成了连续流动快原子轰击（Continuous-Flow Fast Atom Bombarment，CFFAB）技术等；

（2）流动相雾化后除去溶剂，分析物蒸发后再离子化，形成了传送带式接口（Moving-belt Interface）和离子束接口（Particle-beam Interface）等；

（3）流动相雾化后形成的小液滴去溶剂化，气相离子化或者离子蒸发后再离子化，形成了热喷雾接口（Thermospray Interface）、大气压化学离子化（Atmospheric Pressure Chemical Ionization，APCI）和电喷雾离子化（Electrospray Ionization，ESI）技术等。有关液相质谱的接口技术和LC-MS技术的发展，Niessen曾经进行了较为详细的综述。

目前应用最广泛的离子源有电喷雾电离源和大气压化学电离源。大气压化学离子化（APCI）技术与ESI源的发展基本上是同步的，其离子化过程主要是借助电晕放电启动一系列气相反应来完成，整个电离过程是在大气压条件下完成的。ESI和APCI的共同点是离子化效率高，从而显著增强分析的灵敏度和稳定性，大多与离子阱质谱仪和三重四极杆质量分析器联用。

1. 电喷雾离子化技术

电喷雾离子化（ESI）技术作为质谱的一种进样方法起源于20世纪60年代末Dole等的研究，直到1984年Fenn实验组对这一技术的研究才取得了突破性进展。1985年，将电喷雾进样与大气压离子源成功连接。1987年，Bruins等发展了空气压辅助电喷雾接口，解决了流量限制问题，随后第一台商业化的带有API源的液－质联用仪问世。ESI的大发展主要源自使用电喷雾离子化蛋白质的多电荷离子在四极杆仪器上分析大分子蛋白质，大大拓宽了分析化合物的相对分子质量范围。

ESI源主要由五部分组成：

（1）流动相导入装置；

（2）真正的大气压离子化区域，通过大气压离子化产生离子；

（3）离子取样孔；

（4）大气压到真空的界面；

（5）离子光学系统，该区域的离子随后进入质量分析器。

在ESI中，离子的形成是分析物分子在带电液滴的不断收缩过程中喷射出来的，即离子化过程是在液态下完成的。液相色谱的流动相流入离子源，在氮气流下汽化后进入强电场区域，强电场形成的库仑力使小液滴样品离子化，离子表面的液体借助于逆流加热的氮气分子进一步蒸发，使分子离子相互排斥形成微小分子离子颗粒。这些离子是单电荷还是多电荷，取决于分子中酸性或碱性基团的体积和数量。

电喷雾离子化技术的优点：可以生成高度带电的离子而不发生碎裂，可将质荷比降低到各种不同类型的质量分析器都能检测的程度，通过检测带电状态可计算离子的真实相对分子质量，同时，解析分子离子的同位素峰也可确定带电数和相对分子质量。另外，ESI可以很方便地与其他分离技术联接，如液相色谱、毛细管电泳等，可方便地纯化样品用于质谱分析。因此在药残、药物代谢、蛋白质分析、分子生物学研究等诸多方面得到了广泛的应用。其主要优点是：离子化效率高；离子化模式多，正负离子模式均可以分析；对蛋白质分析时其相对分子质量的测定范围高达10^5以上；对热不稳定化合物能够产生高丰度的分子离子峰；可与大流量的液相联机使用；通过调节离子源电压可以控制离子的断裂，给出结构信息。

2. 大气压化学离子化技术

大气压化学离子化（APCI）技术应用于液－质联用仪是由Horning等于20世纪70年代初发明的，直到20世纪80年代末才真正得到突飞猛进的发展，与ESI源的发展基本上是同步的。但是APCI技术不同于传统的化学电离接口，它是借助于电晕放电启动一系列气相反应以完成离子化过程，因此也称为放电电离或等离子电离。从液相色谱流出的流动相进入一具有雾化气套管的毛细管，被氮气流雾化，通过加热管时被汽化，在加热管端进行电晕尖端放电，溶剂分子被电离，充当反应气，与样品气态分子碰撞，经过复杂的反应后生成准分子离子，然后经筛选狭缝进入质谱计。整个电离过程是在大气压条件下完成的。

APCI的优点：形成的是单电荷的准分子离子，不会发生ESI过程中因形成多电荷离子而发生信号重叠、降低图谱清晰度的问题；适应高流量的梯度洗脱的流动相；采用电晕放电使流动相离子化，能大大增加离子与样品分子的碰撞频率，比化学电离的灵敏度高3个数量级；液相色谱－大气压化学电离串联质谱成为精确、细致分析混合物结构信息的有效技术。伴随着液－质联用接口技术的发展，质谱仪器本身也在不断发展，出现了多种类型的质谱检测器。目前比较常用的质谱仪器有四极杆质谱仪、四极杆离子阱质谱仪、飞行时间质谱仪和离子回旋共振质谱仪等。

3. 高效液相色谱－质谱联用技术的特点

（1）分析范围广，MS几乎可以检测所有的化合物，比较容易地解决了分析热不稳定化合物的难题；

（2）分离能力强，即使被分析混合物在色谱上没有完全分离开，但通过MS的特征离子质量色谱图也能分别给出它们各自的色谱图来进行定性定量；

（3）定性分析结果可靠，可以同时给出每一个组分的相对分子质量和丰富的结构信息；

（4）检测限低，MS 具备高灵敏度，通过选择离子检测（SIM）方式，其检测能力还可以提高一个数量级以上；

（5）分析时间快，HPLC-MS 使用的液相色谱柱为窄径柱，缩短了分析时间，提高了分离效果；

（6）自动化程度高，HPLC-MS 具有高度的自动化。

二、工作原理

液相色谱－质谱联用仪（Liquid Chromatograph Mass Spectrometer，LC-MS）是有机物分析中的高端仪器。液相色谱（LC）能够有效地将有机物待测样品中的有机物成分分离开，而质谱（MS）能够对分开的有机物逐个地分析，得到有机物的相对分子质量、结构和浓度的信息。强大的电喷雾电离技术造就了 LC-MS 质谱图十分简洁，后期数据处理简单的特点。LC-MS 是有机物分析实验室，药物、食品检验室，生产过程控制、质检等部门必不可少的分析工具。

1. 液相色谱法的基本原理

色谱法作为一种分离分析方法，其最大的特点在于能将一个复杂的混合物分离为各个有关的组成，然后一个个地检测出来。一般色谱过程中不同组分在相对运动、不相混溶的两相间进行交换，相对静止的一相称为固定相，相对运动的一相称为流动相，利用吸附、分配、离子交换、亲和力或分子大小等性质的微小差别，经过连续多次在两相间的质量交换，使不同组分得到分离。根据填充材料和分离原理的不同，液相色谱法主要可分为吸附色谱、分配色谱、凝胶色谱、离子色谱四大类。

2. 质谱法的基本原理

质谱法的基本原理是通过分析离子化样品的质荷比来实现对被测化合物定性定量分析。当被检测样品进入质谱仪后，在质谱仪离子源中，化合物被离子轰击，电离成分子离子和碎片离子，这些离子在质量分析器中，由于质荷比不同，其运动轨迹也不同，通过电子倍增管检测放大的信号传入显示器，展现出一幅完整的质谱图。一般质谱图的横坐标是质荷比，纵坐标为离子的强度。离子的绝对强度取决于样品量和仪器的灵敏度；离子的相对强度与样品分子结构有关。同一样品，在一定的电离条件下得到的质谱图是相同的，这是质谱图进行有机物定性分析的基础。MS 由于是在 EI 方式下电离，任何公司生产的仪器都可以获得很好的质谱图重现，因此其具有了标准的图谱库，以方便科研工作者使用。液－质联用仪常用的电离源有大气压化学电离源和电喷雾电离源，若得不到可供检索的标准质谱图，则不能进行库检索定性，只能提供相对分子质量信息，可通过采用串联质谱仪获得碎片信息，用来推断化合物结构。高分辨质谱仪可以精确测定分子离子或碎片离子的质量，依靠计算机可以计算出化合物的组成，对化合物的定性很有帮助。

3. 液相色谱－质谱法原理

样品通过液相色谱分离后的各个组分依次进入质谱检测器，各组分在离子源被电离，产生带有一定电荷、质量数不同的离子。不同离子在电磁场中的运动行为不同，采用质量分析器按不同质荷比（m/z）把离子分开，得到依质荷比顺序排列的质谱图。通过对质谱图的分析处理，可以得到样品的定性和定量结果。

三、结构及组成

HPLC-MS联用仪的主要组成包括高效液相色谱仪、接口装置、质谱仪和计算机数据处理系统。

1. 高效液相色谱仪

液相色谱法是利用液体作为流动相的色谱分析法。高效液相色谱仪由高压输液系统、进样系统、分离系统、检测系统、记录系统五大部分组成。高压泵将储液器中的流动相打入系统，试样溶液经进样器进入流动相，与流动相一起进入色谱柱（固定相）内，被分离成单个组分，依次从色谱柱内流出，通过检测器。在检测器中，化学信号被转换成电信号传给记录器。记录器将各组分的浓度变化记录下来，得到色谱图，色谱图是定性、定量和评价柱效高低的依据。

1）高压输液系统

高压输液系统由溶剂储液器、高压泵、梯度洗脱装置和压力表等组成。

（1）溶剂储液器。

一般由玻璃、不锈钢或氟塑料制成，容量为1～2L，用来储存足够数量、符合要求的流动相。

（2）高压输液泵。

高压输液泵是高效液相色谱仪的关键部件，其功能是将溶剂储液器中的流动相以高压形式连续不断地送入管路系统，使样品在色谱柱中完成分离过程。由于液相色谱仪所用色谱柱径较细，所填固定相粒度很小，要达到快速高效地分离必须有很高的柱前压力，因此要求高压泵必须拥有输出压力高、流量范围大（一般分析型流量为0.1～10$mL \cdot min^{-1}$，制备型流量为50～100$mL \cdot min^{-1}$）、恒定、无脉动、精度高和重复性好等特点。同时，还应具有较好的耐腐蚀和密封性能。

高压泵一般由不锈钢、四氟乙烯和精密陶瓷制成，按其性质可分为恒压泵和恒流泵两类。恒压泵能保持恒定的输出压力，而流量随外界阻力变化而变化，如果系统阻力不发生变化，恒压泵就能提供恒定的流量。恒流泵是能提供恒定流量的泵，其流量与流动相的黏度和柱渗透无关，按结构可分为螺旋泵和往复泵，往复泵又分为柱塞往复泵和隔膜往复泵。目前使用比较广泛的是柱塞往复泵，其缸体内的柱塞向前运动，液体输出流向色谱柱，向后运动，又将储液瓶中的流动相吸入缸体，前后往复运动，将流动相源源不断地输送到色谱柱中。其优点是流量不受柱阻影响且可调节，死体积小，容易清洗及更换流动相，适用于梯度洗脱。缺点是输液有脉冲波动，影响示差折光检测器等的检测灵敏度。

（3）梯度洗脱装置。

梯度洗脱是在分离过程中改变流动相的组成和配比，使两种或两种以上不同极性的溶剂按一定程序连续改变它们之间的比例，从而使流动相的强度、极性、pH 值或离子强度相应地变化，达到提高分离效果、缩短分析时间的目的。梯度洗脱分为高压梯度洗脱和低压梯度洗脱两类。高压梯度洗脱是利用两台高压泵将溶剂增压，输入梯度混合室混合后送入色谱柱；低压梯度洗脱是流动相在常温常压下混合，再用高压泵送入色谱柱。

根据分离要求，试样组分的容量因子范围应控制在 1～10。梯度洗脱的实质是通过不断地变化流动相的强度，来调整混合样品中各组分的 *K* 值，使所有谱带都以最佳平均 *K* 值通过色谱柱。它在液相色谱中所起的作用相当于气相色谱中的程序升温，所不同的是，在梯度洗脱中溶质 *K* 值的变化是通过溶质的极性、pH 值和离子强度来实现的，而不是靠改变温度（温度程序）来实现的。

2）进样系统

进样系统包括进样口、注射器和进样阀等，它使待测样品有效地进入色谱柱进行分离。一般要求密封好、死体积小、重复性好，同时进样时尽量不引起系统压力和流量的波动。

3）分离系统

分离系统包括色谱柱、柱温箱和连接管等部件。色谱柱是高效液相色谱仪的核心，按规格可分为分析型和制备型两类。分析型柱又可分为常量柱、半微量柱、毛细管柱。柱形多为直形，通常由柱管与固定相组成。柱管一般由内部抛光、内径为 2～6mm、长为 10～50cm 的不锈钢制成。固定相以微粒状充满柱管内部，其性能和装柱技术决定了色谱柱的柱效。减小填料颗粒直径可提高柱效、缩短柱长、加快分析速度。柱温一般为室温或接近室温。

4）检测系统

检测器是检测系统的主要组成部分，将经过色谱柱分离后的各组分转变为易于测量的电信号，进行定性与定量。一般要求检测器灵敏度高、重复性好、线性范围宽、死体积小以及对温度和流量的变化不敏感等。

液相色谱检测器可分为两类：一类是溶质性检测器，即仅对被分离组分的物理或化学特性有响应，如紫外、荧光、电化学检测器等；另一类是总体检测器，即对试样和洗脱液总的物理和化学性质有响应，如示差折光检测器等。

5）记录系统

记录系统包括放大器、记录仪和数据处理系统。它既对色谱数据进行自动处理，又对色谱系统的参数进行控制。

2. 液相色谱－质谱联用仪（LC-MS）接口装置

液相色谱－质谱联用仪（LC-MS）的接口装置有传送装置、粒子束接口、热喷雾接口和大气压电离源。目前，大气压电离源几乎用于所有液相色谱－质谱联用仪的接口装置和离子源。大气压电离源包括电喷雾电离源（ESI）和大气压化学电离源（APCI）两种，二者之中电喷雾源应用最为广泛。

1）传送装置

传送装置是最早的商业化接口装置。它是将被高效液相色谱分离的待测样品附着在可移动的输送带或金属丝上穿过溶剂蒸发器，样品溶剂迅速挥发、排空后，进入真空度为 $(1\sim5)\times10^2$Pa、50Pa 和 0.5Pa 的多级真空梯度带，进一步去除样品溶剂残留，最后热解析进入离子源离子化。

2）粒子束接口

粒子束接口是将高效液相色谱分离的待测样品在常压下借助雾化气生成气溶胶，气溶胶扩展进入热去溶剂室，在适度真空下蒸发去除残余溶剂，待测分子在动量分离器与溶剂分离、浓缩富集，释放出气态待测分子后，进入离子源离子化。

粒子束接口最大的优点是可以获得像气质一样且可用谱图库检索的 EI 谱图，可像气质一样利用谱图库进行检索，但其与气溶胶的均匀性密切相关，因为气溶胶的颗粒大小越均匀，粒子束接口动量分离器的分离浓缩富集效果越好。但其存在检出限低、线性差、响应范围窄以及即使两种化合物协同洗脱也会对响应产生不可预测的效应等不足。

3）热喷雾接口

热喷雾接口是利用电阻加热毛细管蒸发器，实现加热高效液相色谱分离的待测样品。使其在毛细管的出口端形成小于 $1\times10^{-6}\mu m$ 的气溶胶，并直接扩展进入加热的离子化室。在大约 1000Pa 的压力环境下离子化，产生正离子或负离子。但为了去除引入 MS 系统流量高达 $2mL\cdot min^{-1}$ 的含水溶剂，需有一个容量非常大的抽气系统。

4）电喷雾电离源

在电喷雾电离源中，毛细管末端与围绕毛细管的圆筒状电极间的电压为 2～6kV。1～$10\mu L\cdot min^{-1}$ 经液相色谱分离的待测样品溶液进入离子源后，在大气压条件下，在雾化气作用下形成气溶胶。这些气溶胶颗粒表面电荷密度较高，同时因气溶胶溶剂在强电场（$>100V/cm^2$）中被干燥气体干燥蒸发，导致颗粒表面的电荷密度增加。当电荷密度达到稳定限时，此时静电场排斥力大于表面张力，使气溶胶液滴变得更细小，这种静电排斥过程不断重复，液滴变得越来越细小，最后使样品离子化而进入质量分析器。电喷雾电离源通常与四极质量分析器或傅里叶变换离子回旋共振仪联用。

由于电喷雾是一种很“软”的电离技术，对于分子质量在 1000u 以下的小分子，除少量化合物生成双电荷离子外，通常生成单电荷离子；极性大分子常常生成多电荷离子，一般很少或没有碎片产生，因此，谱图中只有准分子离子。同时，由于某些化合物易受到溶液中存在的离子的影响，形成加合离子，常见的有 $(M+NH)^+$、$(M+Na)^+$ 及 $(M+K)^+$ 等，这些离子所带电荷数目取决于被分析化合物的结构和溶剂。在不同 pH 值的溶液中，酸性化合物分子因生成去质子化离子 $(M-H)^-$ 而形成负离子，碱性化合物分子因生成质子化的分子（M+H）$^+$而形成正离子。因此，利用电喷雾电离源既可以分析小分子，又可以分析大分子。同时，根据分析离子的极性可以选用正或负离子模式。

5）大气压化学电离源

大气压化学电离的工作原理是施加6000V高压的电晕放电针产生自由电子轰击空气中的氮气、氧气和水等，形成N_2^+、O_2^+、H_3O^+等初级离子。初级离子与溶剂分子，如甲醇、水等发生离子交换，形成$CH_3OH_2^+$、H_3O^+等离子，继续与样品分子进行质子或电子交换而使其离子化。交换反应如下：

质子交换：$BH^+ + M^- \longrightarrow MH^+ + B$ 或 $B^- + MH \longrightarrow M^- + BH$

电子交换：$B^+ + M \longrightarrow M^+ + B$ 或 $B^- + M^- \longrightarrow M^- + B$

大气压化学电离也是软电离技术，特点是只产生单电荷峰，适合测定质量数小于2000u的弱极性的小分子化合物；适合高流量的梯度洗脱、高低水溶液变化的流动相；适合分析热稳定化合物，通过调节离子源电压控制离子的碎裂。

大气压化学电离源（ESI）与电喷雾电离源（APCI）的区别在于：

（1）电离机理：电喷雾电离采用离子蒸发，而大气压化学电离则是增加了一根电晕放电针，利用高压放电发射自由电子，导致质子转移而生成［M+H］$^+$或［M−H］$^-$。

（2）样品流速：APCI通过加热雾化气，增加流动相的挥发速度，可以使用含水量较多的流动相，从而拓宽了流速范围，可达0.2～2mL·min^{-1}；而ESI允许流量相对较小，一般为0.2～1mL·min^{-1}。

（3）产生电荷：APCI仅能生成单电荷离子，而ESI不仅能生成单电荷离子，也能生成多电荷离子。

（4）适用范围：APCI的探头处于高温，可分解热不稳定的化合物，适合分析弱极性化合物；而ESI既可测定热不稳定的极性化合物，也可分析极性大的小分子和生物大分子及其他相对分子质量大的化合物。

3. 质谱仪部分

LC－MS联用仪的质量分析器有很多种，最常用的是四极杆分析器，其次是离子阱分析器和飞行时间分析器。其工作原理与气质基本相同，此处不再赘述。

1）串联质谱法

LC－MS主要提供相对分子质量信息。为了增加结构信息，需要用到串联质谱。串联质谱法可以分为两类：空间串联和时间串联。空间串联是利用质谱在空间中的顺序，即有两个以上的质量分析器联合使用，两个分析器中间有一个碰撞活化室，其目的是将前级质谱仪选定的离子打碎，由后一级质谱仪分析。而时间串联质谱仪是利用了一个质谱仪时间顺序上的离子储存能力，由具有存储离子的分析器组成，即由一个分析器前一时刻选定一离子，在分析器内打碎后再进行分析。

（1）串联质谱的主要串联方式。

质谱的串联方式有很多，既有空间串联型，又有时间串联型。如果用Q表示四极杆，

B 表示扇形磁场，E 表示扇形电场，TOF 表示飞行时间分析器，那么串联质谱的主要方式有：

①空间串联：四极杆串联、磁扇形串联、混合型串联（BE-Q、Q-TOF、EBE-TOF）等。

②时间串联：离子阱质谱仪、回旋共振质谱仪。

无论是哪种方式的串联，都必须有碰撞诱导/活化室，从第一级质谱分离出来的特定离子，经过碰撞活化后，再经过第二级质谱进行质量分析，以便取得更多的信息。

（2）碰撞诱导/活化分解。

利用电喷雾、快原子轰击等软电离技术作为离子源时，得到的质谱主要是准分子离子峰，碎片离子很少。为了得到更多的信息，在串联质谱中采用碰撞诱导/活化分解技术把离子“打碎”，即在磁场和电场间加碰撞诱导/活化室，人为地使离子碎裂后，设法检测其子离子、母离子，进而得到结构信息。

碰撞诱导/活化分解在碰撞室内进行。选择一定质量的离子作为母离子，带有一定能量进入碰撞室后，与室内靶子反应气体（N_2、He、Ar、Xe、CH_4等）的分子或原子发生碰撞，发生离子－分子碰撞反应，使母离子某些化学键断裂和发生一些特定的分子结构重排，从而产生子离子。因此，为了使离子碰撞碎裂，必须使离子具有一定的动能，对于磁式质谱仪，离子加速电压可以超过 1000V，而对于四极杆、离子阱等，加速电压不超过 100V，前者称为高能碰撞活化分解，后者称为低能碰撞诱导分解。二者得到的子离子谱存在差异，但由于大气压电离技术中产生的离子为偶数电子离子，其主要的碎片由化学键的诱导断裂和重排反应来产生，因此在 EI 质谱解析中的偶数电子离子的开裂规则一般可适用于碰撞诱导分解质谱的解释。同时，由于不同的仪器不可能在完全相同的条件下分析样品，任何一个给定的化合物将在不同的条件下得到差别或大或小的质谱，尤其是各个离子峰的相对丰度的差别是无法避免的，因而目前尚未建立商品化的谱库供检索使用，只能进行人工解析或自己建立谱库。影响碰撞诱导分解质谱的因素主要有：①所用碰撞气体的种类、压力；②离子的能量、离子电荷状态；③仪器的配置等。

2）常用串联质谱仪

（1）三重四极质谱仪。

三重四极质谱仪属于空间串联，由三组四极杆组成。第一组四极杆用于质量分离，第二组四极杆用于碰撞诱导/活化分解，第三组四极杆用于质量分离。其主要工作方式有四种：第一种为子离子扫描方式，由第一组四极杆选定质量，经碰撞诱导/活化分裂后，由第三组四极杆扫描获得子离子谱；第二种为母离子扫描方式，由第三组四极杆选定一个子离子，第一组四极杆扫描，获得母离子谱；第三种为中性丢失谱扫描方式，由第一组四极杆和第三组四极杆同时扫描，只是两者始终保持恒定的质量差（即中性丢失质量），只有满足质量相差恒定的离子才能被检测；第四种为多离子反应监测方式，由第一组四极杆选择一个或几个特定离子，经碰撞诱导/活化分裂后，由其子离子中选出一特定离子，只有同时满足第一组四极杆和第三组四极杆选定的一对离子时，才产生信号。多离子反应监测方式的益处是增加了选择性，即便是两个质量相同的离子同时通过了第一组四极杆，仍可以依靠其不同的子离子将其分开，适于从很多复杂的体系中选择某特定质量，常用于微小成分的定量分析。

三重四极质谱仪可以方便地改变离子的动能，因此其扫描速度快，体积小，常作为台式仪器进入常规实验室，但其缺点是质量范围及分辨率有限，只能做到单位质量分辨，不能进行高分辨测定。

（2）离子阱质谱仪。

离子阱质谱仪属于时间串联型，其工作分为四个阶段：第一阶段，打开电子门，设置基础电压在低质量的截止值，阱集所有的离子，利用辅助射频电压抛射掉所有高于母离子的离子；第二阶段，增加基频电压，抛射掉所有低于母离子的离子以阱集即将碰撞活化的离子；第三阶段，利用加在端电极上的辅助射频电压激发母离子，使其与阱内本底气体碰撞；第四阶段，扫描基频电压，抛射并接收所有碰撞诱导分裂的子离子，获得子离子谱。因此，可以进行多级质谱分析从而获得多级子离子谱。若利用计算机处理软件，还可以提供母离子谱、中性丢失谱和多反应监测（MRM）。

（3）傅里叶变换质谱仪。

傅里叶变换质谱仪首先利用快速扫频脉冲的选择性，选择留下母离子而将其他离子激发并抛射到接收极，然后激发母离子，使其运动半径增大但不与接收极相撞，母离子在室内与本底气体或碰撞气体碰撞，产生子离子，改变射频频率接收子离子，获得子离子谱。还可继续从子离子中选一个子离子再做其子离子谱。由于离子损失很少，因此可以做到5～6级子离子谱。

四、安装调试和校准

1. 校准条件

1）实验室环境要求

（1）仪器室内不得有强烈的机械振动和电磁干扰，不得存放与实验无关的易燃、易爆和强腐蚀性气体或试剂。

（2）实验室温度为20～30℃，相对湿度≤70%。

2）校准设备及标准物质

（1）利血平－70%乙腈水溶液：10.0pg·μL；

（2）氯霉素－70%乙腈水溶液：10.0pg·μL^{-1}；

（3）碘化铯钠－异丙醇水溶液：2μg·μL^{-1}碘化钠、50ng·μL^{-1}碘化铯溶于50%异丙醇水溶液；

（4）微量注射器：10μL，分度为0.1μL。

2. 校准项目和校准方法

1）外观检查

仪器铭牌上标示仪器的名称、型号、制造厂名、产品序列号、出厂日期等内容。

2）分辨力

待仪器运行稳定后，根据仪器说明书的推荐条件设置参数，设扫描范围 m/z 为 606～612，直接注入（是指流动注射方式，或者使用液相色谱系统的进样器将样品不经色谱柱直接注入离子源的方式）或者经色谱柱注入 5ng 利血平。观察质谱图，记录 m/z 609 质谱峰，并计算其 50% 峰高处的峰宽，得到 $W_{1/2}$ 作为分辨力的结果。

3）信噪比

根据液相色谱条件并优化质谱条件，将检测离子的 m/z 设为表 3－3－1 中特征离子的 m/z，经色谱柱注入相应量的利血平。观察色谱图，记录其色谱峰峰高 H_s。同时记录信号峰后 1～3min 内的基线输出信号的最大值与最小值之差，作为 H_n。根据公式（3－3－1）计算信噪比 S/N，连续测量 6 次，以 6 次测量 S/N 的平均值作为信噪比的结果。

$$S/N = H_s/H_n \qquad (3-3-1)$$

式中　H_s——提取离子（m/z）的色谱峰峰高；

H_n——基线噪声值。

表 3－3－1　信噪比测量条件

仪器类型	电离模式	进样量/pg	特征离子的 m/z
三重四极杆	ESI +	50	609（母离子）→195（子离子）
单四级杆、离子阱	ESI +	500	609
三重四极杆	ESI －	500	607
三重四极杆	APCI +	50	609
单四级杆、离子阱	ESI －	500	607
单四级杆、离子阱	APCI +	500	609

4）质量准确性

根据表 3－3－2 和 LC－MS 质量数应用范围，选用相应的标准物质或试剂，将扫描范围设为表 3－3－2 中相应特征离子理论值 ±5 的范围（例如对于咖啡因，设 m/z 为 190～200），直接注入相应量的标准物质或试剂。观察质谱图，记录特征离子的实测质量数（有效数字取小数点后两位）。根据公式（3－3－2）计算 ΔM，以 ΔM 的最大值作为质量准确性的结果。

$$\Delta M = | M_{i测} - M_{i理} | \qquad (3-3-2)$$

式中　$M_{i测}$——第 i 个离子的质量数测量值，u；

$M_{i理}$——第 i 个离子的质量数理论值，u。

表 3-3-2 质量准确性的测量条件和特征离子理论值

LC-MS 质量数应用范围/u	标准物质或试剂	进样量/ng	特征离子理论值 m/z
质量数不大于 1000	咖啡因	5	195.09
	黄体酮	10	315.23
	利血平	10	609.28
质量数大于 1000	PPG2000、PPG1000、PPG450 混合液	50	59.05
			175.13
			616.46
			906.67
			1254.93
			1545.13*
			2010.47*
			2242.64*

*可选的检测离子。

五、操作和使用

1. 开机

（1）打开电脑，输入用户名“waters”、密码“waters”进入 Windows 7 的桌面。

（2）打开液相各个模块的电源（没有顺序）。

（3）打开氮气发生器的电源（或液氮瓶的开关），确证压力指示在 100psi 或 0.7MPa；打开氩气减压阀确证压力指示在 7psi 或 0.05MPa（如果是 HDMS，还需要打开氦气减压阀确证压力指示在 7psi）。

（4）打开质谱电源开关（在质谱背面板右侧位置有四个黑色的可以上下搬动的开关，按照从下向上的顺序依次将这四个开关搬到向上的位置）。

（5）等待 5min（或是进入桌面的 hyperterminal 文件夹，双击其中的 hypertrm 图标，在 name 处输入 epc 并点击 OK，接着在弹出窗口中的 Connectusing 中选择 com1 并点击 OK，在弹出的窗口中将 Bitspersecond 设为 9600 并点击 OK，在弹出的窗口中直至出现 Doneexecutingstartupscript 'script.txt'的信息，表明质谱启动完毕）。

（6）双击桌面上的 MasslynxV4.1 图标，打开 Masslynx 软件，等待在 Masslynx 的主窗口状态栏中部偏右的位置出现“NotScanning”的信息；

（7）打开 MSConsole 窗口，左边栏依次选中 SynaptG2/QTOF/Intellistart，在右侧窗口中点击 operate 快捷图标。注意：在点击 operate 图标后应该能听到外置真空泵发出很大的噪声，随后声音逐渐变小。

（8）打开 MStune 窗口，单击氩气的控制开关，使氩气关闭，然后等待直至右下角红色的方块变为绿色，表明仪器可以工作了。注意：通常这个过程需要 7~8h，长时间不用则需要两天左右；也可以从 MStune/View/Vacuum 中观察真空度的变化，当 TOF 位置的真空度小于 1.2×10^{-6}时，右下角红色方块会变成绿色。

（9）开机结束。

2. 每天开始试验流程

（1）打开 MStune 窗口，点击右下角 operate 图标，右侧方块变绿色后仪器可以使用。

（2）在 InletMethod 窗口中编辑液相方法并保存。

（3）在 InletMethod 窗口中，使用 StartupSystem 功能平衡液相系统。

（4）在 MStune 窗口中设置质谱的参数，主要是 MStune/ESI 界面中的各种电压、气体和温度。

（5）在 MSConsole/SynaptG2/Intellistart 窗口中完成 Createcalibration 和 LockspraySetup 两项内容，结果均应为 Pass。注意：①CreateCalibration，在温度恒定的前提下一个星期做一次，若温度波动大，则测试样品前做一次；②LockSpraySourceSetup，2～3 天校一次；③DetectorSetup，第一年一个月做一次，2500～4000V，以保证灵敏度，若 3～4 个月未做，仪器会自动提醒并强制进行 DetectorSetup；④DetectorSetup 的 Positive 与 Negative 都是单独做，不能同时做。

（6）在 MSmethod 窗口中编辑质谱方法，确保调用最新的 Lockspray 方法和 EnableMSevent。

（7）在 Masslynx 的主界面上编辑进样序列，确保 Samplename、Msmethod、Inletmethod、BottlepositionandInjectionvolume 都选择相应的参数。

（8）点击进样按钮开始进样。

3. 重启仪器过程

（1）关闭所有的软件，并重启电脑，直至显示 Windows 桌面。

（2）在质谱背面板右侧位置有一个银色的可以上下搬动的按钮，将其搬至向下的位置（向上的位置为 Auto，向下的位置为 PumpOverride，在搬动过程中，需要将按钮向外稍微用力才可以上下搬动）。

（3）从上向下依次关闭质谱背面板右侧除了 Vacuum 位置的其他三个黑色的开关。

（4）等待 15min。

（5）从下向上依次将质谱背面板右侧除了 Vacuum 位置的其他三个黑色的开关搬到向上的位置。

（6）等待 5min（或是进入桌面的 hyperterminal 文件夹，双击其中的 hypertrm 图标，在 name 处输入 epc 并点击 OK，接着在弹出窗口中的 Connectusing 中选择 com1 并点击 OK，在弹出的窗口中将 Bitspersecond 设为 9600 并点击 OK，在弹出的窗口中直至出现 Doneexecutingstartupscript 'script. txt'的信息，表明质谱启动完毕）。

（7）双击桌面上的 MasslynxV4. 1 图标，打开 Masslynx 软件，等待在 Masslynx 的主窗口状态栏中部偏右的位置出现“NotScanning”的信息。

（8）打开 MStune 窗口，单击氩气的控制开关，使氩气关闭，看到 MStune 左下角出现

“PumpOverrideActivated”信息后，找到质谱背面板右侧位置的一个银色的可以上下搬动的按钮，将其搬至向上的位置，这时“PumpOverrideActivated”信息将会消失。

（9）点击 MStune 窗口右下角的 operate 按钮，看到右下角红色方块变成绿色后表明已完成。

（10）重启完毕。

4. 关机过程

（1）打开 MStune 窗口，点击 Vacuum/Vent，在弹出的对话框中选择 Yes。

（2）等待约 5min（在这个过程中应该能听到分子泵降速的声音，也可以观察 MStune/View/Vacuum，六个 Turbospeed 会逐渐下降，直至六个分子泵的转速均降至 5 以下，表明真空已经关闭）。

（3）关闭所有软件和电脑。注意关闭软件顺序：先关闭子程序，最后关主程序。

（4）关闭液相所有模块的电源。

（5）关闭质谱的电源（在质谱背面板右侧位置有四个黑色的可以上下搬动的开关，按照从上向下的顺序依次将这四个开关搬到向下的位置）。

（6）关闭氮气发生器的电源或是液氮罐的开关。

（7）关闭氩气减压阀（如果是 HDMS 还需要关闭氦气减压阀）。

（8）关机结束。

六、维修保养与故障排除

1. 日常维护及注意事项

（1）流动相维护：①水相，2～3 天换一次；②有机相，一般不用换。

（2）更换缓冲液后，需要重新校准体积。

（3）更换进样针后，需要重新校准针体积、针坐标并清洗泵头。

（4）样品盘更换：更换后一定要用软件设定好并传送至仪器硬件，以免进样出错。48 孔 2mL 盘，蓝色；96 孔 2mL 盘，白色。

（5）液相方法相关快捷键：方法编辑完毕并保存后，需要点击快捷栏最后一个“Load”，将方法的初始条件传送至液相，以便后续运行进样程序。

（6）注意监察使用不同流动相（有机相及是否加缓冲液等）柱压的正常范围，以便今后判断问题之所在。

（7）更换新柱子：断开所有（任何检测器），用纯甲醇或纯乙腈冲柱子 1h 以上（试剂流向 Waste）。

（8）编辑液相方法：未知样品可以先跑一个大梯度（90% 水至 100% 乙腈），然后再调整。

（9）Standby：①3～4 天不用，Source Standby；②一星期不用，Instrument Standby。

（10）MSTune 在 3～4 天不用或一星期不用时，将 Source 温度降至 60℃或 80℃。

（11）清洗离子源：①先降温，再清洗；②若不是很脏，则用50%甲醇+50%水清洗；③若很脏，清洗试剂依次为45%甲醇+45%水+10%甲酸、100%水、100%甲醇、N_2吹干。

（12）样品制备：①用流动相溶样；②用0.22μm样品过滤膜过滤；③放入Waters UPLC适用的样品瓶。

（13）色谱柱保存：①在室温条件下，如果超过四天不使用反相ACQUITY UPLC色谱柱及ACQUITY UPLC BEH Amide色谱柱，应将柱子保存在100%乙腈中；②对于高温条件下的应用，在工作结束后立即快速将色谱柱保存在100%乙腈中以延长色谱柱的使用寿命；③不要将色谱柱保存在缓冲盐流动相条件下；④如果流动相中含有缓冲盐，先用10倍柱体积的液相色谱级水冲洗色谱柱，然后换上100%乙腈保存，如果没有进行这一中间步骤而是直接换成100%乙腈将会导致缓冲盐析出。

（14）在使用时应当严格按要求操作，注意保养维护，每次使用、维护完毕后，应当详细填写使用记录

2. 常见系统故障及解决方案

常见系统故障及解决方案见表3-3-3。

表3-3-3　常见系统故障及解决方案

故　障	解决方案
No flow	①检查流动相的连接 ②查漏 ③检查泵的故障
柱压高	①检查流速、系统/柱子的设置 ②检查管路或柱子是否堵塞 ③检查泵的故障
基线不稳或漂移	①系统/柱子没平衡好，等一段时间 ②检查检测器的故障
基线噪声	①检查系统的气泡，流动相需脱气 ②检查系统/流动相是否被污染了 ③检查泵的故障
不出峰	①检查检测器和数据系统的连接 ②检查自动进样器的故障 ③检查样品在该色谱条件下的保留时间
污染/鬼峰	①清洗柱子和系统 ②检查自动进样器的故障 ③检查泵的故障

续表

故　障	解决方案
峰形不好	①检查系统是否渗漏 ②检查管路和连接处 ③检查柱效 ④检查自动进样器的故障 ⑤检查泵的故障 ⑥检查检测器的故障
保留时间不重复	①检查系统是否渗漏或有气泡 ②系统/柱子没平衡好，等一段时间 ③检查柱效 ④检查自动进样器的故障 ⑤检查泵的故障 ⑥峰面积不稳定
没有整合，峰太多	检查整合器、ISM 和数据处理系统
仪器没有控制	①检查数据线连接 ②检查系统设置 ③检查系统各个组件 ④检查整合器、ISM 和数据处理系统

第四节　核磁共振波谱仪

一、概述

1930 年，伊西多·艾萨克·拉比发现在磁场中的原子核会沿磁场方向呈正向或反向有序平行排列，而施加无线电波之后，原子核的自旋方向会发生翻转。这是人类关于原子核与磁场以及外加射频场相互作用的最早认识。由于这项研究，拉比于 1944 年获得了诺贝尔物理学奖。1946 年，费利克斯·布洛赫和爱德华·珀塞尔发现，将具有奇数个核子（包括质子和中子）的原子核置于磁场中，再施加特定频率的射频场，就会发生原子核吸收射频场能量的现象，这就是人们最初对核磁共振现象的认识，为此他们两人获得了 1952 年度诺贝尔物理学奖。

人们在发现核磁共振现象之后很快就产生了实际用途，化学家利用分子结构对氢原子周围磁场产生的影响，发展出核磁共振谱，用于解析分子结构。随着时间推移，核磁共振谱技术从最初的一维氢谱发展到一维碳谱、二维核磁共振谱等高级谱图，核磁共振技术解析分子结构的能力也越来越强，进入 20 世纪 90 年代以后，发展出了依靠核磁共振信息确定蛋白质分子三级结构的技术，使得溶液相蛋白质分子结构的精确测定成为可能。

另一方面，医学家们发现水分子中的氢原子可以产生核磁共振现象，利用这一现象可以获取人体内水分子分布的信息，从而精确绘制人体内部结构。在这一理论基础上，1969 年纽约州立大学南部医学中心的达马迪安通过测核磁共振的弛豫时间成功地将小鼠的癌细胞与正常组织细胞区分开来。在达马迪安新技术的启发下，纽约州立大学石溪分校的物理学家保罗·劳特伯尔于 1973 年开发出了基于核磁共振的成像技术（Magnetic Resonance Imaging，MRI），并且应用他的设备成功地绘制出了一个活体蛤蜊的内部结构图像。此后，MRI 技术日趋成熟，应用范围日益广泛，成为一项常规的医学检测手段，广泛应用于帕金森综合症、多发性硬化症等脑部与脊椎病变以及癌症的治疗和诊断。2003 年，保罗·劳特伯尔和英国诺丁汉大学教授彼得·曼斯菲尔德因为在核磁共振成像技术方面的贡献获得了当年度的诺贝尔生理学或医学奖。

核磁共振波谱是分子中的磁核在外磁场中吸收兆赫级（MHz）电磁辐射而产生的。该波段的电磁辐射能量很低，对分子的振动－转动能级跃迁、电子能级跃迁均无影响，仅可引起核自旋能级之间的跃迁。在强磁场作用下，自旋核因吸收射频电磁波而产生核自旋能级跃迁的现象，称为核磁共振（Nuclear Magnetic Resonance，NMR）。利用 NMR 进行有机化合物分子结构测定、定性及定量分析的方法，称为核磁共振波谱法。以^{1}H 核为研究对象获得的谱图称为氢谱(^{1}H NMR)，以^{13}C 核为研究对象获得的谱图称为碳谱（^{13}C NMR）。

自从发现核磁共振现象以来，核磁共振从理论、仪器及应用各方面都得到了长足的进步，NMR 仪器经历了两次重大的技术革命：一是脉冲傅里叶变换技术的采用，它不但极大地提高了仪器的分辨率，还使自然丰度很低的^{13}C 及^{15}N 等 NMR 信号的直接测定成为可能；二是磁体超导化的应用，因为高磁场是仪器测定获得高灵敏度和高分辨率的前提。1967 年相继提出了二维核磁共振（2D NMR）方法，从二维核磁共振谱可以了解核间的相关与偶合关系，如 C－H 与 H－H 相关谱，从而有利于复杂 NMR 谱的解析，了解更多的结构信息。如今 2D NMR 已在核磁共振实验室广泛应用，成为日常结构分析中的主要手段。

核磁共振波谱法的应用极为广泛，可概括为结构测定、物理化学研究、生物活性测定、药物研究以及物质的定性与定量分析等。

（1）对有机化合物的结构研究和测定：NMR 是光谱学方法中最重要分析检测方法。^{1}H NMR 谱可提供三方面结构信息：化学位移（化学环境）、偶合常数（核间关系）和核磁感应信号强度比（氢核分布）。通过这些信息分析，可了解质子类型（CH_3、CH_2、CH）及质子的化学环境，甚至连分子骨架、空间构型等信息也可研究确定。^{13}C－NMR 谱可给出丰富的碳骨架信息，以弥补氢谱的不足。

（2）物理化学研究：NMR 可研究氢键、分子内旋转及测定反应速率常数等。

（3）定量分析：NMR 可测定某些药物的含量及纯度检测，因仪器昂贵、使用和维护费用高昂，一般不作为日常分析之用。

二、工作原理

核磁共振波谱分析仪是对各种有机和无机物的成分、结构进行定性分析的最强有力的工具之一，有时也可进行定量分析。其工作原理是在强磁场中，原子核发生能级分裂，当吸收外来电磁辐射时，将发生核能级的跃迁，即产生所谓 NMR 现象。当外加射频场的频率与原子核自旋进动的频率相同时，射频场的能量才能够有效地被原子核吸收，为能级跃迁提供助力。因此某种特定的原子核，在给定的外加磁场中，只吸收某一特定频率射频场提供的能量，这样就形成了一个核磁共振信号。NMR 研究的对象是处于强磁场中的原子核对射频辐射的吸收。

核磁共振波谱分析仪有两大类：高分辨核磁共振谱仪和宽谱线核磁共振谱仪。前者只能测液体样品，主要用于有机分析。后者可直接测量固体样品，在物理学领域用得较多。按谱仪的工作方式可分为连续波核磁共振谱仪和傅里叶变换核磁共振谱仪。在强磁场中，某些元素的原子核和电子能量本身所具有的磁性，被分裂成两个或两个以上量子化的能级，吸收适当频率的电磁辐射后，可在所产生的磁诱导能级之间发生跃迁。在磁场中，这种带核磁性的分子或原子核吸收从低能态向高能态跃迁的两个能级差的能量，会产生共振谱，可用于测定分子中某些原子的数目、类型和相对位置。

1. 原子核自旋与核磁共振

原子核为带正电荷的近似球体。自旋量子数等于零的原子核，如^{12}C、^{16}O、^{32}S等，没有自旋现象，也不能产生核磁共振。自旋量子数不等于零的原子核，如^{1}H、^{2}H、^{3}H、^{13}C、^{14}N、^{31}P、^{19}F等，有自旋现象，可以发生核磁共振。原子核自旋产生核磁矩（μ）。在外加磁场中，原子核不但有自旋，而且还有进动，即自旋轴以固定的角度绕外加磁场方向旋转。其进动频率（υ）与外加磁场强度（H）成正比。核自旋轴与外加磁场方向的夹角是量子化的，只可能有 $2I+1$ 个数值，即只有 $2I+1$ 个能级，其中 I 是原子核的自旋量子数，其数值与原子核中的质子数和中子数有关。相邻两个能级之间的能量差都是 ΔE，当有量子能量等于 ΔE 的射频电磁波照射原子核时，原子核便吸收射频电磁波的能量，从低能级跃迁到相邻的高能级上，这种吸收称为共振吸收，即核磁共振。产生核磁共振的条件为照射到原子核上的射频电磁波的频率等于原子核进动频率。这不仅与原子核的特性有关，而且还与外加磁场强度有关。

产生核磁共振和测定原子核共振频率有两种方法：一种是固定外加磁场强度，改变射频电磁波频率（频率扫描），可以产生核磁共振，并测定共振时的频率；另一种是固定射频电磁波频率，改变外加磁场强度（磁场扫描），可以产生核磁共振，并测出共振时的外加磁场强度。在实际应用中，通常采用后者。

2. 核磁共振波谱与分子结构的关系

NMR 包含着许多与分子结构有关的信息。下面简单介绍用 NMR 谱进行分析推测分子结构的过程。

1）化学位移

前面所说的核磁共振，是将原子核孤立起来的，并假设它的周围没有电子流或其他原子核的存在。但是，在分子中，原子核的周围或附近还有电子流或其他核的存在。对于电子流来说，只要其存在，就存在一个磁场。原子核周围的电子云，在外加磁场中产生感生磁场，其磁场方向与外加磁场方向相反，致使该原子核实际受到的磁场强度变小。为了使该核产生核磁共振，必须适当增加外加磁场强度，以抵消电子云对该原子核的屏蔽作用。这种由于屏蔽作用所引起的共振使外加磁场强度的移动，被称为化学位移。屏蔽作用的大小与核外电子云密度有关，后者又与原子核的化学环境有关。化学环境不同，不同的电子云密度分别对各自的质子产生大小不同的屏蔽作用，因而不同基团的质子分别在不同的外加磁场强度下产生核磁共振，根据化学位移，可以确定原子在分子中的排布，确定分子中的功能基。

影响化学位移的主要效应如下：

（1）磁各向异性效应：由于苯环 π 电子云的影响，使处于环上方和四周的氢核的化学位移有极大差别。处于 A 区的氢核需要较高的外磁场强度才能产生共振，处于 B 区的同类核在较低的外磁场强度下就能产生共振，这就是磁各向异性效应。利用这种效应，可以测定氢核与多元环的相对位置。

（2）顺磁效应：某些离子及自由基都具有不成对电子，即具有顺磁性，它们对周围原子核的化学位移有很大的影响，其影响的大小与核和顺磁离子之间距离的 6 次方成反比，这就是顺磁效应。不少蛋白质分子的活性中心都有顺磁离子存在，因而有顺磁效应，利用该效应可以测定活性中心的结构等。

（3）化学交换效应：与 N、O、S 等原子相连的氢原子，在水溶液中常常发生质子交换，改变溶液的 pH 值可以大大改变上述质子交换的速度，从而大大改变上述质子的化学位移。以化学位移对 pH 值作图，可以得到滴定曲线。从滴定曲线可以测知大分子中同一种残基的不同解离状态，从而得知其化学环境，得到结构与功能的信息。氢键的形成，使质子交换变慢，从而使质子的化学位移增大，因而 NMR 技术是研究氢键的有力工具。

2）自旋耦合

基团之间由于核自旋磁矩的相互作用，而使一条谱线分裂成多条谱线，这种作用称为自旋耦合或自旋 - 自旋耦合。裂分共振谱线能量差，称为自旋耦合常数，用 J 表示，单位是周/s。J 是 NMR 的重要参数，如果是一维 NMR 谱，可由谱线分裂峰距直接测定 J 值。J 与 H_0 无关，与分子结构、耦合核的二面角有关。根据自旋耦合所产生的谱线的精细结构，可以了解分子中基团之间的相互关系，从而确定其相对排列位置，确定分子的空间结构。

3. 核的奥氏效应

双共振实验是同时用 2 个射频场（射频电磁波）作用于同一样品。一个称为干扰场，激发作用核，使之发生跃迁；另一个射频场用来激发观察核，使之产生共振，观察图谱中的精细结构变化，以确定作用核与观察核之间的耦合关系。如果有 2 个核在空间彼此很近，用射频电磁波对第一个核进行激发，由于能量转移而使第二个核的信号增强，这一效应称为核的奥氏效应（Nuclear Overhauser Effect，NOE）。NOE 大小与核间距的 6 次方成反比。因此，利用 NOE 可以确定间距，这对空间结构的确定十分有用。

三、结构及组成

以瑞士 Bruker（布鲁克公司）AVANCE Ⅱ 400MHz 超导核磁共振波谱仪为例，它是超屏蔽磁体，配有双射频通道、5mm 高分辨液体 BBO 正相观察宽带探头、Z 方向梯度线圈、ATM 自动调谐/匹配附件、变温单元以及数字信号处理器（图 3－4－1）。

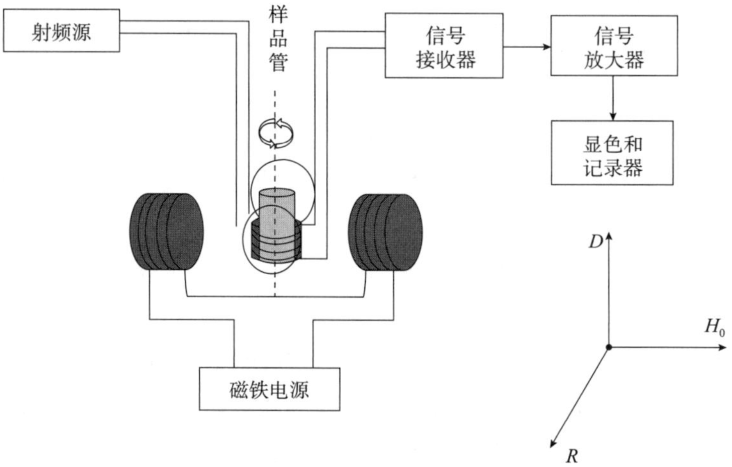

图 3－4－1　超导核磁共振波谱仪

（1）磁铁用于产生外加磁场，它分为永久磁铁、电磁铁和超导磁铁三种。前两种的磁场强度最高可以做到 2.35×10^4G，等于 100MHz（磁场强度常用 MHz 来表示）。在磁铁上有一个扫描线圈（Helmholtz 线圈），内通直流电，产生附加磁场，可实现磁场强度的连续改变，即磁场强度扫描。超导磁铁目前可高达 950MHz。兆赫数越大，磁场强度越大，仪器越灵敏，获得的图谱越简单，越容易解析。这是 CW－NMR 目前不具备的条件。

（2）射频振荡器用于产生射频波。一般情况下，连续波核磁共振仪射频频率是固定的。在测定其他核如 ^{13}C、^{15}N 时，要更换其他频率的射频振荡器。

（3）射频接收器和记录仪产生核磁共振时，射频接收器能检出被吸收的电磁波能量。此信号被放大后，用仪器记录下来就是 NMR 图谱。射频振荡器、射频接收器在样品管外面，它们互相垂直并且也与扫描线圈垂直。

（4）探头和样品管座射频线圈和射频接收线圈都在探头里。样品管座能够在压缩空气的推动下旋转，使样品受到均匀磁场的作用。

（5）计算机与显示器用于控制测试过程、数据处理和图谱存储等。

（6）核磁共振仪还可以有一些其他装置，用于不同的测试目的，扩大仪器应用，如双照射去偶装置、可变温度控制装置、异核射频振荡器、固体探头等。

四、操作和使用

1. 放置样品

首先要有足够的样品量，一般 300 兆核磁共振测氢谱需 2～10mg，500 兆核磁共振测氢谱需 0.5mg 以上，碳谱需要的样品量更大。选择适合核磁共振的溶液，使样品完全溶解。如果用 5mm 的核磁管，氘代试剂的量要使液面高度在 3cm 以上。然后核磁管插入转子放入量尺量深到底；若溶液高度不能盖满量尺的黑色标线，可稍提核磁管，使溶液中间位置与量尺中间刻度一致。将带有转子的核磁管小心地放入充满气流的磁铁入口，在软件命令栏输入“ij”，然后按“enter”，让转子进入探头内部。核磁管的旋转可以消除磁场在 X、Y 方向的不均匀度，提高分辨率。

2. 核磁共振锁场

按锁场钮，利用氘代试剂的氘信号，使锁场单元工作，锁住磁场。锁场的目的是使磁场稳定。

3. 核磁共振调节匀场

在操作键盘上标有 X、Y、Z、XY、X2 - Y2 和 Z3 等字母，表示一阶、二阶、三阶的不同方向磁场的均匀度。调节匀场时，一般先调节 Z1、Z2、Z3 和 Z4，然后调节 X、Y 方向。匀场的目的是找到各方向之间配合的最佳位置。另外，各高阶按钮在仪器验收时已经调好，平时不要随便调试，否则一旦调乱，很难找到最佳配合。

4. 核磁共振探头调谐

为了获得最高的灵敏度，要进行探头调谐。通过反复地调谐和匹配，使接收到的功率最大，反射的功率最小。

5. 设置参数

（1）测试参数文件：一般仪器出厂时已经设置好一些常用测试方法的参数，只要调用文件就可以利用这些参数测试。

（2）观察核：所要测试的原子核。

（3）照射核：观察通道测试时去耦照射的原子核。

（4）共振频率：磁场强度一定，不同原子核的共振频率不同。

（5）数据点：表示图谱曲线的二进制点。

（6）谱宽：所观察谱的频带宽。

（7）脉冲宽带：照射脉冲持续的时间，一般为微秒。照射脉冲持续时间越长，磁化矢量的倾角越大，得到的信号越大，但等待弛豫的时间也延长。一般 45°～60°脉冲的弛豫时间较短，在单位时间内累加次数增多，信号增长较快。

（8）照射功率：照射脉冲强度。

（9）接收增益：接收信号放大倍数。信号放大提高了灵敏度，但是放大倍数过大会产生过饱和使信号变形，不同浓度的样品要设置相应的接收增益。

（10）累加次数：设置总累加次数。如果使用的探头不是梯度场的，累加次数应为4的整数倍，否则有可能产生干扰峰。

6. 数据的采集与处理

输入采集命令即可开始采样。采样结果为FID信号，即时域谱，经傅里叶变换，将时域谱变成频域谱，然后进行相位纠正使峰型对称，基线校正使基线平滑，域值线以上的峰标出化学位移，予以积分（注意区分溶剂峰及杂质峰）。

以2D NMR法测定蛋白质分子构象为例，用2D NMR与计算机模拟相结合，测定蛋白质分子在溶液中的空间结构，步骤如下：

（1）对溶液中的蛋白质分子做一系列的二维核磁共振实验，得到各种2D NMR谱，如在重水中进行测试，需选择最适宜的温度、pH值等实验条件。

（2）根据20种氨基酸的质子自旋体系的特征，从2D NMR谱上确定每一个质子自旋体系属于哪一种氨基酸。

（3）按照氨基酸残基序列识别共振峰。首先在COSY谱上识别某一氨基酸残基相对应的共振峰，作为序列识别的起始点，然后综合应用COSY谱与NOESY谱，沿着多肽链序列，一个一个地识别出各个氨基酸残基的共振峰。

（4）测定蛋白质分子中的规则二级结构，并确定其在多肽链上的确切位置。可以采用以下三种方法。

①根据NOESY谱的交叉峰强度估测$^{1}H-{}^{1}H$的核间距，然后，由$^{1}H-{}^{1}H$的距离确定多肽链上的规则二级结构。

②通过相敏DQF COSY谱，精确测定多肽链上各个氨基酸残基的自旋耦合常数，然后根据各个残基的自旋耦合常数推测多肽链上的规则二级结构。

③水中做NMR，测定酰胺质子交换速率（K_m），以K_m对氨基酸残基序列作图，由此确定多肽链上的规则二级结构。

（5）两个核之间奥氏效应（NOE）的大小与核间的6次方成反比。根据上述NOE关系得到质子之间距离限制的信息，将此信息和规则二级结构构件以及其他NMR数据，按特定的程序输入计算机，运用距离几何学构建蛋白质分子三维结构的粗模型。

（6）用能量优化法或分子动力学方法，对上述模型进行结构修正。至此，完成了蛋白质分子三维结构的测定。

五、维护保养与故障排除

1. 维护保养

1）定期加注液氦和液氮

对NMR波谱仪维护的首要目的是维持磁体的超导性，因而需要维护者定期加注液氦、液氮。与液氦相比，液氮产量高、价格低廉，因此需要通过加注液氮来减缓液氦的挥发速度，一般液氮的加注周期为一到两周，液氦的加注周期为三个月到六个月，根据不同型号的 NMR 磁体加注周期略有不同。

仪器维护者需要经常读取液氦及液氮量来判断是否需要及时加注。如果没有及时加注液氮会导致液氦挥发速度加快，严重的会使磁体失去超导性能。因此，每天观察和记录液氦、液氮的量非常重要，这是保证仪器正常运行的关键环节。

2）防止铁磁性物体接近磁体

假如铁磁性物体（电梯、汽车、钢瓶、手推车、手表、磁卡、心脏起搏器等）在磁体高斯线附近移动切割磁力线，就容易使超导磁体内的电磁能迅速转化为热能，磁体温度升高，导致液氦迅速挥发，最终磁体失去超导性能（失超）。失超过程会给磁体带来潜在危害，如温度过高会烧坏磁体、层间电压过高会击穿绝缘材料、电流增长过大会导致机械损坏等。因此应避免铁磁性物体接近磁体以免遭到不可修复的损伤。

3）NMR 波谱仪辅助设备

实验室配备了 UPS、集中供气系统、除湿机以及空调。为了维持辅助设备的使用寿命，特别是集中供气系统的空压机房间同样需要严格控制温湿度。另外，需要定期检查并确保集中供气系统密封完好，防止漏气导致的空压机组短时间内连续打气影响系统寿命。

2. NMR 波谱仪测试常见问题探讨

1）进样系统的操作

没有开通气流进样是测试者的常见错误，由于某些核磁共振波谱仪没有配备自动进样器，测试者必须开气后才能进样。因为转子没有气流托住会直接落至探头中，极易折断核磁管导致样品溶液污染探头，这种损害往往不可恢复。而对于其他核磁共振波谱仪，因配备了自动进样器，可直接将样品放在事先编好的位置，仪器根据测试者输入的样品信息和测试项目可自动完成相关测试。

2）无法锁场、匀场

如果样品无法正常锁场、匀场，其原因可能有以下几种：①核磁管液体部分没有放置在量规的虚线框中央；②样品太稀或太浓；③DMSO 溶剂低温时凝固；④谱仪和工作站连接失常；⑤没有读取最新的匀场文件等。

初用者最容易犯的错误是核磁管液体部分没有放置在量规的虚线框中央，这时场信号会很差，以致无法测试。有些样品由于溶解性不好导致浓度稀而无法锁场，当室温较低时 DMSO 溶剂容易凝固，可以用吹风机或者升高核磁探头温度使溶剂熔融，当谱仪与工作站断开连接时，只需要按照程序重新启动谱仪和工作站即可。

3）样品无法吹出

测试时如果发现样品无法吹出，首先应检查各个气压表读数，检查压力是否正常。如果压缩空气没问题，很可能是样品转子卡在探头中，这时可以将探头的固定螺丝拧开让探头下沉约 5cm，然后重新安装再吹一次，便可吹出。

4）低温实验达不到预设温度

如果预设温度为 30℃左右甚至更低，则可以将低温单元功率调至最大，同时适当增大保护氮气流量，这样可以大大缩短达到预设温度的时间从而缩短测试时间。

5）核磁管无法旋转

样品旋转时场值更高、谱图分辨率更好，这是因为样品旋转起来可以使磁场的不均匀性被平均化并减小化学各向异性。如果测试中发现样品无法旋转，其原因可能是核磁管材质不均匀、气流明显不足等。

6）固体核磁管无法高速旋转

固体核磁的样品是固体粉末，没有液体核磁样品的均一性好，因此固体核磁必须通过高速角旋转来改善这一问题。对于固体核磁而言，待测样品制备是首要环节。装样前必须要将固体样品研细或切碎，保证装入样品管中的固体匀、实、满，这样样品管才能在磁体内稳定、高速地旋转。

7）匀场过程中的几个问题

（1）换上样品后找不到氘信号，这种情况一般是由于样品的溶剂发生了变化。

（2）锁场电平不稳。如果锁场线呈现出无规则的大起大落，问题大都源于锁场功率太大而导致锁场信号饱和。

（3）测得的信号表明场并不均匀，但锁场电平却难以提高。首先检查锁场相位是否准确，如果问题不是出在锁场相位，则可尝试大幅度地调整某一旋钮，有意识地使匀场电平降低，然后再调整其他旋钮。

8）一维实验中的问题

（1）谱中无任何信号。产生这种现象的主要原因是硬、软件出现故障，参数设置不对，探头调谐不好等。

（2）谱的基线不平。这种现象常常出现在谱的信噪比很差时，对所有核都有可能出现。

（3）90°脉冲测不准。对于^{1}H 谱，一般不会有这种情况。有两种情况容易造成90°脉冲测不准，一种情况是溶剂峰很强时，另一种情况是所观测的信号弛豫时间特别长时。

9）二维实验中的问题

（1）t 噪声。由于在二维实验中不能随意地将90°脉冲换成小角度，所以解决这个问题只能延长脉冲序列前的弛豫等待时间。

（2）二维谱中出现反对角线峰。主要原因是90°脉冲不准及相位循环不完全。

10）定量实验中的问题

（1）积分精度低。因信号的积分受到众多因素的影响，不可能有很高的精度。如在对简单谱积分时，积分为1、0.9 甚至0.85 的峰都有可能代表1 个质子。

（2）弛豫时间测不准。对于高浓度的样品进行弛豫时间测定时，应采用饱和恢复法将磁化强度饱和，使辐射阻尼在磁化强度的恢复期间不产生作用，然后在数据处理时采用积分数据而不要使用强度数据。

11）仪器故障及排除

（1）故障现象。

在仪器正常工作时，有时在 HHD、BSV 单元内的继电器会发出断续声响，SCM 单元的蜂鸣器也有声响，这时脉冲停发，整个谱仪处于混乱状态。如将整机关机，有时能恢复正常，有时则要多次关、开机才能正常工作。此故障出现频率无规律。

（2）故障分析与排除。

发生故障时，根据维护要求只能立即关机，所以一时难以检测。若多次重拷软件及构型无效，可确定此故障不是由软件造成的，而可能是由电源引起的。观察故障发生时市电与谱仪之间的稳压电源是否有异常声响。若换了稳压电源后故障照旧，则可断定谱仪内部的直流电源有问题。但谱仪内直流电源众多，而且一个单元内的电源有的是自己产生的，有的是从别的单元来的，还有的是两者兼而有之，所以不易判断是哪个单元的哪个电源出了问题。从故障的现象来看，引起继电器乱发声响及蜂鸣器声响等，由操作台内的电源引起故障的可能性最大。这是因为有故障现象的单元均用到操作台内的电源。

然而，操作台内的 13 个电源都没有过流、过压、过热等指示灯，如用一般的方法，则要对这些电源逐一检查，既费时又费力。现介绍一个省时省力且行之有效的方法：利用每个电源有自己对应的电压指示灯的条件，关掉实验室的照明灯，细致观察当故障产生时的各电压指示灯的亮度变化，如果电压指示灯亮度变暗、不稳或有闪烁，则基本可判定对应电源有问题。关掉室内照明灯，有助于直接观察电压指示灯的细微变化。

第五节　差热–热重分析仪

一、概述

热分析技术是在程序温度（等速升温、等速降温、恒温或步级升温等）控制下测量物质的物理性质随温度的变化，用于研究物质在某特定温度时所发生的热学、力学、声学、光学、电学、磁学等物理参数的变化。由此进一步研究物质的结构和性能之间的关系，研究反应规律、制订工艺条件等。

最早发现的一种热分析现象是热失重，由英国人 Edgwood 在 1786 年研究陶瓷黏土时首先观察到的，他注意到加热陶瓷黏土到达暗红色时有明显的失重，而在其前后的失重都极小。1887 年法国的 Le Chatelier 使用了热电偶测量温度的方法，通过对试样进行升温或降温来研究鞍土类矿物的热性能，获得了一系列黏土样品的升、降温曲线，并根据这些曲线去鉴定一些矿物样品。此外他使用了高纯度物质（如水、硫、硒金等）作为标准物质来标定温度，为了提高仪器的灵敏度，以便观察黏土在某特定温度时的吸热或放热现象，他采用了分别测量试样温度与参比物温度之差的差示法读得数据，第一次发表了最原始的差热曲线，为此人们认为他是差热分析技术的创始人。随着电子技术的发展，特别是近代半导体器件、电子计算机技术和微处理机的发展，自动记录、信号放大、程序温度控制和数据处理等智能化方面有了很大的改进和提高，使仪器的精度、重复性、分辨力和自动数据处理装置大为改善和提高，操作也越来越方便，推动了热分析技术逐步向纵深方向发展。

热重分析法可以研究晶体性质的变化，如熔化、蒸发、升华和吸附等物理现象，还可以研究物质的热稳定性、分解过程、脱水、解离、氧化、还原、成分的定量分析、添加剂与填充剂影响、水分与挥发物、反应动力学等化学现象。热重法的重要特点是定量性强，能准确地测量物质的质量变化及变化的速率，可以说，只要物质受热时发生质量的变化，就可以用热重法来研究其变化过程。该方法已广泛应用于塑料、橡胶、涂料、药品、催化剂、无机材料、金属材料与复合材料等各领域的研究开发、工艺优化与质量监控。

差热－热重分析仪特点：炉子体积小、重量轻；炉子的热容量小，升降温速率快，炉温控制精度高；采样过程全智能化，能实时灵敏准确反应样品特性；配备数据采样、数据处理（台阶处理、温度校正）、数据输出功能的全方位智能软件包；对采样基线可以进行优化校正；配备双路气氛控制单元，可稳定切换气氛；天平采用下皿式结构，在国内同类仪器中灵敏度高；采用自主研发的专用温度控制软件，方便、准确地实行温度控制；微电脑控制自动调零去皮；用户可方便地对仪器进行仪器温度校正，减少仪器系统误差；仪器整机体积小，操作方便。热重分析仪可以用来测定金属络合物的降解、煤的成分、物质脱水、分解和聚合物的氧化诱导期、催化剂的筛选、炸药的性能以及反应动力学的研究等，广泛应用于无机、有机、石化、建材、化纤、冶金、陶瓷、制药等领域，是国防、科研、大专院校、工矿企业等单位研究不同温度下物质物理、化学变化的重要分析仪器。

二、工作原理

热重分析仪主要由天平、炉子、程序控温系统、记录系统等部分构成。最常用的测量原理有两种，即变位法和零位法。变位法是根据天平梁倾斜度与质量变化成比例的关系，用差动变压器等检测倾斜度，并自动记录。零位法是采用差动变压器法、光学法测定天平梁的倾斜度，然后去调整安装在天平系统和磁场中线圈的电流，使线圈转动恢复天平梁的倾斜。由于线圈转动所施加的力与质量变化成比例，这个力又与线圈中的电流成比例，因此只需测量并记录电流的变化，便可得到质量变化的曲线。

试样 S 与参比物 R 分别装在两个坩埚内，在坩埚下面各有一个片状热电偶，这两个热电偶相互反接。对 S 和 R 同时进行程序升温，当加热到某一温度试样发生放热或吸热时，试样的温度 T_S会高于或低于参比物温度 T_R而产生温度差 ΔT，该温度差就由上述两个反接的热电偶以差热电势形式输送给差热放大器，经放大后输入记录仪，得到差热曲线，即 DTA 曲线。另外，从差热电偶参比物一侧取出与参比物温度 T_R对应的信号，经热电偶冷端补偿后送记录仪，得到温度曲线，即为 T 曲线。

当被测物质在加热过程中有升华、气化、分解出气体或失去结晶水时，被测物质的质量就会发生变化。这时热重曲线就不是直线而是有所下降。通过分析热重曲线，就可以知道被测物质在多少度时产生变化，并且根据失重量，可以计算失去了多少物质。

这里值得一提的是，定义为质量的变化而不是重量变化是基于在磁场作用下，强磁性材料当达到居里点时，虽然无质量变化，却有表观失重，而热重分析观测的是试样在受热过程中实质上的质量变化。热重分析所用的仪器是热天平，它的基本原理是：样品重量变化所引起的天平位移量转化成电磁量，这个微小的电量经过放大器放大后，送入记录仪记录，而电量的大小正比于样品的重量变化量。

三、结构及组成

进行热重分析的基本仪器为热天平，它包括天平、炉子、程序控温系统、记录系统等几个部分。除热天平外，还有弹簧秤。

热分析仪大致由以下几部分构成：

（1）程序控制温度单元；

（2）测量系统（测量物理性能）；

（3）显示系统（包括数据记录和处理）；

（4）提供各种实验环境的系统（实验气氛）。

程序控制温度单元通常是以比例－积分微分（PID）调节器通过可控硅触发器进行温度控制的。程序控制温度方式有升温、冷却、等温、保持和循环等。程序升温速率范围为 $0.5 \sim 100℃ \cdot min^{-1}$。

测量系统是热分析仪的核心部分，用来测量物质的物理性能与温度的关系。各种热分析仪所测量的物理性能各不相同，例如热重分析仪的测量系统是热天平，所测量的是样品质量的变化。测量系统还把测得的物理量转换成电信号，用于记录和处理。

显示系统是把测量系统的电信号通过放大器进行放大并直接记录下来。通常采用的记录器为 X－Y 记录仪，可同时把电信号和温度记录下来。新型的显示系统已采用 CRT 显示屏，可直接把热分析曲线和实验结果显示出来，然后由打印机打印出报告。

现代热分析系统一般是由多种热分析仪组合而成。在热分析系统中程序控温和显示系统为公用的主机，只要变更测量系统就可测定试样的各种物理性能。新型的热分析系统包括 TG、各种温度范围的 DTA、DSC 和 TMA 等附件。目前新型的热分析系统已发展到一台主机可同时运行几种附件，而且这些热分析系统都采用微处理机来监控温度、实验条件、仪器工作状况以及收集和储存数据。实验结果也由微处理机进行数据分析和处理，然后在显示系统上给出。这些新型的热分析系统可对所用测量系统选择最佳实验条件。各种数据分析程序可通过磁盘输入热分析系统来计算所需的实验结果。它不仅提供上述各种功能，而且还可同时进行下列四种基本工作：

（1）收集正在进行的实验数据；

（2）重放以前的实验数据；

(3) 分析另一个实验的数据;

(4) 准备新的实验条件。

这种新型热分析仪的特点是具有高度的自动化，如果仪器发生故障会立即在显示屏上显示出故障的原因，以便实验人员做出正确的处理。

四、操作和使用

(1) 打开气瓶，将输出压力调为0.1~0.14MPa；开机前请仔细检查循环水路、气路是否连接正确，管路有无破损、泄漏之处。

(2) 检查电源、数据线连接是否正确，打开仪器电源和电脑开关，指示灯亮，说明整机电源已接通，待仪器自检完成后，打开仪器的控制软件，开机半小时后可以进行测试工作。

(3) 在控制界面上，检查仪器信号，检查温度是否正常，检查气体流量是否在规定的值。对样品坩埚去皮重，准确称量待测样品，将所需分析的样品分别放入去完皮重的坩埚中。双手均匀用力轻轻地抬起坩埚加入炉膛，以左手为中心，右手逆时针轻轻向外旋转。左手轻轻扶在炉子上，用左手拇指扶着右手拇指，防止右手抖动。用右手把放有参照物的小坩埚放在左边托盘上，放有称量物的小坩埚放在右边托盘上，轻轻放下炉体。注意操作时要轻上、轻下。

(4) 分析样品，运行软件，点击“设置”，点击进行基本测量参数设置，选择标准模式和所需的分析方式，输入样品信息、文件名等，在 Pan No 栏输入所需分析样品所在自动进样器上的位置。如果有多个样品需要分析，则点击 Append，以添加一个 Run，然后在此 Run 上的 Pan No 输入所需分析样品所在自动进样器上的位置。依次类推，直到将所需分析的所有样品全部输入完毕。一般把“DTA 量程”设置为50，“TG 量程”设置为10~20，“DTG 量程”设置为2，“温度轴最大值”设置为不超过1200，单击“确定”。

(5) 对每个 Run 进行单独的编辑分析方法。

(6) 将分析方法和所需分析的样品及样品所在的位置对应确认，点击 Start 进行分析。设置升温速率（最快不超过15℃ · min^{-1}）和温度（不超过1000℃）等参数，确定后软件自动检测、执行程序。程序结束后保存数据。

(7) 实验完成后，进入数据分析程序，对实验数据进行分析。

五、维护保养与故障排除

1. 维护保养

1) 使用后要做好清洁工作

使用者要做好差热分析仪的同步清洁工作，设备在工作结束后要进行日常的清洁，而且在清洁时要用干布或者使用压缩空气来清理机器的灰尘。另外，如果热分析需要用到清洁液来进行清洗的话，则必须使用温和且无腐蚀性的清洁剂来进行清洗。因此只有做到按时清洁才不会使灰尘长期积累在设备中而影响设备的正常运转。

2）设备闲置时要做好防尘和防潮工作

差热分析仪如果长期放置不使用的话，应将设备的电源拔掉，并放置在干燥通风处，还要用袋子或者布料等将其罩住，避免灰尘或潮湿空气中的水分进入到热分析仪中而影响其下次的正常使用。

3）要保持设备的干燥并注意其工作状况

要保证差热分析仪在适宜的环境下工作才能延长其使用寿命。如果是在温度较低的环境下工作，则需提前将设备启动并预热，从而查看其工作状况是否正常。而如果是在下雨的情况下，设备是坚决不能到室外进行检测工作的，以免被雨水淋湿而导致机器零件的损坏，所以热分析仪要在干燥的环境下工作才能延长它的使用寿命。

2. 故障排除

1）冷却水流量变小

（1）恒温水浴外部管线堵塞。

检查外部管路的清洁度和稠度。如有必要，清洗或更换外部管道。

（2）仪器内部堵塞。

在不进行测量时改变冷却回路的流向，去除堵塞。若堵塞未清除，使用气压进行吹扫，压力为1MPa以上。若堵塞物仍存在，更换恒温浴槽的冷却剂，用含1%磷酸的水冲洗管道2h左右。堵塞物去除，流量恢复后，再更换冷却水。

2）样品温度显示错误或温度不稳

（1）R型热电偶污染。

用空气最好是氧气将测量单元加热至最高温度并保持1h。

（2）炉体热电偶污染。

关闭仪器，让仪器冷却至室温。取下左前外壳，左前外壳固定在仪器底部，由3个六角螺钉固定在仪器下面。拧下螺钉，将左前外壳取下。将反射管从炉体法兰上旋下，同时小心地扶住出气口活塞，完成后将熔融硅套和反射管以及出气口活塞拉向左方。只要出气口活塞还装在仪器上，熔融硅套就不会落出反射管。移去炉盖，将隔离套筒拉向左方，直至看到热电偶为止。

在加热时，热电偶最好处在氧气气氛中。在没有炉盖情况下关闭炉体，用大约300mL·min^{-1}的氧气或空气吹扫测量单元（使用吹扫气体入口）。在100℃时用氧气或空气加热测量单元，至少持续15min。进行检查（以50K·min^{-1}的速度从室温升到1000℃），工作正常，恢复炉体。

3）样品支架脱落、断裂

（1）样品支架脱落问题。

样品支架的脱落往往是由黏结胶被破坏而引起的。黏结胶所用的材质虽然是耐高温的，但当测试样品在高温下（700℃以上）长时间循环升温或者在保持高温恒温的情况下，黏结胶同样会遭到破坏，致使样品支架脱落，样品坩埚无法平稳地放置在支架上，而且还会缩短加热丝的使用寿命。因此为了有效地保护样品支架，应尽量避免仪器长时间高温运行和使用。

（2）样品支架断裂或样品坩埚反扣在支架上。

分析这个现象时发现：在测试样品之前通入气体时，如果通入气流量过大而无法及时导出，会引起天平炉体内压力瞬间增大，若此时打开天平炉盖，就会因压力释放而导致炉盖爆喷式冲开或引起样品支架剧烈振动而造成样品支架断裂。

如果上次样品测试的坩埚忘记拿出，强烈的气流会掀翻样品坩埚，使样品坩埚倒扣在支架上。样品的残留物也会落入天平炉体内，从而影响天平精确测量，而且残留物不便打扫，此时必须请专业工程师进行维护。此外，如果仪器本身通入的气流量过大（超过 $140mL \cdot min^{-1}$），也会造成类似的现象。因此，每次放样之前，必须先将支架升起，再打开炉盖，减少气体压力，以保护天平及支架。

4）TG 曲线异常波动

在 TG 的日常测试过程中，TG 曲线会偶尔出现锯齿峰，主要由以下几个因素造成：

（1）样品测试过程中存在振动源。

若在样品测试过程中仪器周围存在振动源，如室外有建筑施工的敲打、窗外马路上大型运输车快速经过或本栋楼有较大的仪器轰鸣声及振动等，都会引起热重分析仪的非正常性的振动，这样一来就会导致样品测试过程中的 TG 曲线出现异常波动，因此热重分析仪一般要求安放在较为安静稳定的环境中。

（2）气体过滤器堵塞。

气体过滤器堵塞是引起 TG 曲线异常波动的另一个主要原因。为了预防这一现象发生，通常每次测样之前，必须检查仪器尾气排放是否通畅。其方法是：先打开循环水，保持水温恒定后，放好样品，盖上炉盖，保证炉体密封，打开气体减压阀，调节气压至 0.05MPa，打开保护气和吹扫气开关，控制气体流量为 $20mL \cdot min^{-1}$，取装水的烧杯，将出气管插入水中，检查气泡是否连续且均匀排出，由此可以判断气路是否通畅。此外，需要定期更换气体过滤器，一般 2～3 月更换一次，可根据具体情况如测样的多少或样品的受热变化的性质等情况来定。

5）TG 测试的精确度降低

热重分析仪在使用一段时间后，会出现精确度下降的情况，其原因有以下几个方面：

（1）炉盖、排气管以及天平支架脏污。

通常热重分析仪在使用一段时间后，炉盖及排气管道内侧会附着一些黑色烟尘，在气流的带动下可能会落入到炉体内的天平支架上或炉体内，这样会影响到天平测试的精度。因此需要定期清洗炉盖、排气管，防止污染物堆积或掉入炉内，确保分析天平测量的准确性。

(2) 支架杆上附着一些样品。

分解后的残留物，会影响 TG 的测试精确度。因而需要定期在空气或氧气的气氛下高温空烧支架杆至 800℃，可增加降温段，但不可高温恒温。一般一周一次，具体情况根据测样频率以及仪器污染情况来定。

6）恒温水浴发出尖锐的鸣声或循环水过滤器变色发绿

在样品测试过程中，恒温水槽有时会发出尖锐的鸣声。此时需先关闭水浴电源，检查恒温水槽中的水是否浸没水泵，必要时添加适量纯水。若循环水的过滤器变色发绿，则需要进行更换。一般对水浴滤芯定期清理，2 ~ 3 月一次，先用自来水清洗，再超声清洗 1h 左右即可。

第六节　圆二色谱仪

一、概述

20 世纪 70 年代，Holzwart、Nafie 和 Stephens 等先后成功测定了红外光区下的圆二色谱，即振动圆二色谱（Vibrational Circular Dichroism，VCD）。随着傅里叶变换红外光谱等新技术的发展，VCD 的测量范围逐渐扩大为 4000 ~ 750cm^{-1}，测量精度不断提高，信噪比不断降低。1997 年，ABB Bomem/BioTools 开发了第一台 VCD 光谱仪。随后推出 VCR 的公司有 Nicolet/Thermo 公司、Jasco 公司、Bio – Rad 公司、Bruker Optics 公司。圆二色谱是一种特殊的吸收谱，用来测定分子不对称结构，它对手性分子的构象十分敏感，因此它是最重要的光谱之一。

手性是物质结构中的重要特征，即具有不能重叠的三维镜像对映异构体，它们的分子式完全相同，但其中原子或原子基团在空间的配置不同，互为镜像。凡手性分子都具有光学活性，即可使偏振光的振动面发生旋转。许多有机物和络合物都具有手性，它们的对映异构体的物理化学性质（熔点、沸点、旋光度、溶解度、分子式等）几乎完全相同，但它们的旋光方向相反，生理作用大不相同。

生物基础分子一般都具有手性，也都具有光学活性。在对生物分子手性的研究中，发现了令人惊异至今不解的对称性破缺现象，那就是在自然界中，氨基酸有 L 型和 D 型两种对映异构体，天然糖也有 L 糖和 D 糖两种糖。但在生物体中，组成蛋白质的 20 种氨基酸，除最简单的甘氨酸不具有手性外，其余都是 L 型的，而生物体核酸中的糖环则都是 D 型的。生物体中这种对称性破缺现象是有特殊意义的自然现象。

手性分子都具有光学活性。当单色左旋与右旋的圆偏振光通过某一种手性样品时，该样品对左、右旋圆偏振光的吸收不同，这叫作二色性。其差值 $\Delta A = \Delta A_L - \Delta A_R$ 称为圆二色值，按波长扫描就得到了圆二色谱（CD 谱）。

利用法拉第效应，在外加磁场作用下，许多原来没有光学活性的物质也具有了光学活性，原来可测出 CD 谱的在磁场中 CD 信号将增大几个数量级，在这种条件下即可测得磁圆二色谱（MCD 谱）。CD 谱和 MCD 谱是特殊的吸收谱，它们比一般的吸收谱弱几个量级，但由于它们对分子结构十分敏感，因此近十几年来已成为研究分子构型和分子间相互作用的最重要的光谱之一。利用 CD 谱和 MCD 谱研究生物大分子和药物分子具有重要的科学意义和实用价值。在分子生物学领域主要用于测定蛋白质的立体结构，也可用来测定核酸和多糖的立体结构，可应用于蛋白质折叠、蛋白质构象研究、DNA/RNA 反应、酶动力学、光学活性物质纯度测量、药物定量分析、天然有机化学与立体有机化学、物理化学、生物化学与宏观大分子、金属络合物、聚合物化学等相关的科学研究。

二、工作原理

光是横电磁波，是一种在各个方向上振动的射线。其电场矢量 E 与磁场矢量 H 相互垂直，且与光波传播方向垂直。由于产生感光作用的主要是电场矢量，一般就将电场矢量作为光波的振动矢量。光波电场矢量与传播方向所组成的平面称为光波的振动面。若此振动面不随时间变化，这束光就称为平面偏振光，其振动面即称为偏振面。平面偏振光可分解为振幅、频率相同但旋转方向相反的两圆偏振光。其中电矢量以顺时针方向旋转的称为右（R）旋圆偏振光，以逆时针方向旋转的称为左（L）旋圆偏振光。两束振幅、频率相同但旋转方向相反的偏振光也可以合成为一束平面偏振光。如果两束偏振光的振幅（强度）不相同，则合成的将是一束椭圆偏振光。

假如 L 与 R 两束圆偏振光在一起辐射，强度、速度、频率和位相都相同，它们就会叠合成一束平面偏振光。如 L 光和 R 光的光强度相等，在光学各向异性物质中传播某一距离后，它们的综合光将变成椭圆偏振光，椭圆的长轴处于两个圆偏振的电矢量相叠合的地方。假如两个圆偏振的传播速度也不相同，而所经的途径与上述相同，则叠合的椭圆偏振光的长轴与上面所述的椭圆偏振光的长轴相夹 θ 角。

由不对称分子组成的物质是光学各向异性的，即 L 与 R 两束圆偏振光在这类物质中的传播速度不相等。假如光学各向异性物质在某一波长 λ 有吸收，那将在该时对 L 光和 R 光有不同的吸收，如该物质的吸光率是 A，而对 L 光和 R 光的吸光率是 A_L 和 A_R，A_L 和 A_R 的差 $\Delta A = A_L - A_R$，称为圆二色性。因光吸收不同而产生的椭圆的形状与 ΔA 有直接的关系。

在蛋白质分子中，肽链的不同部分可分别形成 α－螺旋、β－折叠、β－转角等特定的立体结构，这些立体结构都是不对称的。蛋白质的肽键在紫外 185 ~ 240nm 处有光吸收，因此它在这一波长范围内有圆二色性。几种不同的蛋白质立体结构所表现的椭圆值波长的变化曲线——圆二色谱是不同的。蛋白质的圆二色谱是它们所含各种立体结构组分的圆二色谱的代数加和曲线。因此用这一波长范围的圆二色谱可研究蛋白质中各种立体结构的含量。

核酸中所含糖有不对称的结构，它们所含的双螺旋结构也是不对称的。它们在 185 ~ 300nm 范围内也具有有特征的圆二色谱。这些谱与核酸立体结构的关系虽不甚显著，但也可以用它研究某些立体结构。同时圆二色谱与核酸的碱基配对数有关系，因此也可用圆二色谱研究核酸的化学组成。

三、结构及组成

圆二色谱仪主要由光源、单色器、起偏器（棱镜）、调制器、样品室、光电探测器等单元组成。整个装置在氮气保护下进行，光源是氙灯，通过单色器后变为单色光，经过起偏器后变为线偏振光，线偏振光经过光电调制器分为左、右旋圆偏振光，再经过具有光学活性的试样，试样对左、右旋圆偏振光的吸收不同，从而合成椭圆偏振光，表现出圆二色性，在检查器上表现出圆二色谱图，$\Delta\varepsilon$ 为纵坐标，波长 λ 为横坐标。

（1）光源：氙灯；

（2）起偏器：Nicole 棱镜（天然方解石）、Rochon 棱镜（结晶状石英）；

（3）调制解调器（CDM）：在其上施加几万赫兹的高频交变电压，作用是将单色的平面偏振光以这种频率交替地变化为左旋、右旋圆偏振光；

（4）光电倍增管（PM）；

（5）样品池；

（6）氮气保护装置；

（7）恒温或程序升温装置。

四、安装调试和校准

在安装振动圆二色光谱仪的过程中，需要确认以下几个条件：

（1）实验室要防尘防湿及避免阳光直接照射，室温要求为 15 ~ 25℃，相对湿度为 70% 以下，实验室无磁场干扰，操作环境中不得有粉尘及干扰气体，仪器放置处应避免阳光直射，避免空调、风扇直接吹向仪器。若使用空调则空调出风口不要正对振动圆二色光谱仪所在位置。

（2）电源的准备：采用 AC 220V ± 5% 电源，预置地线接头以备仪器使用时接地。如到客户处装机，因电源达不到规定标准，或没有接地线而造成仪器出现问题，按原厂规定不予保修。所需插排的插孔数量至少为 10 个，另需一个 16A 插板。

（3）准备一个坚实稳定的实验台用于放置仪器，工作台需避免振动。安装振动圆二色光谱仪所需空间为：长 165cm 以上，宽 90 ~ 110cm，高 70 ~ 80cm。若需将计算机放置于同一平台，应将长度相应加长。

（4）准备氮气一瓶，带压力表和减压阀，同时在减压阀后连接一个 $20L \cdot min^{-1}$ 的流量计。

仪器使用一段时间后需要对仪器进行波长校正，以保证测量的准确性。波长校正的操作步骤如下：

（1）确认样品仓中没有任何样品和样品池。

（2）根据光源选择的操作说明，将光源换为 Xe（Hg）灯。

（3）打开 ALX－250、MM－450 和 PMS－450 的电源。

（4）点击电脑中的 BioKine 软件图标，进入测量主界面。

（5）在主界面选择 Device 菜单的 Scanning spectrometer 命令，进入光谱扫描界面。点击设置参数，在光谱测量模式里选择 Fluorescenee 模式，波长扫描范围为 200～750nm，进行光谱扫描，得出谱图。此时检测器位置为与入射光成 180°的位置，不用改为荧光的位置。

（6）谱图在 546nm 处应该出一个峰，比较 546nm 处的峰是否有偏差。如果超出 ±1nm 的范围，需要进行波长校正。

（7）举例说明：如果在 550nm 处出峰，波长偏了 4nm，那么就在 Ex 处填入 550nm，按回车键。

（8）点击主界面 Install 菜单的 Spectrometer advaneed settings 命令，点击 Exeitation 下方的 Calibration 按钮，进入波长校正界面。

（9）在 Current wavelength 处输入 546，点击 OK 按钮，进行波长校正。

（10）Xe 灯校准波长为 467nm，Xe（Hg）灯校准波长为 546nm。

（11）操作完以上各步骤，波长校正完成，可进行正常的测量操作。

五、操作和使用

（1）光源（也就是氙灯或汞氙灯）不可频繁开关。例如，如果暂时不用仪器，但半个小时后需要使用仪器，就不要为了节约光源寿命而将光源关闭。短时间内频繁开关光源反而会缩短光源寿命。

（2）使用控温附件进行变温实验时，需要磁子搅拌。实验结束时应首先拔掉搅拌电源，因为在样品池内无磁子的情况下搅拌器空转会烧毁控温元件。

（3）使用 CD 光谱扫描时，选择氙灯，打开 ALX－300，同时打开仪器电源，机器预热 15min，待 ALX－300 前面板功率显示 150W 稳定为止。

（4）准备使用前，请在登记本中记录好初始电压。具体操作如下：在打开的 BioKine 程序中，记录下 Auto 后显示的电压数。

（5）做实验前，请用纯水或者 buffer 扫描完成空白测试，确保比色池干净后再进行实验。

（6）实验结束后，登记 Auto 后显示的相应电压数，然后关闭系统，再关设备。

（7）先用 buffer、再用纯水反复清洗比色池，再用纯水扫描空白，确保比色池已经洗干净后再放回原处。如果比色池很脏，请用相应的 1∶100 稀释的洗剂浸泡润洗。

（8）实验结束后，做好登记，并关闭主机电源和光源开关，关闭电脑。

六、维护保养与故障排除

(1)样品必须保持一定的纯度且不含光吸收的杂质，溶剂必须在测定波长没有吸收干扰；样品能完全溶解在溶剂中，形成均一透明的溶液。

(2)氮气流量的控制。

(3)缓冲液、溶剂要求与池子选择：缓冲液和溶剂在配制溶液前要做单独的检查，看是否在测定波长范围内有吸收干扰，看是否形成沉淀和胶状；在蛋白质测量中，通常选择透明性极好的磷酸盐作为缓冲体系。

(4)样品浓度与池子选择：样品不同，测定的圆二色光谱的范围就不同，对池子大小(光径)的选择和浓度的要求也不一样。蛋白质 CD 光谱测量一般在相对较稀的溶液中进行。

(5)每次作业前后都应对振动圆二色光谱仪进行日常检查。

(6)不得利用限位器停车，仪器发生故障时应及时报告技术人员处理。仪器发生异常现象时，马上关闭电源，保护现场并及时上报，进行检查维修。

(7)不得私自对振动圆二色光谱仪进行改装、改造。

(8)使用中若有异常响声或故障，应停车检查，排除故障后再进行作业。

(9)压样品夹子要垂直，不得在未夹好样品时按激发键，不得在激发时触摸或抬起样品夹，如果遇到激发时声音很大，应该按 F3 键停止，不允许直接抬起样品夹，否则易造成电路板烧毁。

(10)扫描速度为 $0.5\sim5\text{s}\cdot\text{nm}^{-1}$。特别注意不要低于 $0.5\text{s}\cdot\text{nm}^{-1}$，过快的扫描速度易造成 calibration 移位。

(11)如需用到 emission 单色器，扫描速度要大于 $1\text{s}\cdot\text{nm}^{-1}$。

(12)PMT 的 HV 不要超过 1000V。

(13)使用控温附件进行变温实验时，一定要将地上的那个水浴恒温槽打开，水槽温度设为 20℃以下即可。

(14)TCU 设置为 remote，Power supply 设置为 ARC。

(15)仪器运行过程中，更换样品时 shutter 最好关闭。

第七节　电化学工作站

一、概述

1791 年伽伐尼发表了金属能使蛙腿肌肉抽缩的“动物电”现象，一般被认为是电化学的起源。1799 年伏打在伽伐尼工作的基础上发明了用不同的金属片夹湿纸组成的“电堆”，即现今的“伏打堆”，这是化学电源的雏形。在直流电机发明以前，各种化学电源是唯一能提供恒稳电流的电源。1834 年法拉第电解定律的发现为电化学奠定了定量基础。19 世纪下半叶，经过赫尔姆霍兹和吉布斯的工作，赋予电池的“起电力”以明确的热力学定义。1889 年能斯特用热力学导出了参与电极反应的物质浓度与电极电势的关系，即著名的能斯特公式。1923 年德拜和休克尔提出了被人们普遍接受的强电解质稀溶液静电理论，极大地促进了电化学在理论探讨和实验方法方面的发展。20 世纪 40 年代以后，电化学暂态技术的应用和发展、电化学方法与光学和表面技术的联用，使人们可以研究快速和复杂的电极反应，提供电极界面上分子的信息。

电化学一直是物理化学中比较活跃的分支学科，它的发展与固体物理、催化、生命科学等学科的发展相互促进、相互渗透。目前，商业化电化学工作站(CHI600E 系列)集成了几乎所有常用的电化学测量技术。为了满足不同的应用需要以及经费条件，CHI600E 系列分成多种型号，不同的型号具有不同的电化学测量技术和功能，但基本的硬件参数指标和软件性能是相同的。CHI600E 和 CHI61E 为基本型，分别用于机理研究和分析应用，它们也是十分优良的教学仪器；CHI602E 和 CHI604 可用于腐蚀研究；CHI620E 和 CHI630E 为综合电化学分析仪；CHI650E 和 CHI660E 则为更先进的电化学工作站。

二、工作原理

尽管大多数电化学仪器本质上是模拟性质的，但计算机在电化学数据的采集和分析中还是起着很大的作用。随着计算机及相关的接口技术的发展，计算机在电化学仪器中得到了广泛的应用。利用计算机可以方便地得到各种复杂的激励波形。这些波形以数字阵列的方式产生并存于储存器中，然后这些数字通过数－模转换器(Digital－to－Analog Converter, DAC)转变为模拟电压施加在恒电势仪上。在数据获取及记录方面，电化学响应，诸如电流或电势，基本上是连续的，可通过模－数转换器(ADC)在固定时间间隔内将它们数字化后进行记录。

电化学工作站的主要优点是实验的智能化，可以储存大量的数据，以复杂的通常是自动化的方式操作数据，以及将数据以更加方便的方式进行展示。更为重要的是，几乎所有商品化的电化学工作站都具有系列数据分析功能，如数字过滤、重叠峰的数值分辨、卷积、背景电流的扣除、未补偿电阻的数字校正等，对于一些特定的分析方法，不少仪器制造公司都设计了专门的软件对数据进行复杂的分析和拟合。

三、结构及组成

电化学工作站是基于试样组分的电化学特性设计的分析仪器，可用于氧化还原活性物质和电极敏感物质的定量分析、指纹分析和电极反应机理研究。

电化学工作站是由手动或自动进样器、电解池(装样器、工作电极、参比电极和辅助电极)、原电池(装样器、指示电极和参比电极)、快速数字信号发生器、恒电位仪、恒电流仪、电流跟随器、电位跟随器和高速数据采集卡及计算机等构成的集成电化学测量系统，可进行伏安法、电位法、电流法、电量法及阻抗法等测量，如图 3－7－1 所示。

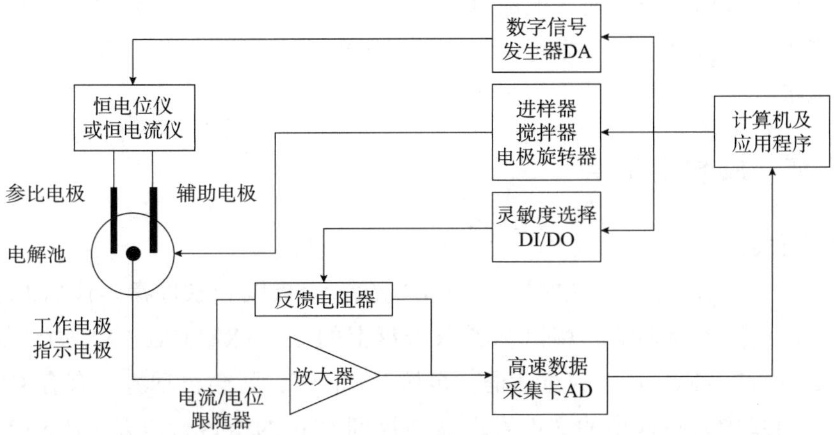

图 3－7－1　电化学工作站的结构

通过计算机应用程序设置分析方法，通过数字信号发生器产生所需波形的数字电压信号(数字信号发生器可产生恒电位、恒电流、电位扫描、电流扫描、电位阶跃、电流阶跃、三角波、脉冲、方波、交流等波形激发电压或电流)并进行 DA 变换输出模拟电压信号，通过恒电位器输出到参比电极与工作电极之间，氧化还原组分在工作电极与辅助电极上被电解，产生电解电流，通过电流跟随器放大信号，或试液中电活性物质在指示电极作用下产生双电层并与参比电极构成原电池，产生电动势，通过电位跟随器变换阻抗，被高速数据采集卡采集并进行 AD 变换输入计算机，采集、显示、分析和储存分析数据，通过多功能数据采集控制卡控制分析条件，包括进样、搅拌和电极旋转及检测灵敏度等。多通道高速 DA 输出和 AD 同步采样可提高测量速度，高精度 DA 和 AD 变换可提高测量精度。

工作电极(Working Electrode，WE)的作用是在测试过程中可引起试液中待测组分浓度明显变化和产生电解电流。常用的工作电极有金属材料制成的金电极、银电极、悬汞电极或汞膜电极等，有碳材料制成的玻璃碳电极、热解石墨电极、碳糊电极、碳纤维电极等，还有在固体电极上修饰具有各种特殊功能团的化学修饰电极(化学传感器、生物传感器和纳米传感器等)。

参比电极(Reference Electrode，RE)的作用是提供恒定参比电位(或相对电位基准)，要求其电极电位不受试液组成变化的影响，在测定过程中保持恒定，并且可逆性好、重现性佳和稳定性高。因此参比电极应有较大的表面积，并且通常接到放大器的输入端，以防止大电流流过参比电极产生极化。常用的参比电极为银/氯化银电极和汞/甘汞电极，其电极电位决定于内充参比溶液的浓度。

辅助电极(Counter Electrode，CE)也叫对电极，其作用是通过电流以实现工作电极的极化(发生电解反应)。辅助电极的面积一般比工作电极大，以降低辅助电极的电流密度使其在测量过程中基本上不被极化，常用大面积惰性电极作辅助电极。

指示电极(Indicator Electrode，IE)的作用是指示敏感物质的活度或浓度。指示电极与参比电极和待测试液构成原电池，电池电动势与试液中电极敏感物质的活度或浓度的对数具有线性响应关系，符合能斯特方程。常用的指示电极有惰性电极、离子选择性敏感膜电极和敏化膜电极。

四、安装、校准和使用

1. 仪器的安装

打开包装箱后，取出仪器、电源线、通信电缆、电极线和软件盘。仪器的软件安装十分简单，将软件盘插入驱动器，用鼠标器双击盘上的 SETXXX. EXE(XX 为仪器的型号)，就会产生 winZip Self - Extractor 的对话框，再按 Unzip 键，就会自动将所有有关文件拷贝至硬盘的 CHI 子目录中。在视窗的文件管理器中找到 CHI 的子目录以及 CHIXXX. EXE 的文件(XX 为仪器的型号)，将鼠标器在 CHIXXX. EXE 上连击两次，程序便启动了。应考虑将可执行文件移到主视窗上去，将来不必每次都到文件管理器中去找文件，而只需连击两次主视窗上可执行文件的符号就可启动，为此，可用鼠标器指向 CHIXXX. EXE，按下左键，然后将鼠标器移至主视窗中，放开左键，代表 CHIXXX. EXE 可执行文件的符号便出现在主视窗中。程序安装并启动后，接上仪器的电源线和电极线，仪器的 Com Port(通信口)与计算机的串行接口用通信电缆连接，打开仪器电源，就可以进行测量了。计算机一定要有一个能正常工作的闲置的串行接口。如果计算机采用串行鼠标器(九芯插头)并有 Modem(调制解调器)，则该计算机已无闲置的串行口可用，因为一个串行口被用于鼠标器，另一个串行的中断与 Fax/Modem 冲突，此时可采用总线鼠标(Bus Mouse)。

如果计算机采用 PS/2 鼠标器(圆形小插头)，由于鼠标器不占用串行口，一般都能顺利工作。仪器的初步测试：在软件的 Setup(设置)的菜单上找到 System(系统)的命令，执行此命令，便会显示“System Setup”的对话框，通信口的设置应对应于计算机用于控制仪器的那个串行口(Com1 或 Com 2)，如果操作中出现“Link Failed”的警告，有可能是由于串行口设置的错误。在 Setup 的菜单中执行 Hardware Test(硬件测试)的命令，系统便会自动进行硬件测试，如果出现“Link Failed”的警告，则检查仪器电源是否打开、通信电缆是否接好、通信口的设置是否正确。如果都没问题，有可能是计算机的串行通信口工作不正常，可多试几个计算机。如果还是不能通信，请内行检查串行口是否工作正常，如果工作正常，大约 1min 后屏幕上会显示硬件测试的结果。硬件测试是一个参考，有时出现错误信息并不一定是硬件问题，最好的办法是用标准电阻进一步测试。找一个 100kΩ(1% 精度)的电阻，将对电极(红色夹头)和参比电极(白色夹头)同时夹在电阻的一端，将工作电极(绿色夹头)夹在电阻的另一端，则构成模拟电解池。在 Setup 菜单中执行 Technique (实验技术)的命令，选择 Cyclic Voltametry(循环伏安法)。在 Setup 菜单中再执行 Parameters(实验参数)的命令，将 Init(初始电位)和 High(高电位)都设在 0. 5V，LowE(低电位)设在

$-0.5V$，Sensitivity（灵敏度）设在 $1.0\times10^{-6}A\cdot V^{-1}$。

如果使用的不是 100kΩ 的电阻，灵敏度需重新设置，使灵敏度和电阻的乘积约为 0.1，完成参数设定后，在 Control（控制）菜单中执行 Run（运行实验）的命令。实验结果应是一条斜的直线，每点电位处的电流值都应等于电位除以电阻。如果 Hardvare Test 中发现某些程序错误，可用电阻作模拟电解池进一步测试（方法如上所述）。根据灵敏度量程选用合适的阻值（使灵敏度和电阻的乘积约为 0.1），在 0.5 ~ 0.5V 的电位范围扫描，看结果是否为一斜的直线，电位处电流是否接近，以及各点电位下的电流值是否等于电位除以电阻。一般如果是硬件问题，会产生完全错误的结果（误差大于满程信号的 5%），如果确认硬件出了问题，则需要联系厂家。

2. 电化学工作站的使用方法

(1)开启计算机和 CHI 电化学工作站，根据电化学工作站型号运行相应软件，进入 CHI 电化学工作站控制软件窗口，让仪器稳定待用。

(2)将 CHI 电化学工作站上的研究电极引线、辅助电极引线和参比电极引线分别接在研究电极、辅助电极和参比电极上，公共端引线也接在研究电极上。

(3)单击测量技术工具栏，拉出技术（Technique）选择窗口，选择测量技术，并确定（单击 OK）。

(4)单击参数设定工具栏，拉出参数设定窗口，选择参数，并确定（单击 OK）。

(5)确定连线和参数选择无误后，单击运行工具栏进行测定，此时计算机会在线自动画出测定曲线。

(6)测量完毕后，单击保存文件工具栏，将测量数据保存在文件中。

(7)文件格式转换。在 CHI 电化学工作站控制软件窗口内，点击 File 菜单，选择 Convert to Text... 选定要转换的文件(.bin 文件)，确定后即将 .bin 文件转换成同名的 .txt 文本文件。

(8)退出 CHI 电化学工作站控制软件。

五、维护保养与故障排除

1. 计算机和仪器不能通信（link Failed）

解决方案如下：

(1)先查看电源是否打开。

(2)查看电化学工作站的数据信号线是否和电脑连通。

(3)电化学工作站的软件版本是否和电化学工作站的型号一致。

(4)换一台电脑主机再重新尝试一遍。

(5)重新设置串行接口。具体方法如下：

①打开电脑设备管理器，然后点击端口，会出现如图 3-7-1 所示的窗口。

②图 3-7-1 的电脑串行通信端口是 COM1。如果使用 RS 232 通信端口，则在仪器软件—setup—system 中设置 COM1。

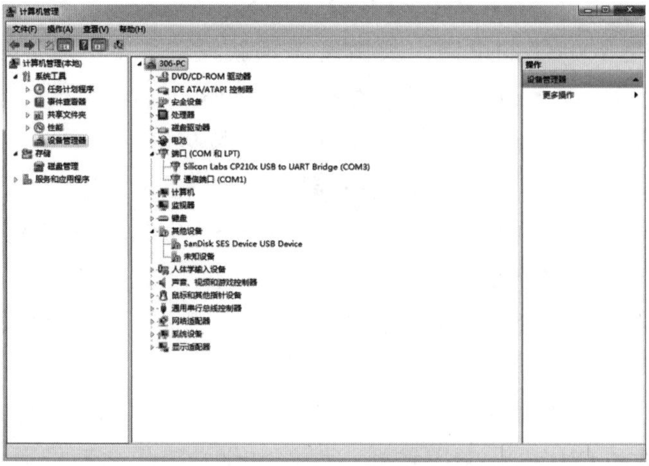

图 3 -7 -1　计算机管理窗口

③如果电脑中有 2 端口或其他的 3、4 端口，则要试一下插入的是哪个端口。如果是使用 USB 接口，也可以在仪器电源打开后 USB 接线连上时，在设备管理窗口的端口处看到(端口如果是加号，则点击加号)，比如某些实验室的电脑接 USB 是 COM3。

(6)硬件测试错误。关掉仪器重新启动电脑，再重新做硬件测试。

(7)没有电流响应或者电流响应值为一条直线，出现这种情况一般是电极线没有连接。

(8)扫描过程中数据溢出并成一条横向直线，出现此现象基本上是灵敏度过高，只需降低灵敏度即可。

2. 电化学工作站校准、内部电阻测试

电化学工作站的校准、内部电阻测试参见本节“四、仪器的安装、校准和使用”部分。

如内部电阻测试是好的，而外部电阻检测有问题，一般问题出在电极线上。这时需要检查电极线。检查电极线的方法如下：

(1)切断电源、打开上盖。

(2)检查最里面白色的五芯插座上的绿线处是否和电极线的绿色夹头相通(应该通)。

(3)检查最里面白色的五芯插座上的黑线处是否和电极线的黑色夹头相通(应该通)。

(4)检查最里面白色的五芯插座上的白线处是否和电极线的白色夹头相通(应该通)。

(5)检查最里面白色的五芯插座上的红线处是否和电极线的红色夹头相通(应该通)。

(6)检查四个夹头是否和插座上的屏蔽线(插座上的线排列为绿、白、黑、红、屏蔽线)相通(应该不通)。

如果是(2)、(3)、(4)、(5)的问题，只要重接一下电极线即可。如果是电极线断后，在焊接时不注意将电极线的屏蔽线和中心导线焊在一起，造成了上面的第(6)个问题，即出现了电极线上屏蔽线和中心导线相通的情况，这时需要重新焊接电极线，防止电极线外面的屏蔽线碰到电极夹头，当然也需要检查电极是否导通。如二者作出的实验数据都有问题，则可能是仪器的硬件有问题，这时需要将仪器送至仪器公司进行检查。

3. 注意事项

(1)仪器的电源应采用单相三线，其中地线应与大地连接良好。地线的作用不但可以起到机壳屏蔽以降低噪声，而且也是为了安全，不至于由于漏电而引起触电。

(2)仪器不宜时开时关，但晚上离开实验室时建议关机。

(3)使用温度宜为 15 ~ 28℃，此温度范围外也能工作，但会造成漂移和影响仪器寿命。

(4)电极夹头长时间使用后造成脱落，可自行焊接，但注意夹头不要和同轴电缆外面一层网状的屏蔽层短路。

(5)常用的软件命令，如 Open(打开文件)，Sace As(储存数据)、Print (打印)、Technique(实验技术)、Parameters(实验参数)、Run(运行实验)、Pause/ Resume(暂停/继续)、Stop(终止实验)、Reverse Scan Direction(反转扫描极性)、IR Compensation(IR 降补偿)、Filter(滤波器)、Cell Control(电解池控制)、Present Data Display(当前数据显示)、Zoom(局部放大显示)、Manual Result(手工报告结果)、Peak Definition(峰形定义)、GraphOptions(图形设置)、Color(颜色)、Font(字体)、Copy to Clipboard(复制到剪贴板)、Smooth(平滑)、Derivative(导数)、Semi - derivative and Semi - inte - gral(半微分半积分)、Data List(数据列表)等都在工具栏上有相应的键。

第八节　X 射线衍射仪

一、概述

X 射线发现至今已有 120 多年的历史，在这期间，许多科学工作者通过大量的实验工作和理论研究，对 X 射线的性质和本质逐步进行深入的了解，获得了许多重大成果。主要拓展了 X 射线透视、X 射线衍射和 X 射线光谱学三个领域。下面以 X 射线衍射为线索，回顾 X 射线发展的历史。

1. X 射线衍射现象的发现

1895 年 11 月，德国物理学家 W. C. 伦琴在实验室里研究阴极射线时，发现靠近阴极射线管的胶片有感光的现象。伦琴反复研究在阴极射线管工作时使胶片感光的原因。其间，他又偶尔发现远处的荧光屏能发出荧光，当用手去拿荧光屏时，他的手骨骼影像清晰地呈现在荧光屏上。他进一步证实从阴极射线管发出的射线可把手骨影像照在感光胶片上。伦琴以数学中表达未知数的符号“X”来命名这种新射线，X 射线从此进入人类的视野，这标志着现代物理学的诞生。

1908 ~ 1909 年，德国汉堡的 Walter Pohl 用一种普通金属制成的尖形光栏透过 X 射线时，在底板上发现透过光栏尖部的 X 射线的像散开，出现刷子状的模糊干涉条纹。

1910 年，伦琴的助手 Koch 用自制的自动测微光度计测量了 Walter Pohl 的原始底板，发现其强度有起伏变化，推测是由衍射产生的。1912 年劳厄和 Ewald 提出 X 射线透过晶体时，可能会产生衍射，并且用实验证实了关于 X 射线衍射的设想。后来劳厄用数学式表示了三维衍射光栅的衍射方程，即著名的劳厄方程。

2. 晶体学和衍射的运动学理论的建立

在劳厄等发现 X 射线衍射不久，W. L. 布拉格对劳厄衍射花样进行了深入的研究，提出衍射花样中的各个斑点可认为是由晶体中原子较密集的一些晶面反射而产生的。他和他的父亲 W. H. 布拉格一起利用后者所发明的电离室谱仪探测入射 X 射线束经过晶体反射后反射线束的强度和方向，证明了上述设想的正确性，从而导出了著名的布拉格定律。以劳厄方程和布拉格定律为代表的 X 射线在晶体中衍射的几何理论，以及不考虑 X 射线在晶体中多重衍射和衍射束之间、衍射束与入射束之间干涉作用的强度理论统称为 X 射线运动学衍射理论。

3. 莫莱特定律的建立

1913 年莫莱特首先系统地研究了各种元素的标识辐射，结果发现元素的 X 射线光谱线的频率与原子系数之间存在一定的关系，从而建立了莫莱特定律。

4. X 射线动力学衍射理论的建立

与布拉格父子同时研究晶体反射理论的还有 Darwin，他在 1913 年从事 X 射线强度研究时发现实际晶体的反射强度远远高于理想完全晶体应有的反射强度。他根据多重衍射原理以及透射束与衍射束之间的能量传递、相消、相长的动力学关系，提出了完整的初级消光理论，以及实际晶体中存在有取向彼此稍差的镶嵌结构模型和次级消光理论，开创了 X 射线衍射动力学的理论研究。

5. 倒易点阵概念的提出

1913 年 Ewald 根据 Gibbs 的倒易空间观念，提出了倒易点阵概念以及反射球构造方法，并于 1921 年进一步完善。

6. X 射线谱学的发展

Moseley 于 1913 年发现入射 X 射线光子和被照射元素中原子的交互作用能产生荧光 X 射线，其波长大于入射波，并且这种荧光辐射的波长与靶元素有一定的关系，这种规律被称为 Moseley 定律。Moseley 的工作由 M. Siegbahn 等人继续发展，建立了 X 射线光谱学。后来许多科学家利用双晶及多重晶衍射仪研究晶体反射强度、反射系数、X 射线光谱、摆动曲线宽化以及晶体中微小应变等，发展了双晶及多重晶衍射光谱学。

7. 非相干散射理论的建立

20 世纪 20 年代初，康普顿发现了 X 射线的非相干散射现象，现在称为康普顿散射、非弹性散射或量子散射，建立了非相干散射理论。

8. 漫散射理论的建立

由于晶体不完整性(包括动、静畸变)的存在，在布拉格反射周围及其间还有各种漫散射现象出现。早在1914年，Debye就动畸变(原子热运动)对于衍射强度的影响进行了定量的研究。而Warren和Averbach则详细地研究了静畸变对衍射现象的影响。1939年Guinier和Hosemann分别发展了X射线小角度散射理论。在1947年黄昆提出了黄昆漫散射理论。

9. X射线干涉仪原理

1959年Kato和Lang发现了X射线束的干涉现象，观察到干涉条纹。Bonse和Hart在1965年制造出了X射线干涉仪，发展了X射线波在完整晶体中的干涉理论。

10. 吸收限精细结构(EXAFS)理论的发展

近代的EXAFS理论是由Stern等在20世纪70年代初提出的，他们提出光电子波矢位置的傅里叶变换对应于原子近邻配位壳层的观点，成功地由EXAFS谱的变换求得近邻原子配位的结构信息。

X射线能够提供用于识别物质的信息，原因在于X射线在穿透物质时，将发生光电效应、相干散射、非相干散射以及电子对效应等一系列效应，并且发生各种效应的概率与物质本身和X射线的能量均有密切关系。通过测量不同能量的X射线穿透物质后发生的衰减，能够推算出物质的相关信息。因此，研究利用X射线进行物质识别的方法，必须先分析X射线的特点、与物质的相互作用过程以及X射线的衰减规律等。

二、工作原理

1. X射线的物理学基础

X射线是一种波长短、能量大、具有较强穿透能力的电磁辐射。它同可见光一样属于电磁波，具有波粒二象性。X射线的波长在电磁波谱0.001~10nm的位置范围内，介于伽马射线与紫外线之间。

常见的X射线源包括X射线管与同步辐射X射线源。同步辐射是高速带电粒子做曲线运动时，沿着轨迹切线方向产生的电磁波，在同步辐射现象被实验观测到之前，它就已经被电磁场理论所预言。同步辐射光波长涵盖从远红外到X射线的连续范围，因此同步辐射能够制造X射线。同步辐射的产生需要将带电粒子加速到近光速，这样的条件比较苛刻，因此同步辐射X射线源的应用受到较大限制，它主要应用于要求高性能光源的前沿研究领域。

X射线管的工作方式是在真空玻璃管内安装互相绝缘的阴极灯丝与阳极靶材，以场致发射或热电离的方式产生自由电子，在阴极与阳极间构建数十千伏的高压电场，使自由电子在电场中加速后撞击阳极靶材，从而产生X射线。

2. X射线衍射分析的基本原理

X射线是波长介于紫外线和γ射线之间的一种波长很短的电磁辐射，其波长约介于0.001~10nm之间。由德国物理学家W. K. 伦琴于1895年发现，故又称伦琴射线。当以X射线作为入射光源照射晶体时会发生很多现象，X射线衍射分析就是利用其中的衍射现象，即当入射波长与衍射光栅(一系列等宽狭缝)宽度非常接近时，从每一狭缝发出的光为同位相、同频率、同振幅或位相差恒定的相干波，其相互干涉引起相互加强或减弱，产生明暗相间的衍射花纹，其中亮带为干涉加强，暗带为干涉相抵，衍射花纹代表着衍射方向和强度。晶体是由质点(原子、分子或离子)规则排列构成的固体物质，因原子面间距与入射 X 射线波长数量级相当，可视为衍射光栅。当晶体被特征 X 射线照射时，晶体中规则排列的原子散射 X 射线，相互干涉并在某些特殊方向上产生强 X 射线衍射。由于自然界每一种结晶物质都具有各自独特的化学组成和晶体结构，因而由此产生的衍射线也截然不同，衍射线在空间分布的方位和强度与晶体结构密切相关。由不同结晶物质组成的混合物的衍射花样是混合物中各物相衍射花样的机械叠加，这就是 X 射线衍射分析的基本原理。

若用照相法收集衍射线，则可使胶片感光，留下衍射花样；若用衍射仪法收集衍射线，则得到一系列衍射峰，晶体的结晶程度越高，衍射峰越锐利。当 X 射线照射的是非晶体时，由于其结构长程无序，短程有序，不存在明显的衍射光栅，故不能产生锐利的衍射线条。对于晶体而言，只有当待测晶体的晶面与入射光束之间的角度满足布拉格方程时才能被检测出来，这也是 X 射线在晶体内产生衍射的必要条件。

布拉格方程为 $2d\sin\theta = n\lambda$，其中 d 为晶面间距，θ 为入射 X 射线与相应晶面的夹角，n 为衍射级数，λ 为 X 射线的波长。其含义是：只有照射到相邻两晶面的光程差是 X 射线波长的 n 倍时才产生衍射。该方程是晶体衍射的理论基础。当光路差与 $2d\sin\theta$ 相同时，X 射线强度因干涉而增强。

三、结构及组成

1. X 射线衍射仪的结构

X 射线衍射仪是用来检测样品衍射信息的实验仪器，分为单晶衍射仪和多晶衍射仪。不同的衍射仪其结构和原理基本相同，主要由 X 射线源、测角系统、探测器和数据处理控制系统组成。其工作原理为：X 射线管在高压作用下发射出特征 X 射线，通过入射光路照射到位于测角仪圆正中心的样品上，与样品表面平行的晶面在满足衍射条件时(布拉格方程)即发生衍射；衍射线被聚焦后经过单色器进入探测器；数据处理系统对探测器接收到的信号进行处理，最终得到样品的衍射谱图。在记录衍射强度的过程中，样品与探测器绕测角仪的轴同步转动，当样品转动 θ 角时，探测器转动 2θ 角。目前衍射仪的 2θ 角扫描范围能达到 $-10° \sim 165°$。

X 射线源包括 X 射线管和高压发生器，其工作原理为高频控制高压变压器发生高电压，施加给 X 射线管获取入射 X 射线。高压发生器包括高压变压器、整流电路、管电压稳定电路和管电流稳定电路，通常为确保使用安全，还会配置继电保护装置。X 射线管是把灯丝和金属靶密封在管中，利用高速电子撞击金属靶面产生 X 射线的一种真空管状装置。灯丝为阴极，通常采用钨丝；金属靶为阳极，通常采用钨、银、铜、钼、铬、镍、钴、铁、钯、铑等。特征 X 射线的波长与靶材有关，选用的靶材原子序数越大，核对内层电子的引力越大，获得的X射线波长越小，另一方面X射线的强度通常正比于靶材元素的原子序数。

2. X射线衍射仪部件

1）X射线发生器

X射线发生器由X射线管、高压电缆、高压和灯丝电源组成。为了安全与使用方便，配置有冷却水泵，电流、电压调节与稳定装置，一系列的安全保护系统。大功率转靶衍射仪还需配有真空抽取、监测和保护等系统。

2）测角仪

测角仪是X射线衍射仪的核心部件。测角仪种类很多，最常用的是水平宽角测角仪。它由能调水平和出射角的机座、狭缝系统、与0轴同步转动的样品台、与20分度盘同步转动的探测器座、0/20驱动步进电机和传动系统组成。

测角仪的光路系统由线焦斑F、入射梭粒狭缝S、发散狭缝DS、样品表面S、防散射狭缝SS、接收梭粒狭缝S2、接收狭缝RS组成。仪器转动中，F、S、RS应始终保持在聚焦圆周上，当使用无机材料弯晶单色器C时，弯晶C与接收狭缝RS和第二接收狭缝rs应调整在半径为r的第二聚焦圆上。高质量的测角仪必须启动快、惯性小、速度均匀、分度精细、读数准确、可连续和步进扫描。测角仪应注意精细调整，其光路的零位误差应调到$\pm 0.01°$以内。

3）探测器

衍射仪现大多数配用闪烁探测器或正比探测器，其中盖革探测器因性能差已逐渐被淘汰。其基本原理是：当X射线穿透铍窗后，激活碘化钠晶体（闪烁体）吸收X射线，发射出波长为410nm的可见光光子，光子中的大部分到达光电倍增管的光阴极，由光电效应游离出光电子，再经次阴极逐次打出更多的次极电子，经9～14级倍增后，被阳极收集而输出电脉冲。输出脉冲的幅度、数量与入射区射线能量有关，也与光电管增益、闪烁体的光子产额、光阴极的光照灵敏度和量子效率等因素有关。

4）脉冲高度分析器（波高仪）

除盖革探测器外，X射线衍射仪使用的其他探测器输出脉冲幅度都在数十毫伏以内，而输出阻抗又很高，要直接计量是不现实的。探测器输出的信号脉冲中，还夹有各种干扰，因此在直接测量前，必须进行阻抗转换、线性放大和脉冲选择，这些任务均由波高仪来完成。实际上，波高仪对X射线辐射还起到单色化效果。脉冲高度分析器（波高仪）由线性放大器、脉冲幅度分析器两大部分组成。

其基本原理是：前置放大器对探测器输出的脉冲进行电流放大和阻抗转换；脉冲成形器把前后沿畸变、宽窄不一的脉冲成形为有利于线性放大的较窄矩形脉冲；线性放大器将与输入脉冲成正比的线性电压放大。但因信号和干扰同时放大，只有靠基线调节器钳位，才可把小于预置基线电位的低能噪声清除；有用信号和高能噪声同时输至预置了不同窗宽电位的上、下甄别器，低于下甄别电位的热噪场不能通过甄别电路而被清除，同时通过上、下甄别器的高能干扰通过双稳态反符合电路清除，仪器只允许将仅通过下甄别器而不能通过上甄别器的信号脉冲，即落入窗宽内的信号脉冲输至成形输出器，变成等高等宽度的输出脉冲至计数器电路，完成对脉冲的选取和成形输出。

四、操作和使用

1. 开机

将高压发生器钥匙插入仪器背面的钥匙孔，并旋转到45°，随后打开电源开关，启动仪器和计算机。

2. 启动测量软件

双击打开 Diffrac. Measurement 软件，系统自动加载测量服务器和测量软件，输入密码或者没有密码，直接点击“OK”即可进入测量软件界面。

3. 仪器初始化

在 Commander 界面上，勾上界面右上角“Edited”后的方框，然后点击蓝色勾图标“initializeall checked drives”，对所有马达进行初始化。每次开机时都需要进行初始化，仪器会自动提醒，未初始化的会显示为黄色叹号，初始化正常的会显示绿勾。

4. 测量

仪器初始化后，可打开仪器前门，放入制备好的样品架，关门准备测量。随后，在软件屏幕右侧下方的菜单中进行参数设置：①“Scan type”选择 Coupled Two Theta/Theta(耦合扫描)；②“Time [s]”设置每步扫描时长；③“2Theta [°]Start/Stop(开始/结束)”设置样品扫描开始/结束角度；④“2Theta [°] Increment(扫描间隔)”设置每次扫描的角度间隔。

设置好上述参数后，点击“Start”即可开始扫描。待样品扫描结束后，点击软件屏幕左上角“File”下的“Save Result”保存文件。

5. 数据分析

(1)首先开启 Diffrac. EVA 软件，输入密码或者没有密码，直接点击“OK”即可进入数据分析软件界面。

(2)点击菜单条左上角“文件(File)”，选择“Import from files”，导出保存的文件。

(3)在屏幕正下方对话框中，选中已导出的需要处理的文件名称，按鼠标右键，选择“工具(tools)”→“剥离 ka2 (strip ka2)去除背景”→在弹出的对话框中点击“替换(replace)”。

(4)衍射峰处理。在生成的新的文件名上按鼠标右键，选择“工具(tools)”→“峰值检索(peak search)”→根据情况调整阈值(threshold)、宽度(width)等参数→点击“添加到附表(append)”。或者将鼠标放在需要积分的峰顶端，按鼠标右键，选择“在 2Th = ……创建峰值(createpeak at 2Th –...)”，即可添加衍射峰。

选中生成的峰表中的多个峰文件后，点击软件右侧的“编辑多个属性(edit multipleproperties)”,随后即可在右侧菜单栏中编辑所有选中的衍射峰的信息，例如字体大小(font size)、峰的标题内容[角度(angle)、峰强度(intensity)等]、文本颜色(text color)、字体旋转方向(caption rotation)、字体位置(caption offset)等。

(5)处理好各衍射峰后，将文件另存为“. eva”格式文件，最后点击打印报告即可。

6. 关机

实验完成后如需关闭仪器，在 Diffrac. Measurement 软件的 Commander 界面下，左侧 X - Ray 处,点击“off”，关闭高压 X 射线，随后将仪器背后的高压钥匙旋转到垂直桌面方向，再关闭所有软件，最后关闭电脑，当电脑屏幕上出现“it is now safe to turn off your computer”时,关闭仪器背后的电源开关。

五、维护保养与故障排除

1. 使用注意事项

(1)开机前必须先开启循环冷却水，否则仪器将报警。

(2)关机后必须等待 20min 以上才能关闭循环冷却水，否则仪器将会自动报警。

(3)人员长时间离开后必须关机，20min 后关循环水，否则水管漏水将会损坏仪器。

(4)在仪器使用过程中应随时观察循环冷却水机组是否正常制冷，水温是否保持在≤27℃。

(5)开门时应先按相应按钮，等提示音发出后再开门，否则 X 射线将自动关闭。

(6)开门、关门动作应轻缓，以免振动过大导致 X 射线自动关闭。

(7)X 衍射制备样品的样品架为玻璃制品，易碎，应轻拿轻放以免摔坏，使用后及时清洗。

(8)测角仪角度限制：广角≤110°，小角≥0. 5°，否则将造成探测器和测角仪的损坏。

(9)在使用过程中如果仪器发生报警应及时通知值班人员，不得擅自处理。

(10)X 射线仪在使用过程中如果真空突然关闭，则不得再继续使用，应及时通知值班人员，查明原因。

2. X 射线衍射仪的维护

1)转靶的维护

与固定靶 X 光管不同，该设备采用微焦斑转靶模式，电子流在强电场力的作用下，高速撞击钼靶，产生超强的 X 射线。与此对应的，所产生的热量也是极其大的。靶头通过高速旋转使得电子流所撞击的位置被分散开来，热量也被分散，最后通过旋转靶头内部的循环冷却水将热量转移出去。在高速旋转下，用于密封靶头内部循环水的水封会随着运行时间的增加逐渐老化，最终失去密封作用，从而在轴承处出现漏水现象。根据经验，一个水封的使用寿命为 2000h 左右，为了保证仪器的正常运行，在使用时长达 1500h 后，进行水封更换为宜。高速旋转的靶头中另一个易损部件是碳刷。碳刷是整个 X 光管的固定部分(固定轴)与转动部分(转靶)之间传递能量的装置，它是由纯碳加凝固剂制成的，外形是方块，卡在金属支架上，里面有弹簧把它紧压在转轴上，靶头转动的时候，将电能通过换相器输送给线圈，由于其主要成分是碳，因此称为碳刷，它是易磨损的，应定期维护更换，并清理积炭。当碳刷出现以下几种情况时应进行更换：磨损严重(不足原长的 1/3)；损坏严重；碳刷与滑环接触面不足 70%。

2)水冷系统的维护

循环水系统主要检查水冷机水箱及管路是否漏水、过滤器滤芯状况、室外风机是否有异常声响等。因风机长期在室外运行，散热片之间容易积累灰尘形成结垢，会造成水冷机室外机过热保护，因此应根据情况及时清洗。需要注意的是，X 射线光管内的冷却水管道较细，光管使用时间较久后管道内可能结垢，使循环冷却水流量减小，所以循环冷却水要求为蒸馏水。X 射线单品衍射仪较易出现故障的地方是水冷机循环系统，一般表现为漏水、水温过高、水流速太小和水冷机输出压力小等。漏水一般为接头松动、橡胶皮管以及靶头水封老化等所致，这些故障均较易排除。水温过高一般为室外压缩机故障，维修方法与空调室外机相同。

3)低温系统的维护

该低温系统需要更换的耗材部件为氧传感器和过滤器，平均寿命为 2 年。另外，测试舱内部的液氮喷出舱在关闭低温后由于空气中水蒸气的凝结可能会出现堵塞的现象，该堵塞只要等待一段时间，当内部温度升至 0℃以上时便会自行融化疏通，无需特殊处理。

3. 故障分析

1)射线衍射仪发生器的高压不能启动

这是 X 射线衍射仪比较常见的故障，有时发生在开机时，有时发生在仪器运行中。高压发生器是提供 X 射线管直流高压的装置，只有高压才能激发电子产生射线。如果高压不能启动，则分析无法进行。这种故障应从以下四个方面进行分析：

(1)X 射线防护系统。

为了防止 X 射线泄漏，确保操作人员的人身安全和 X 射线衍射仪的正常使用，X 射线衍射仪安装有各种安全保护电路。当有工作条件不符合预先设定的要求时，安全保护系统就会自动切断高压或电源，起到保护作用。所以高压发生器只有在射线防护系统正常的情况下才能启动。射线防护系统正常与否，主要检查以下两部分：

①X 射线的警示灯是否正常。仪器上方有一警示灯，是 X 射线防护系统必须设置的标志。我国专门有国家标准《X 射线衍射仪和荧光分析仪放射卫生防护标准》对此有明文规定：X 射线衍射仪必须安装警告信号灯并与相应的开关联动。因此，警示灯失灵，则高压就不能成功启动。

②仪器两侧面板位置是否正常。X 射线衍射仪是一个封闭系统，面板是最外层射线防护装置，安装有微动开关，如果有一块面板不到位或微动开关有故障，则高压不能成功启动。

判断高压不能启动是否为射线防护系统引起的一种有效方法是将仪器设为维修状态，屏蔽防护系统，如果此时高压可以启动，则可以确定故障是由防护系统的问题引起的。

(2)循环冷却水系统。

X 射线衍射仪的最大输出功率是 3kW，X 射线管只有很少一部分功率转化为 X 射线辐射出来，而大部分功率都转化为热能。在 40kV 管压下工作的 Cu 靶 X 射线管产生射线的效率只有 0.1%。电子束的绝大部分能量都转化为热能，使靶面焦斑处温度升高，如果不及时将热量带走，焦斑处靶材料将会熔化，使射线管损坏。因此，冷却系统就成为提高 X 射线管功率的关键因素。CubixXRD 型射线衍射仪冷却系统设定水流量不能低于 $3.8L \cdot min^{-1}$，否则高压防护系统会自动关闭进行保护。因循环水故障导致高压启动不了或运行中高压关闭时的错误信息为“Water flow at warning level”，即水流量处于警戒线。这种故障应从以下四个方面查找并解决：

①循环水冷却系统电源：由于电源切断导致循环水系统不能运行，应先维修电源再重新启动系统。

②循环水水位偏低：如果是水位低引起的故障，应及时补充循环水。

③循环水水箱出水阀或回水阀没开到合适的位置：应重新调整直至达到标准水流量。

④循环水水质不好：由于水质不好产生水垢及微生物，导致 X 光管处过滤网堵塞使水流量下降，应清洗 X 光管过滤网后，再启动系统。这种故障应以预防为主：首先，使用优质纯净水；其次，循环水中添加适量碳酸钠和碳酸氢钠，把循环水的 pH 值调至 8~8.3，有利于防止微生物产生；最后，循环水要及时更换并经常清洗和更换过滤纸芯。

(3)高压发生器。

判断是否是因高压发生器故障而引起高压不能启动，可以把高压发生器打开，检查其线路和开关是否正常。但高压发生器一般不会出现问题，为以防万一可采用排除法，即把高压发生器与 X 射线光管之间的电缆断开，用程序软件启动高压，如果仪器面板上显示高压启动成功，则排除是高压发生器出现故障。

(4)X 射线光管。

射线光管是仪器内部最贵重的部件，也是一个全封闭部件，一旦损坏，只能更换，不能修理。检查射线光管是否损坏，也用排除法，即如上所述，先排除射线防护系统故障，其次排除循环水系统故障，再排除高压发生器故障，最后检查 X 射线管与高压电缆的连接是否正常、高压电缆有无损坏。如果上述 4 项全正常，则判断是 X 射线光管损坏。

X 射线光管在损坏之前也会出现一些现象，可为判断 X 射线光管是否损坏提供依据：①测监控样时，监控样强度值明显下降；②光管出现打火现象。

2)快门不能正常打开

仪器在运行过程中，出现错误提示信息“Shutter not opened”即“快门不能打开”，需操作人员通过电脑传达命令“重试”才能打开。

(1)故障分析：射线光管塔罩上有一快门，为了防止射线泄漏，在仪器测样前后及样杯进出仪器时，快门是关闭的，只有当样杯已在仪器内部样品台上，整个仪器处于与外界封闭时，快门才打开测样。快门处有微动开关，它接收到软件发出的命令才开始动作。

(2)处理办法：首先，检查开门处螺丝是否松动，如有松动应紧固螺丝；其次，把快门部位打开用脱脂棉擦拭干净。

3)样品台处O形圈脱落

仪器在运行过程中，出现错误提示信息“Warning in MAXXRD – Peak maybe below start angle”即“最大衍射峰可能低于初始角”，测出的数据明显高于正常数值。

(1)故障分析：样品台处有一O形圈，如果脱落，则样杯高度会下降，测角仪相对于样品表面角度发生变化，X射线不能正常投影到样品表面上，引起测算出的数据值变大，结果是虚假数值，不能采用。

(2)处理办法：打开侧面面板，重新安装O形圈，再启动。为防止O形圈经常脱落，要经常清理样品台MP位置，在安装O形圈时可适量放一点黏合剂。

4)测角仪初始角不正常

仪器在运行初始时期，出现错误信息“ERR，3.58.1.0.0”，仪器状态图上显示初始角为负值，正常情况下，初始角为5°。

(1)故障分析：仪器未启动时，测角仪没有动力支持，会停在某一负角度上，当仪器启动后，由于有了动力，才会处于测量前准备状态：+5°。

(2)处理办法：①仪器开机后复位不好，关闭仪器，重新启动；②检查气泵压力是否正常，调整气泵压力，重新启动仪器。

这种故障产生的主要原因是气泵中有积液，需及时排除。

5)SCI板反馈错误

仪器启动一切正常，但运行测量样品时，不能测量。

(1)故障分析：开始测量样品时，出现错误信息“SCI board error – motor feed back error”。用替换法判断，如果不是SCI板出现故障，而反馈信息错误，则应判断为仪器初始化时检测不完全所致。

(2)处理办法：关闭仪器，静置一段时间后重新启动，一般可以解决。

第九节　原子力显微镜

一、概述

原子力显微镜(Atomic Force Microscope，AFM)也称扫描力显微镜(Scanning force microscope,SFM)，它是一种纳米级高分辨的扫描探针显微镜。早期隧道显微镜只能观测导电样品，不能观测绝缘体和有较厚氧化层的试样，于是在1986年IBM苏黎世研究实验室的比宁(Gerd Binning)、魁特(Calvin Quate)和格勃(Christoph Gerber)发明了AFM。1986年原子力显微镜被提出用来检查绝缘体样片的表面。1987年就获得了绝缘体热解氮化硼的原子分辨图像，它能够解析单原子。然而，直到1993年，使用AFM对原子进行解析才出现明确的证据。近年来，AFM已发展为成熟的工具，为表面科学、电化学生物学和工艺等领域提供了新的视野。原子力显微镜在表面科学研究中起着重要的作用，它可用于测量表面原子间的力，还可以在大气、真空、溶液以及反应气氛等条件下，进行材料表面形貌和结构的观测与分析，可以测量材料的局域弹性、塑性、硬度及表面摩擦等，以及用于操纵分子、原子进行纳米尺度结构的加工。

AFM测量的是探针顶端原子与样品原子间的相互作用力，即当两个原子离得很近使电子云发生重叠时产生的泡利(Pauli)排斥力。这个力取决于样品的性质、样品和探针之间的距离、探针的几何形状以及样品的表面污染情况。相对于扫描隧道显微镜(需要导电的样品)来说，AFM对于导电和绝缘的样品都适合。工作时计算机控制探针在样品表面进行扫描，根据探针与样品表面物质的原子间的作用力强弱成像。

AFM具有以下特点：

(1)高分辨能力远远超过扫描电子显微镜(SEM)及光学粗糙度仪，AFM的放大倍数能高达10亿倍。样品表面的三维数据满足了研究、生产、质量检验越来越微观化的要求。

(2)非破坏性，探针与样品表面相互作用力在10^{-8} N以下，远比以往触针式粗糙度仪压力小，因此不会损伤样品，也不存在扫描电子显微镜的电子束损伤问题。另外扫描电子显微镜要求对不导电的样品进行镀膜处理，而原子力显微镜则不需要。

(3)应用范围广，可用于表面观察、尺寸测定、表面粗糙测定、颗粒度解析、突起与凹坑的统计处理、成膜条件评价、保护层的尺寸台阶测定、层间绝缘膜的平整度评价、VCD涂层评价、定向薄膜的摩擦处理过程评价、缺陷分析等。

(4)软件处理功能强，其三维图像显示的大小、视角、显示色、光泽可以自由设定，并可选用网络、等高线、线条显示，具有图像处理的宏管理、断面的形状与粗糙度解析、形貌解析等多种功能。

(5)可以根据观察者的要求，调节样品所处的温度、湿度、大气、真空等观察条件。目前，AFM已广泛地应用于细胞及蛋白、多糖、核酸等生物大分子结构的研究中。对一个细胞而言，AFM不但能够提供其长度、宽度、高度等形态方面的信息，还可以满足人们对膜上的离子通道、丝状伪足、细胞间连接等细微结构的研究，甚至还可清楚地观察到膜身的骨架结构。后者对细胞表面与表面下结构相互作用的进一步研究非常有利。

(6)与扫描电镜和透射电镜这些高分辨的观测技术相比，样品制备过程简便，可以不需染色、包埋、电镀、电子束的照射等处理过程；除对大气中干燥固定后样品的观察外，还能对液体中的样品成像。

二、工作原理

AFM的基本原理与STM类似，在AFM中，使用对微弱力非常敏感的弹性悬臂上的针尖对样品表面做光栅式扫描。当针尖和样品表面的距离非常接近时，针尖尖端的原子与样品表面的原子之间存在极微弱的作用力($10^{-12} \sim 10^{-6}$N)，此时，微悬臂就会发生微小的弹性形变。针尖与样品之间的力 F 与微悬臂的形变之间遵循虎克定律：$F = -k \cdot x$，其中 k 为微悬臂的力常数。所以，只要测出微悬臂形变量的大小，就可以获得针尖与样品之间作用力的大小。针尖与样品之间的作用力与距离有强烈的依赖关系，所以在扫描过程中利用反馈回路保持针尖与样品之间的作用力恒定，即保持悬臂的形变量不变，针尖就会随样品表面的起伏而上下移动，记录针尖上下运动的轨迹即可得到样品表面形貌的信息。这种工作模式被称为“恒力”模式(Constant Force Mode)，是使用最广泛的扫描方式。当扫描样品时，激光可测量微悬臂的弯曲变形。在 x、y、z 位置上的扫描通过压电转换器显示。计算机系统控制 x、y、z 位移，记录反射的激光信号，专用软件处理这些数据，构成样品形貌图。

AFM 的图像也可以使用“恒高”模式(Constant Height Mode)来获得，也就是在 x、y 扫描过程中，不使用反馈回路，保持针尖与样品之间的距离恒定，通过测量微悬臂 z 方向的形变量来成像。这种方式不使用反馈回路，可以采用更高的扫描速度，通常在观察原子、分子像时用得比较多，而对于表面起伏比较大的样品不适用。

AFM 有多种操作模式，常用的有以下 4 种：接触模式(Contact Mode)、非接触模式(Non－Contact Mode)、轻敲模式(Tapping Mode)、侧向力模式(Lateral Force Mode)。根据样品表面不同的结构特征和材料的特性以及不同的研究需要，选择合适的操作模式。

1. 接触模式

在接触模式中，针尖始终与样品保持轻微接触，以恒高或恒力的模式进行扫描。扫描过程中，针尖在样品表面滑动。通常情况下，接触模式都可以产生稳定的、高分辨率的图像。在扫描软样品时，样品表面由于和针尖直接接触，有可能造成样品的损伤。如果为了保护样品而在扫描过程中将样品和针尖之间的作用力减弱的话，图像可能会发生扭曲或得到伪像。同时，表面的毛细作用也会降低分辨率。所以接触模式一般不适用于研究生物大分子、低弹性模量样品以及容易移动和变形的样品。

2. 非接触模式

在非接触模式中，针尖在样品表面上方振动，始终不与样品接触，探针监测器检测的是范德华力和静电力等对成像样品无破坏的长程作用力。这种模式虽然增加了显微镜的灵敏度，但当针尖与样品之间的距离较长时，分辨率要比接触模式和轻敲模式都低，而且成像不稳定，操作相对困难，通常不适用于液体中成像，生物中的应用也比较少。

3. 轻敲模式

在轻敲模式中，微悬臂在其共振频率附近做受迫振动，振荡的针尖轻轻地敲击样品表面，间断地和样品接触，所以又称为间歇接触模式。由于轻敲模式能够避免针尖黏附到样品上，因此在扫描过程中对样品几乎没有损坏。轻敲模式的针尖在接触表面时，可以通过提供针尖足够的振幅来克服针尖和样品间的黏附力。同时，由于作用力是垂直的，表面材料受横向摩擦力、压缩力和剪切力的影响较小。轻敲模式与非接触模式相比较的另一优点是大而且线性的工作范围，使得垂直反馈系统高度稳定，可重复进行样品测量。

轻敲模式 AFM 在大气和液体环境下都可以实现。在大气环境中，当针尖与样品不接触时，微悬臂以最大振幅自由振荡；当针尖与样品表面接触时，尽管压电陶瓷片以同样的能量激发微悬臂振荡，但是空间阻碍作用使得微悬臂的振幅减小，反馈系统控制微悬臂的振幅恒定，针尖就跟随样品表面的起伏上下移动获得形貌信息。轻敲模式同样适合在液体中操作，而且由于液体的阻尼作用，针尖与样品的剪切力更小，对样品的损伤也更小，所以在液体中的轻敲模式成像可以对活性生物样品进行现场检测、对溶液反应进行现场跟踪等。

4. 侧向力模式

侧向力显微镜(LFM)工作原理与接触模式的原子力显微镜相似。当微悬臂在样品上方扫描时，由于针尖与样品表面的相互作用，导致悬臂摆动，其形变的方向大致有两个：垂直方向与水平方向。一般来说，激光位置探测器所探测到的垂直方向的变化，反映的是样品表面的形态，而在水平方向上所探测到的信号的变化，由于物质表面材料特性的不同，其摩擦系数也不同，所以在扫描的过程中，导致微悬臂左右扭曲的程度也不同。微悬臂的扭转弯曲程度随表面摩擦特性变化而增减(增加摩擦力导致更大的扭转)。激光检测器可以实时分别测量并记录形貌和横向力数据。通常不仅样品表面组分不同可以导致微悬臂扭曲，样品表面形貌的变化也会导致微悬臂的扭曲。为了区分这二者，通常 LFM 图像和 AFM 图像应该同时获得。根据导致微悬臂扭曲的原因不同，通常可以利用 LFM 获得物质表面的组分构成像和边缘增强像。

三、结构及组成

原子力显微镜(AFM)系统可分为三个部分：力检测部分、位置检测部分、反馈系统。

1. 力检测部分

在原子力显微镜(AFM)的系统中，所要检测的力是原子与原子之间的范德华力。所以在本系统中是使用微小悬臂(Cantilever)来检测原子之间力的变化量。微悬臂通常由一个 100～500μm 长和大约 500nm～5μm 厚的硅片或氮化硅片制成。微悬臂顶端有一个尖锐针尖，用来检测样品－针尖间的相互作用力。这个微小悬臂有一定的规格，如长度、宽度、弹性系数以及针尖的形状，而这些规格是依照样品的特性、操作模式而选择不同类型的探针所决定的。

2. 位置检测部分

在原子力显微镜(AFM)的系统中，当针尖与样品之间有了交互作用之后，会使得微悬臂摆动，当激光照射在微悬臂的末端时，其反射光的位置也会因为悬臂摆动而有所改变，这就造成偏移量的产生。在整个系统中是依靠激光光斑位置检测器将偏移量记录下并转换成电的信号，以供 SPM 控制器进行信号处理。

3. 反馈系统

在原子力显微镜(AFM)的系统中，将信号经由激光检测器取入后，在反馈系统中会将此信号当作反馈信号，作为内部的调整信号，并驱使通常由压电陶瓷管制作的扫描器做适当的移动，以使样品与针尖保持一定的作用力。

原子力显微镜结合以上三个部分，将样品的表面特性呈现出来，使用微小悬臂来感测针尖与样品之间的交互作用，并测得作用力。这个作用力会使悬臂摆动，再利用激光将光照射在悬臂的末端，当摆动形成时，会使反射光的位置改变而造成偏移，此时激光检测器会记录偏移量，把信号反馈回系统，以利于系统进行适当的调整，最后将样品表面特性以影像的方式呈现出来。

四、操作和使用

(1)用无尘布蘸酒精擦拭 STAGE 运动平台，预防脏污或颗粒影响 STAGE 在平台上匀速运动。

(2)更换探针：更换前戴好乳胶手套，准备好镊子、探针和治具。

(3)双击桌面上的 AutoMET 图标 AutoET EDGEPSS，打开 AutoMET 测试软件运行软件后，系统会自动进入初始化界面。

(4)等待出现复位提示窗口，点击“Yes”按钮，样品会自动移动到初始化位置。

(5)待状态窗口出现“Ready”的提示字样，表示系统初始化已完成。

(6)点击按钮，TIP 往上抬起，然后取下激光器，旋转松开位于扫描头卡槽右侧中部的螺丝，释放扫描头，小心地将扫描头从卡槽上部取出，取出探针夹。

(7)将探针器平放在桌面上，将探针夹滑入装针器相应的位置，装针时，将探针夹上的弹簧片后端压下，并向后拉。用镊子小心地将探针夹紧放入探针夹凹槽里，使探针后部正好与凹槽里的边缘相抵。轻轻地将弹簧片压住向前推动，然后松开手指，使弹簧片压紧探针。

(8)完成装探针步骤后将探针夹取出安装到激光器上。

(9)然后把装好探针夹的扫描头轻轻沿卡槽放回显微镜基座，并旋转拧紧位于扫描头卡槽右侧中部的螺丝，将扫描头固定住。

(10)调整激光：将激光打在悬臂前端。扫描头上部右侧有两个激光调节旋钮，并有两个箭头标明了顺时针旋转激光调节旋钮时激光光斑位置的移动方向。

①取一张白纸置于扫描管正下方，红色的激光光斑将反映在白纸上。若看不到激光光斑，逆时针旋转右后方的激光调节旋钮，直到看到激光光斑。

②顺时针旋转右后方的激光调节旋钮，直到激光光斑消失。这时，激光应该打在探针基底的左侧边缘上。逆时针旋转右后方的激光调节旋钮，直到激光光斑刚好出现。

③顺时针或逆时针旋转左前方的激光调节旋钮，直到激光光斑突然变暗，继续旋转旋钮则又变亮。调回光斑突然变暗的位置，此时激光应该打在悬臂的后端。

④逆时针旋转右后方的激光调节旋钮，直到看到激光光斑。顺时针旋转右后方的激光调节旋钮，直到激光光斑刚好消失，此时激光应该打在悬臂的最前端。

(11)调整激光检测器位置：

①点击按钮，系统将对激光自动校准，等待跳出“Laser Alignment”窗口，微调左侧两个检测器的位置，调节旋钮，使 Vert. Defl. 和 Hori. Defl. 两个值接近于零。

②激光检测器调试完毕，点击 stage 会移动到激光器的对准位置。通过图像显示激光打到离针尖三分之一处即可。

(12)设备开关机：

①开机程序：确认实际电压与系统设定的工作电压相符合，确认所有的线缆都已正确连接，确保操作环境符合要求且防振台处于正常工作状态，确认没有任何障碍物阻碍样品台的移动，打开计算机和显示器，打开 vacuum 控制器，打开 Nanodrive 控制器，待软件初始化完成即可。

②关机程序：与开机程序相反。

(13)使用设备及材料：乳胶手套、镊子、安装治具。

五、注意事项

(1)显微扫描头为 SiC 陶瓷，硬而脆，不能撞击，需轻拿轻放，应熟练掌握安装技巧后方可动手操作。

(2)更换针尖时需轻拿轻放，避免振动导致针尖掉落，换探针需经培训合格的人方可操作。

(3)调节激光光路或更换样品时不要直视激光光源，否则可能造成对眼睛的损坏。

(4)减振台定期检查，及时补充打气，用水平仪校准。

(5)测量不同的表面，选择测量的模式不一样，其探针的规格也不一样，应熟练掌握探针的应用规则，以免操作不当，影响探针寿命。

(6)附近有大的噪声和有规律的振动时(如泵运行)，应立刻停止测量，避免测量结果不准确和探针损坏。

(7)AFM 所有的操作工具均有专门的工具箱，用完以后放回原处，切记使用时登记使用情况。

(8)测试的所有数据只能用光盘拷贝，不可使用优盘，若无光盘，优盘在使用时应先格式化。

(9)尽量保证仪器室干燥度小于40%，湿度太高会影响图像质量。

(10)控制器运行过程中，电脑主机不可关闭。

第十节　基因扩增仪

一、概述

1971 年，Dr. Kjell Kleppe 首次在 Journal of molecular biology 期刊发表的文章中准确、客观地阐述了基因扩增(Polymerase Chain Reaction，PCR)方法。1983 年春，Mullis 发展出 PCR 的概念。1983 年 9 月，Mullis 用大肠杆菌 DNA 聚合酶做了第一个 PCR 实验，只用一个循环。1985 年，美国 PE－Cetus 公司的 Kary Mullis 等发明了 PCR 技术。它推动了现代医学由细胞水平向分子水平、基因水平发展，是 DNA 测序的基础，它成为现代分子生物学发展过程中的一座里程碑。Mullis 等也因此获得了 1993 年的诺贝尔奖。1986 年 6 月，Cetus 公司纯化了第一种高温菌 DNA 聚合酶。1988 年，美国 Cetus 公司推出了第一台 PCR 自动化热循环仪。1990 年，Haase 首创原位 PCR 反应。1991 年，Cetus 公司以 3 亿美元的转让费将 PCR 相关专利转让给瑞士 Hoffman LaRoche 公司。1992 年，Higuchi 提出 qPCR 技术。1996 年，ABI 公司推出第一台 qPCR 仪。1999 年，Vogelstein 和 Kinzler 首次提出了数字 PCR 仪器。2006 年，Fluidigm 公司推出了第一台基于芯片的商品化数字 PCR 系统。QuantaLife 利用油包水微滴生成技术开发了微滴式数字 PCR 技术。2011 年，QuantaLife 公司被伯乐公司收购，其微滴式数字 PCR 仪产品更名为 QX100 型号。2013 年，伯乐又推出了升级型 QX200。2013 年下半年，Life Technologies 推出了 QuantStudio 3D 数字 PCR 系统，同年 Life 被赛默飞收购。2017 年 1 月，伯乐收购液滴式数字 PCR 系统制造商 RainDance Technologies。

PCR 具有特异性高、灵敏度高、简便快捷、对样品要求低、重复性好、易自动化等优点，在一支试管内就能将目的 DNA（如来自一根毛发、一滴血甚至一个细胞的 DNA 片段）扩增几百万倍，以供分析研究和检测鉴定。

(1)特异性高。PCR 的特异性取决于引物序列与模板序列互补的特异性、引物与模板杂交的特异性和 DNA 聚合酶的专一性，其中引物与模板杂交的特异性是关键。通过合理设计引物、控制适当的反应温度、采用高温启动法等，可以使扩增具有很高的特异性。

(2)灵敏度高。即使只有一个 DNA 分子也能扩增。利用 PCR 技术可以检出 10^6个细胞内的 10 个结核分枝杆菌。

(3)简便快捷。在 PCR 技术发明初期，所用的 DNA 聚合酶因加热而变性失活，所以每次循环之后都要补加，只能靠手工操作。目前 PCR 技术已经自动化，可以应用各种 PCR 扩增仪，使用耐高温的 DNA 聚合酶，只需一次性地建立 PCR 体系，并设计一定程序，即可进行扩增，通常不到 1h 即可完成。

(4)对样品要求低。样品不论是来自病毒、细菌还是来自培养细胞，不论是新鲜的还是陈旧的，不论是 DNA 还是 RNA，不论是纯品还是粗品，都可以扩增。原位 PCR 甚至都不必从标本中分离 DNA 或 RNA。

二、工作原理

PCR 的原理并不复杂，实际上它是在体外试管中模拟生物细胞 DNA 复制的过程。PCR 反应极其迅速，可在短短几小时内将极少量的基因组 DNA 或 RNA 样品中的特定基因片段扩增上百万倍。PCR 的特异性是由两个人工合成的引物序列决定的。所谓引物就是与待扩增的 DNA 片段两翼互补的寡核苷酸，其本质是单链 DNA 片段。在微量离心管中，除加入与待扩增的 DNA 片段两条链两端已知序列分别互补的两个引物外，还需加入适量的缓冲液、微量的 DNA 模板、四种脱氧核糖核苷酸(dNTP) 溶液、耐热 TaqDNA 聚合酶、Mg^{2+}等。反应时首先将上述溶液加热，使模板 DNA 在高温下变性，双链解开为单链状态，称为变性；然后降低溶液温度，使合成引物在低温下与其靶序列特异配对(复性)，形成部分双链，称为退火；此时，两引物的 3′相对，5′相背，在合适的条件下，以 dNTP 为原料，由耐热 TaqDNA 聚合酶催化引导引物沿 5′—3′方向延伸，形成新的 DNA 片段，该片段又可作为下一轮反应的模板，此即引物的延伸。如此重复改变温度，由高温变性、低温复性和适温延伸组成一个周期，反复循环，使目的基因得以迅速扩增。因此 PCR 是一个在引物介导下反复进行热变性、退火、引物延伸三个步骤而扩增 DNA 的循环过程。

(1)模板 DNA 的变性：模板 DNA 经加热至 93℃左右一定时间后，使模板 DNA 双链或经 PCR 扩增形成的双链 DNA 解离，使之成为单链，以便它与引物结合，为下轮反应做好准备。

(2)模板 DNA 与引物的退火(复性)：模板 DNA 经加热变性成单链后，温度降至 55℃左右，引物与模板 DNA 单链的互补序列配对结合。

(3)引物的延伸：DNA 模板 - 引物结合物在 TaqDNA 聚合酶的作用下，以 dNTP 为反应原料，以靶序列为模板，按碱基配对与半保留复制原理，合成一条新的与模板 DNA 链互补的半保留复制链，重复循环变性—退火—延伸三个过程，就可获得更多的“半保留复制链”，而且这种新链又可成为下次循环的模板。每完成一个循环需 2 ~ 4min，2 ~ 3h 就能将待扩目的基因扩增放大几百万倍。到达平台期所需循环次数取决于样品中模板的拷贝。

三、结构及组成

(1)普通基础 PCR 仪由主机、加热模块、PCR 管样品基座、热盖、控制软件组成。

(2)梯度 PCR 仪除具有普通 PCR 仪的结构外，还具有特殊的梯度模块，可实现对梯度温度和梯度时间等参数的调整。因此可以在一次实验中对不同样品设置不同的退火温度和退火时间，从而可在短时间内对 PCR 的实验条件进行优化，提高 PCR 科研效率。

(3)实时荧光定量PCR仪在普通PCR仪的基础上增加了一个荧光信号采集系统和计算机分析处理系统。荧光检测系统主要包括激发光源和检测器。激发光源有卤钨灯光源、氩离子激光器、发光二极管LED光源，前者可配多色滤光镜实现不同激发波长，而单色发光二极管LED价格低、能耗少、寿命长，不过因为是单色，需要不同的LED才能更好地实现不同激发波长。监测系统有超低温CCD成像系统和PMT光电倍增管，前者可以一次对多点成像，后者灵敏度高但一次只能扫描一个样品，需要通过逐个扫描实现多样品检测，对于大量样品来说需要较长的时间。

(4)原位PCR仪与普通PCR仪相比，用玻片代替了PCR管，其反应过程是在载玻片的平面上进行的。

四、操作和使用

(1)开电源(仪器背后)。

(2)开始一个程序：

①方法一，可通过直接按START/STOP键开始正处理的程序；

②方法二，用上下箭头键选择所需程序，再按ENTER键。

如果此程序包含CTN TUBE命令，在程序开始后，还需输入管型和装载的容量盘。选管型：按SEL键，通过ENTER键确认0.2mL或0.5mL(薄壁管、微滴盘)。输入装载容量：按SEL键，通过ENTER键确认(0.2mL管型：5～50μL；0.5mL管型：5～100μL)。

通过按EXIT键可退出。

(3)程序运行中，按OPT可显示运行的时间。

(4)打断程序运行：按START/STOP键，按SEL键，出现STOP/PAUSE/RUN，从中选择所需项，按ENTER键确认。

(5)关电源。

以下为一个PCR反应的例子。

初次变性：95℃，2min；

20个循环：变性95℃，45s；

退火：61℃，45s；

梯度：PCR仪可编程出±10℃梯度；

延伸：72℃，45s；

最后延伸：72℃，2min；

样品冷却：22℃。

当梯度设为(60±10)℃，同时用12×0.2mL的测试管时，具体操作步骤如下：

(1)选中“FILES”菜单，再选其子菜单中的NEW。

(2)在控制板块上输入程序。

(3) LID(盖温) = 105℃，输入数值 105 (NOWAIT)(无论盖温如何，程序开始)，WAIT (盖温达到，才能开始程序)，AUTO(盖温与控制板块的温度有关)。

(4) 初次变性：$T = 95$℃，输入温度数值，随之按"小时：分：秒"的格式继续输入时间"0：02：00"。

(5) 变性：输入相应的温度、时间数值"$T = 95$℃，0：00：45"。

(6) 退火：按 Opt 键选择"温度"命令，输入相应的温度、时间数值"$T = 61$℃，0：00：45"。

(7) 梯度：(仅适用于梯度循环仪) $G = 10.0°$，输入梯度。

(8) 延伸：$T = 72.0$℃，0：00：45；选取命令 T，输入相应的温度、时间数值。

(9) 循环：回到步骤 5 (GOTO5)，重复 19 次 (REP19)；按 SEL 键选命令 GOTO，输入程序中需要循环的温度、时间所对应的开始步骤和需要的循环次数。注：总的循环次数 = REP + 1。

(10) 最后的延伸：输入相应的温度、时间数值。

(11) 样品的冷却：HOLD 22℃ ENTER，按 SEL 键选 HOLD 命令，输入温度。

(12) 保存程序：按 EXIT 键以确认程序编制已完成，输入英文字母或数字，即文件名，可根据文件名对程序进行运行或修改、删除操作。

(13) 程序的运行：按 START 键可开始某一特定文件名的程序运行。

五、维护保养与故障排除

仪器的故障诊断与排除见表 3-10-1。

表 3-10-1　仪器的故障诊断与排除

故　障	故障诊断	故障排除
1. 冷却速度过慢	半导体组件故障	运行循环性能测试
2. 温度与制定温度不匹配	仪器可能需要校准	运行温度验证测试
3. 加热速度过慢	半导体组件故障	运行循环性能测试
4. 打印故障	仪器上的打印机配置不当	确保仪器打印机 IP 地址与系统管理员的 IP 地址匹配
	打印机未连接至网络	检查以太网电缆是否连接至打印机
	仪器未连接至网络	检查以太网电缆是否连接至仪器
	以太网电缆故障	检查网络是否功能正常 尝试其他以太网电缆
5. 循环时间过长	半导体组件故障	运行循环性能测试

续表

故　障	故障诊断	故障排除
6. 多仪器运行时，在“选择仪器”界面上无法看到仪器	仪器未连接至网络	检查是否所有以太网电缆均已连接至仪器
	电源关闭	检查是否所有以太网电缆均已连接至网络交换机
	以太网电缆故障	尝试其他以太网电缆
	IP 地址冲突	更换仪器的 IP 地址
	仪器名称界面上的允许远程运行设置为否	在仪器名称界面上，更改允许远程运行为是（Yes）
7. 无界面显示，打开仪器电源时无反应	保险丝熔断 未连接至电源	检查保险丝 检查电源是否已打开 检查电源线是否已连接
8. 屏幕显示缺少字符或难以辨认	LCD 屏幕故障	申请服务
9. 运行过程中样品管熔化	耗材使用不当 加热盖过热 样品加热模块过热	使用推荐的耗材 运行加热盖确认测试 加热模块降温冷却
10. 加热盖卡住	凸轮、压板或盖组件故障	申请服务
11. 加热盖无反应	加热盖故障	运行加热盖确认测试
12. 运行结束后样品管挤压或变形	耗材使用不当，或未使用适当的托盘/支座	使用推荐的耗材 使用适当的托盘/支座

第十一节　扫描电子显微镜

一、概述

目前市场上提供的商品扫描电子显微镜按电子束发射方式分为场发射扫描电子显微镜（Field Emission Scanning Electron Microscope，FESEM）和常规扫描电子显微镜（Scanning Electron Microscope，SEM）。场发射电子显微镜属于高分辨扫描电镜。近代扫描电子显微镜的发展主要是在二次电子像分辨率方面，但对不导电或导电性不好的样品还需要经喷金、镀膜等处理后才能达到理想的图像分辨率。20 世纪 90 年代末期，随着 SEM 技术的逐渐成熟，出现了对导电性不好的材料在不经处理的情况下也能实现观察分析的技术，即低真空、低电压技术。近几年，直到环境扫描电子显微镜（Environmental Scanning Electron Microscope，ESEM）的出现，彻底弥补了 SEM 在此方面的缺陷，即在低真空模式下仍可以获得高分辨图像，可对样品（包括绝缘样品、含水样品）进行直接观察和分析，可以对诸如化学反应等进行动态过程观察。

扫描电子显微镜的放大倍数范围可从光学显微镜观察尺度一直扩展至纳米尺度，实为检查材料形貌的合适之选。FEI 扫描电子显微镜以精确聚焦的电子束扫描样品表面，然后借助各种探测器检测“电子束－样品”相互作用的结果，以此生成图像。Quanta 扫描电子显微镜是一款高性能的多功能电子显微镜，提供三种操作模式［高真空、低真空和环境扫描（ESEM）］，它是所有扫描电镜中能看最多样品类型的一款扫描电镜。所有 Quanta SEM 系统均配置分析系统，如能谱仪、X 射线波谱仪和电子背散射衍射分析系统。

SEM 具有以下特点：

（1）分辨率高、放大范围广。SEM 的分辨率介于透射电镜和光学显微镜之间，而放大倍数变化范围大（一般为 10～200000 倍），且能连续可调，适合对多相、多组分的非均匀物质同时进行低倍观察和高倍分析。

（2）景深大。SEM 有很深的景深（比光镜大 100～500 倍，比 TEM 大 10 倍），适合观察表面凹凸不平的样品，而且图像的三维立体感很强。

（3）样品制备简单。可以观察直径为 0～30mm 的大块样品，不需复杂的制样过程。

（4）可进行多功能的分析。SEM 上可安装能谱仪、特殊样品台等多种附件，不仅可以在形貌观察的同时进行微区成分分析，还可对样品进行加热、冷却或拉伸等动态试验，观察不同环境条件下样品的形态变化。

二、工作原理

扫描电子显微镜主要基于高能电子束与样品相互作用时激发样品产生的各种物理信号，如二次电子、背散射电子、特征 X 射线、俄歇电子、透射电子等。这些物理信号的强度随样品表面特征的变化而变化，通过收集这些物理信号，可以得到样品表面的信息。

1. 二次电子

二次电子是指被入射电子轰击出来的核外电子。由于原子核和外层价电子间的结合能很小，所以外层电子比较容易和原子脱离。当原子的核外电子从入射电子获得了大于相应的结合能的能量后，可离开原子而变成自由电子。如果这种散射过程发生在比较接近样品表层的区域，那些能量大于材料逸出功的自由电子可从样品表面逸出，变成真空中的自由电子，成为二次电子。

二次电子主要来自表面 5～50nm 的区域，一方面，它对样品表面状态非常敏感，能非常有效地显示样品的表面形貌；另一方面，由于二次电子来自样品表面层，入射电子还没有多次散射，产生二次电子的面积与入射电子的光斑面积没多大区别，因此二次电子的分辨率较高，一般可达 5～10nm。

扫描电子显微镜的分辨率通常取决于二次电子的分辨率，二次电子产生的数量随原子序数变化不明显，主要决定于表面形貌。

2. 背散射电子

背散射电子是指被固体样品中的原子反弹回来的一部分入射电子，包括弹性背散射电子和非弹性背散射电子。弹性背散射电子是指被样品中原子核反弹回来的散射角大于90°的入射电子，其能量基本上没有变化；非弹性背散射电子是由入射电子和核外电子撞击后产生非弹性散射造成的，不仅方向变化，能量也发生变化。从数量上看，弹性背散射电子远比非弹性背散射电子所占份额多。背散射电子的产生范围一般为100nm～1μm深，产额随原子序数增加而增加，因此，利用背散射电子作为成像信号不仅能分析形貌特征，也可用来显示原子序数衬度，定性地进行成分分析。

3. 特征 X 射线

特征 X 射线是原子的内层电子受到激发以后，在能级跃迁过程中直接释放的具有特征能量和波长的一种电磁波辐射。原子序数和特征 X 射线能量之间有对应关系，利用这一对应关系可以进行成分分析。

4. 俄歇电子

处于激发态的原子体系释放能量的另一种形式是发射具有特征能量的俄歇电子。如果原子内层电子能级跃迁过程所释放的能量仍大于邻近或较外层电子临界电离激发能，就有可能引起原子再一次电离，发射具有特征能量的俄歇电子。俄歇电子是在样品表面极有限的几个原子层中发出的，并且每一种原子都有自己的特征壳层能量，因此俄歇电子信号适用于表层化学成分分析。

5. 透射电子

如果样品厚度小于入射电子的有效穿透深度，就会有相当数量的入射电子穿过薄样品而成为透射电子。入射电子在穿透样品的过程中将与原子核或核外电子发生有限次数的弹性或非弹性散射。透射电子信号是由微区厚度、成分和晶格结构决定的。其中有些特征能量损失的非弹性散射电子与分析区域的成分有关，可以用特征能量损失电子配合电子能量分析器来进行微区成分分析。

三、结构及组成

扫描电子显微镜由电子光学系统、信号收集和显示系统、真空系统及电源系统组成。

1. 电子光学系统

电子光学系统主要由电子枪、电磁透镜、扫描线圈和样品室等部件组成。其作用是用来获得扫描电子束，作为信号的激发源。为了获得较高的信号强度和图像分辨率，扫描电子束应具有较高的亮度和尽可能小的束斑直径。

2. 信号收集和显示系统

信号收集和显示系统首先由检测样品在入射电子作用下产生物理信号，再将物理信号放大成显示系统的调制信号。常用电子检测器来收集物理信号，它由闪烁体、光导管和光电倍增器组成。

3. 真空和电源系统

真空系统的作用是建立能确保电子光学系统正常工作、防止样品污染所必需的真空度。通常情况下，钨灯丝电镜要求保持优于 $10^{-4} \sim 10^{-5}$ Pa 的真空度，场发射电子枪系统要求保持 $10^{-7} \sim 10^{-8}$ Pa 的真空度。

四、操作和使用

1. 样品的制备、喷金、放置

1）样品的制备

将一块导电胶置于铜（铝）基板上，将已干燥的样品置于导电胶上，用洗耳球将未黏附住的样品吹走（样品放入仪器以后，仪器内需要抽高真空，所以样品必须是干燥的样品；将未黏附住的样品用洗耳球吹走，目的是防止样品放入仪器以后，仪器抽高真空过程中样品污染仪器）。

2）样品的喷金

如果待测样品本身不导电，则需要在样品的表面喷上一层金纳米层，这样可以使样品更容易成像，能够拍出更清晰、更高倍数的图像。但如果需要用到配套的能谱仪检测样品的元素分布及元素含量，则建议不要喷金，因金纳米层会影响元素的含量及分布。喷金步骤：将已制好样品的样品台放入喷金仪，开启电压控制器，摁下喷金仪电源开关，摁下喷金仪开关，喷金仪开始抽真空，然后喷金开始，自动结束。

3）样品的放置

将已制好的样品（喷金完毕）放置于样品台上，样品台内圈有 4 个孔，外圈有 12 个孔，如果一次实验的样品不多的话，建议放置在外圈，放置的顺序最好是依次向右增加，方便自己在电脑软件的样品台俯视图中寻找样品。

2. 软件的使用

1）样品台高度的调节

样品放置完毕之后，合拢电镜仪，点击软件右上方的“Pump”抽真空，待软件右下方的图标由灰色转成绿色时，抽真空已完成，可以开始测试了。首先调节好样品台的高度，在现场监控窗口中，按住鼠标中键，往上（下）拖动鼠标，此时可以看到样品台在往上（下）移动，直到样品的最高点（注意这里不是样品台的最高点，而是样品的最高点）对齐那根 10mm 线，不需要完全对齐，大概对齐就可以［尤其要注意的是，样品千万不要撞到上方的电子发射窗口，一旦损坏了电子发射窗口，后果不堪设想。所以如果待测样品高度很高，则放入样品之前要先把样品台的高度降低，保证样品放入以后不会碰到上方的极靴（电子发射窗口）］。

2）样品测试

（1）点击“Beam On”加高压，待绿色条满格之后说明加高压完成。如果点击“Beam On”之后绿色条一直不能达到满格，或者绿色条变红色，说明灯丝已断。

（2）样品精确定位。精确定位样品的方法很简单，只要在软件的“样品台窗口”图片中，相应的“孔”的位置双击鼠标左键就可以了。鼠标左键双击哪里，哪里就会居中。

（3）样品扫描。选中其中一个“二次电子窗格”，界面中有4个“二次电子窗格”，这4个窗口功能是一样的，但为了方便测试样品，通常会将其中一个窗口固定设置为“现场监控窗口”，将其中另一个窗口固定设置为“样品台窗口”，这样的话可以使用第三和第四个窗口来扫描样品。

选中其中一个“二次电子窗格”（比如选中第三个窗格），设置扫描模式为“ETD（SE）”，这是扫描电镜模式（另一个扫描模式“BSED”是“背散射”扫描模式，需要用到这个模式的时候则选择这个模式）；设置电压为20kV，Spot为3.0（电压和Spot的数值通常用这个大小，如果有些样品有特殊要求，或者在这个电压和Spot下不能拍摄到清晰的图片，则可以适当地通过修改电压和Spot的数值来使图片清晰；一般电压越大，图片越亮越清晰，但需要样品的导电性足够好，且图片并非越亮越好，合适的亮度才是最好的）；将扫描速率改为1μs，点击开始扫描按键，此时第三个窗格中图片的扫描速度非常快，但图片不清晰。

如果此时图像太亮或太暗，可以点击黑白平衡按钮使亮度正常化；如果此时放大倍数不利于观察图像，则可以通过手动修改放大倍数，也可以通过键盘上的“+”和“-”按钮来控制倍数的放大或缩小。

按快捷键“F5”使当前窗格全屏显示，有利于观察图像。

按快捷键“F7”调出聚焦窗口，在聚焦窗口中按住鼠标右键，向左（或右）拖动鼠标，向左拖动鼠标之后如果发现图像变清晰了，则继续向左拖动，一直到图像再次变模糊；当图像再次变模糊则说明向左拖得太多，此时应该向右拖动，这样反复向左（或右）拖动鼠标，一直到图片清晰为止。

当图片清晰之后，再次按“F7”，去掉聚焦窗口，将扫描速率改为30μs，此时图片的扫描速度很慢，但扫出来的图片非常清晰；图片还未扫描完全时，可以在开始键上面点击一下，开始键变成黄色，表示扫描完成这一遍之后会暂停，等待图片保存之后，再继续扫描下一张。图片扫描完成之后，窗格暂停，此时可以保存图片了，File - Save As……；保存的格式有.tif格式和.jpg格式，这两种格式都可以，清晰度差不多。“.tif”是打印机格式，占用内存较大；“.jpg”是压缩图片格式，占用内存较小。

建议在低倍数时将样品大概聚焦清楚后，扩大到高倍数再精确聚焦，从高倍数扫到低倍数，这样因为在高倍数的时候已经聚焦清晰，当缩小至低倍数时图片依然清晰，省去了多次聚焦的麻烦，这样可以节省大量的时间。

当一个样品扫描结束之后，按“F5”退出全屏，在“样品台窗口”图片中精确定位下一个需要扫描的样品。

（4）标尺。仪器自带标尺，可以初步测量样品的宽度、角度；点击标尺下拉菜单，可以发现有5种不同的标尺，选择任何一种，在图片中拉出就可以得到相应的标尺。如果某一条标尺标错了，想删除，则选中那一条标尺，按键盘上的“Delete”键就可以删除了。

(5) 后处理及仪器保养。当全部样品扫描完成之后，点击“Beam On”，退高压。等待3min之后灯丝冷却，点击“Vent”按钮，放入空气（不能在点击“Beam On”后马上点击“Vent”，因为灯丝在长久工作之后温度很高，此时如果马上放入空气，灯丝易被氧化，会降低灯丝的使用寿命）。放气完成后打开电镜仪，拿出样品，关上电镜仪，再次点击“Pump”按钮，使仪器长期保持真空状态。

(6) 数据的拷贝。在等待灯丝冷却的这几分钟时间里，可以放入光盘拷贝数据：①找到要拷贝的数据文件夹 - Send To - 光盘；②从“我的电脑”进入光盘文件夹，可以看到刚才发送到光盘的文件夹的图标上有一个向下的箭头，这表示本文件夹“准备写入”，选中文件夹，点击左侧的“Write these files to CD”，文件开始写入。

(7) 软件的开启。扫描电镜的保养，要长期保持真空状态，因此仪器长期不关，配套的电脑也长期不关，软件当然也是长期开着。除非遇到停电，或者电脑死机的情况，否则软件都是不用重启的。

软件开启的步骤如下：点击桌面上的图标，在弹出来的窗口中点击“Start”，等待一小会儿软件启动以后会弹出账号密码窗口，输入账号“support”、密码“feico95 - 001”，点击“OK”；如果还弹出一个选项，问“是否初始化校零”，则应该点击“OK”，样品台会开始校零，校零完成之后样品台会自动降到最下方，这时需要手动将样品台升上来，升至合适的高度。

重启软件之后需要重新设置窗格：①在软件的“样品台窗口”中调出“样品台图片”，D盘 - Date - 找到文件“stage - position - pengguanghuai” - 打开；②“现场监控窗口”的设置，选中其中一个窗口 - Detectors - 勾上 CCD，设置完毕。

软件/仪器的关闭（非管理人员不要轻易关软件，尤其是仪器）：点击“Start”右边的“Stop”，关闭电脑，关闭仪器前面的电源（指示灯为绿色），关闭仪器后方的电源——MAINS（so）闸刀开关闭上，拔插座。

(8) 附加说明：

①可以用“Z轴”来控制样品台的高度，但“Z轴”如果控制不好，容易发生意外，使样品台撞到极靴（电子发射口）。所以除非是很熟练的管理人员，一般操作人员则不要动“Z轴”。

②扫描方式、扫描参数的预设。扫描的方式和扫描参数是可以预设的，可根据需要在预设窗口中进行设置。如果发现扫描方式被人修改了，不再适合自己样品的扫描，则点击自己预设的序号，当前窗口就变成了自己预设的扫描方式。

③仪器一般拥有3种扫描模式，分别是“High Vacuum”“Low Vacuum”和“ESEM”。其中“ESEM”是“环境扫描”模式，在这种模式下，不用抽高真空，而是抽低真空（500~700Pa），电压设为15kV，spot 设为4.0，这种模式对于生物样品来说具有很大的意义，不要求生物样品在前期处理中很干燥，含水（溶剂）的情况下也能够成像，这样就能够保证生物样品的原位性，结构不会因干燥过程而受到破坏。

五、维护保养与故障排除

（1）灰尘的影响：如果扫描电镜的导轨、镜头和电源等电子元件沾上了太多尘埃物质，就会对扫描电镜的精度、成像造成严重影响，导致测量结果不准确，并且还会加快硬件的磨损，所以一定要定期清洁，注意卫生。

（2）油污的影响：扫描电镜的导轨、镜头、平面玻璃和电源等电子元件都不能沾染油污，否则会大大缩短仪器的使用寿命，因此在触摸扫描电镜的时候要戴棉质手套。

（3）光照的影响：扫描电镜不能直接对着太阳直射，也不能放在阳光很强的位置，否则会影响扫描电镜精度，长时间温度过高还会损坏扫描电镜。

（4）温度的操控：扫描电镜适宜放在 18 ~ 24℃ 的室内，如果超过最高温度或者低于最低温度，都有可能造成扫描电镜精准度不高。

（5）湿度的操控：湿度对扫描电镜也有影响，太潮湿的环境会使仪器生锈，所以通常要放置在空气湿度为 45% ~ 75% 的室内。

（6）要留意避振：扫描电镜不能长时间处于振荡环境，否则会使扫描电镜的零部件精度降低。对于振动的频率要小于 10Hz，振幅频率要小于 2μm。如果不能控制这样的振荡环境，就要尽可能地削减振荡，可以通过安装振荡阻尼器来削减。

（7）轻拿轻放（喷金仪的使用）。

（8）细致谨慎（放样品的时候）。

（9）以一种“主人公心态”对待仪器，把仪器当作是自家的，小心地使用，认真地保养。大型仪器一旦坏了就很麻烦，因为配件很多都是国外进口的，如果损坏的是重要配件，更换一次至少需要 2 个月。

（10）如果样品有磁性，则一定要告诉管理人员，制样过程需要在特别指导下进行。

（11）放样时要特别注意样品台高度，以防样品撞到极靴（电子发射窗口）。

（12）按住鼠标中键，可以在“现场监控窗口”中调整样品台的高度，如果按住鼠标中键拖不动样品台，则可能是由于软件开启时没有进行样品台初始化或“现场监控窗口”被暂停。

（13）全部样品扫描完成以后，点击“Beam on”去掉高压，等待 3min 后再点击“Vent”放气，若直接放气则灯丝在高温下遇空气容易氧化，会降低其使用寿命（在这等待的 3min 时间内可以拷贝数据）。

附录 1　常见化合物基团的红外光谱特征峰表

附表 1－1　脂肪族饱和烃的红外光谱特征吸收峰

基团	振动类型		频率/cm^{-1}	波长/μm	强度
C—CH_3	υ_{as}		2960	3.38	150
	υ_s		2890～2870	3.46～3.48	90
	δ_{as}		1460	6.85	15
C—CH_3	δ_S		1380	7.25	15
$-\underset{CH_3}{\overset{\vert}{C}}-CH_3$	δ_S		1385 1375	7.22 7.27	
叔丁基	δ_S		1385 1375	7.22 7.27	
—$(CH_2)_n$—	υ_{as}		2925	3.42	75
	υ_s		2850	3.51	45
—$(CH_2)_n$—	剪式振动		1470	6.80	8
—$(CH_2)_n$— ($n\geqslant4$)	面外摆动	结晶	730，720	13.7，13.9	
		非结晶	722	13.85	
—$(CH_2)_n$— ($n<4$)	面外摆动		770～730	13.0～13.7	
$-C-\overset{\vert}{\underset{\vert}{C}}H$	υ		2890（附近）	3.46（附近）	弱

附表 1－2　与不同官能团相连接的甲基、亚甲基的红外光谱特征吸收峰

基团	振动类型	频率/cm^{-1}	波长/μm	强度
C═C—CH_3		1385～1375	7.22～7.27	比 C—CH_3 大
ϕ—CH_3				
C—C(═O)—CH_3		1360～1355	7.35～7.38	比 C—CH_3 大
C—C(═O)—CH_3		1380～1365	7.25～7.23	
O—CH_3		1455～1435	6.87～6.97	
—N—CH_3		1380（附近）	7.25（附近）	和 C—CH_3 相同
S—CH_3		1325（附近）	7.55（附近）	
P—CH_3	弯曲振动	1320～1280	7.58～7.82	中～强
Si—CH_3		1260～1250	7.94～8.00	强
		1450	6.90	
		1455	6.87	
C═C—CH_2 C≡C—CH_2		1445～1430	6.92～6.99	
—C(═O)—CH_2		1440～1400	6.94～7.14	
N^+—CH_2		1440～1400	6.94～7.14	

附表 1－3　脂肪族不饱和烃的红外光谱特征吸收峰

基团	振动类型	频率/cm^{-1}	波长/μm	强度
	$\upsilon_{as\,C-H}$	3095～3075	3.23～3.25	
	$\upsilon_{s\,C-H}$	2976	3.36	
	δ_{C-H}（面内）	1135	8.81	
	δ_{C-H}（面外）	890	11.24	100～150
		1800～1750	5.55～5.70	30
$R_1R_2C{=}CH_2$	$\upsilon_{C=C}$	1658～1648	6.03～6.07	
	δ_{C-CH_2}	560～530	17.9～18.0	
	υ_{C-CH_3}	3095～3075	3.23～3.25	
	δ_{C-H}（面内）	1420～1300	7.04～7.69	
	δ_{C-H}（面外）	990，910	10.10，10.99	
		635～630	15.8～15.9	

续表

基团	振动类型	频率/cm⁻¹	波长/μm	强度
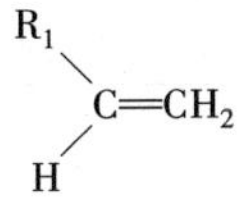	ν_{C-H}	3040～3010	3.29～3.32	
	ν_{C-H_2}	2975	3.36	
	δ_{C-H}（面外）	1860～1890	5.38～5.56	30
	$\nu_{C=C}$	1645～1640	6.08～6.10	
	$\delta_{=CH_2}$	552～550	18.1～18.3	
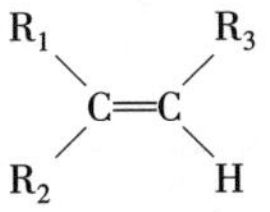	ν_{C-H}	3040～3010	3.29～3.32	
	δ_{C-H}（面外）	840～800	11.90～12.50	40
	$\nu_{C=C}$	1675～1665	5.97～6.00	
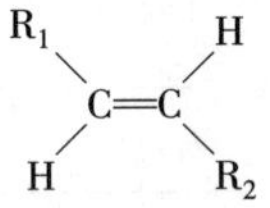	ν_{C-H}	3040～3010	3.29～3.32	
	δ_{C-H}（面外）	965	10.36	100
	$\nu_{C=C}$	1675～1665	5.97～6.00	
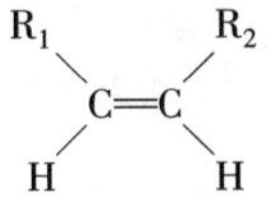	ν_{C-H}	3040～3010	3.29～3.32	
	δ_{C-H}（面内）	1405	7.12	
	δ_{C-H}（面外）	730～675	13.7～14.8	
	$\nu_{C=C}$	1675～1665	5.97～6.00	

附表1－4 芳香烃的红外光谱特征吸收峰

基团	振动类型	频率/cm⁻¹	波长/μm	强度
苯	ν_{C-H}	3100～3000（多个峰）	3.23～3.33（多个峰）	20～60
	δ_{C-H}	2000～1660	5.0～6.0	5（附近）
	$\nu_{C=C}$	1600，1500（附近）	6.25，6.67（附近）	100（附近）
单取代苯	δ_{C-H}（五个相邻H原子）	770～730	13.0～13.7	100～300
	δ_{C-H}	710～690	14.1～14.5	100～200
	ϕ_{-C-C}	560～418	17.9～23.9	
二取代苯（邻位）	δ_{C-H}（四个相邻H原子）	770～735	13.0～13.6	100～700
	ϕ_{-C-C}	470～418	21.3～23.9	
二取代苯（间位）	δ_{C-H}（一个H原子）	900～860	11.1～11.6	中
	δ_{C-H}（三个相邻H原子）	810～750	42.4～13.3	100～500
	δ_{C-H}	725～680	13.8～14.7	100
	ϕ_{-C-C}	490～415	20.4～24.1	
二取代苯（对位）	δ_{C-H}（二个相邻H原子）	860～800	11.6～12.5	100～500
	ϕ_{-C-C}	552～446	18.1～22.4	

续表

基团	振动类型	频率/cm^{-1}	波长/μm	强度
三取代苯（1，2，3 位）	δ_{C-H}（三个相邻 H 原子）	280～760	12.8～13.2	强
	δ_{C-H}	745～705	13.4～14.2	强
	ϕ_{-C-C}	570～535	17.5～18.7	
三取代苯（1，2，4 位）	δ_{C-H}（二个相邻 H 原子）	825～805	12.1～12.4	100
	δ_{C-H}（一个 H 原子）	885～870	11.3～11.5	20
	ϕ_{-C-C}	476～428	21.0～23.4	
三取代苯（1，2，5 位）	δ_{C-H}（一个 H 原子）	900～860	11.1～11.6	
	δ_{C-H}	735～675	13.6～14.8	
	ϕ_{-C-C}	535～500	18.7～20.0	
四取代苯	δ_{C-H}（二个相邻 H 原子）	810～800	12.4～12.5	
四取代苯	δ_{C-H}（一个 H 原子）	850～840	11.8～11.9	
四取代苯	δ_{C-H}（一个 H 原子）	870～855	11.5～11.7	
四取代苯（1，2，3，4 位）（1，2，3，5 位）（1，2，4，5 位）	ϕ_{-C-C}	585～505	17.1～19.8	
		470～420	21.3～23.8	
五取代苯	δ_{C-H}（一个 H 原子）	900～860	11.1～11.6	
	ϕ_{-C-C}	580～558	17.2～17.9	
	δ_{C-H}（面内）（1，2－；1，4－；2，4－）	1275～1175	7.48～8.51	
		1175～1125	8.51～8.89	
		1075～1000	9.35～10.00（双峰）	
	δ_{C-H}（面内）（单；1，3－；1，2，3－；1，3，5－）	1175～1125	8.51～8.89	
		1110～1070	9.01～9.35	
		1070～1000	9.35～10.00	
	δ_{C-H}（面内）（1，2－；1，2，3－；1，2，4－）	1000～960	10.00～10.42	

附表 1－5 其他烷烃的红外光谱特征吸收峰

基团	振动类型	频率/cm^{-1}	波长/μm	强度
炔类衍生物	ν_{C-H}	3310～3300	3.02～3.03	100
	$\nu_{C\equiv C}$（末端）	2140～2100	4.67～4.76	5
	$\nu_{C\equiv C}$（中间）	2260～2190	4.43～4.57	1
	$\delta_{\equiv C-H}$	692～578	14.45～17.30	强
	$\delta_{C-C\equiv C}$	353～335	28.3～29.9	
丙二烯类衍生物	$\nu_{C=C=C}$	1950	5.13	强
	δ_{C-H}（末端）	850	11.76	极强
环丙烷		1020～1000	9.80～10.00	20～80
环丁烷		920～860	10.87～11.63	中
		1000～960	10.00～10.42	
环己烷		1005～925	9.95～10.80	中
		1055～1000	9.48～10.00	

附表 1－6 醇和酚的红外光谱特征吸收峰

基团	振动类型	频率/cm^{-1}	波长/μm	强度
游离	ν_{O-H}	3650～3590	2.74～2.79	40～70
二分子缔合		3600～3500	2.78～2.86	100
多分子缔合		3400～3200	2.94～3.13	强（宽）
X 电子缔合		3600～3500	2.78～2.86	
螯合作用		3200～2500	3.13～4.00	
n—C—C—OH	ν_{C-O}	1050（附近）	9.52（附近）	200
—C—C—OH		1030（附近）	9.71（附近）	200
=C—C—OH		1010（附近）	9.90（附近）	
—C—C—OH	ν_{C-O}	1100（附近）	9.09（附近）	60～200
—C—C—OH		950～930	10.53～10.75	
=C—C—OH		1070（附近）	9.09（附近）	60～200
		990～960	10.10～10.42	
—C—C—OH		1150（附近）	9.35（附近）	60～200
		920～900	10.87～11.11	
—C—C—OH		1200（附近）	8.33（附近）	60～200
		950～920	10.53～10.87	
=C—C—OH		1200（附近）	8.33（附近）	
酚		850～800	11.76～12.50	
伯醇，仲醇	δ_{C-H}	1350～1260	7.4～7.9	中
叔醇，酚类		1410～1310	7.1～7.6	中
	δ_{C-O-H}（面外）	～650	～15.4	很宽

附表1－7　醛的红外光谱特征吸收峰

基团	振动类型	频率/cm^{-1}	波长/μm	强度
饱和脂肪族	$\upsilon_{C=O}$	1740～1720	5.75～5.81	强
α，β－不饱和		1705～1680	5.87～5.95	强
α，β，γ，δ－不饱和		1680～1660	5.95～6.02	强
芳香族		1715～1695	5.83～5.90	强
α，β不饱和β－羧基		1670～1645	5.99～6.08	强
	υ_{C-H}	2900～2700	3.45～3.70	弱
	δ_{C-H}	950～780	10.3～12.8	中
脂肪族	其他振动	1140～1325	6.94～7.55	中
芳香族		1415～1350	7.07～7.41	中
		1320～1260	7.58～7.94	中
		1230～1160	8.13～8.62	中

附表1－8　酮的红外光谱特征吸收峰

基团		振动类型	频率/cm^{-1}	波长/μm	强度
饱和链状		$\upsilon_{C=O}$	1715	5.83	300～600
α，β－不饱和			1685～1665	5.93～6.01	300～600
α，β－α′，β′－不饱和			1670～1663	5.99～6.01	300～600
芳香族			1700～1680	5.88～5.95	300～600
二芳基			1685～1660	5.93～6.02	300～600
α－卤代			1745～1725	5.73～5.80	300～600
α，α′－二卤代			1765～1745	5.67～5.73	300～600
α，－二酮			1730～1710	5.78～5.85	300～600
β－二酮（烯醇式）			1640～1540	6.10～6.49	300～600
α，β不饱和－β－羧基（或氨基）			1640～1540	6.10～6.49	300～600
1－酮基－2－羟基（或氨基）芳香族			1655～1635	6.04～6.12	300～600
γ－二酮	—CO—CH_2—CH_2—CO—		1745～1725	5.80～5.87	300～600
	—CO—CH_2—O—CO—		1745～1725	5.73～5.80	300～600
六元环或七元环酮			1725～1705	5.80～5.87	300～600
五元环酮			1750～1740	5.71～5.75	300～600
四元环酮			1795～1775	5.57～5.63	300～600
三元环酮			1815	5.51	300～600
醌类	两个CO在同一环上		1690～1660	5.92～6.02	300～600
	两个CO在同一环上		1655～1635	6.04～6.12	300～600
芳庚酚酮			1600（附近）	6.25（附近）	300～600
烷基酮			1250～1025	8.00～9.76	
芳香族酮			1325～1215	7.55～8.23	

附表 1－9　羧酸的红外光谱特征吸收峰

基团	振动类型	频率/cm^{-1}	波长/μm	强度
羧酸	υ_{O-H}	3300～2500	3.00～4.00	强（宽）
饱和脂肪酸	$\upsilon_{C=O}$	1725～1700	5.80～5.88	500
α，β－不饱和酸		1715～1690	5.83～5.95	强
芳香族酸		1700～1680	5.88～5.95	强
α－卤代脂肪酸		1750～1720	5.71～5.81	强
酸中含有分子内氢键		1670～1650	5.99～6.06	强
羧酸	δ_{O-H}（面内）	1440～1395	6.94～7.17	弱
	υ_{C-O}	1320～1210	7.58～8.26	强
	δ_{O-H}（面外）	955～890	10.47～11.24	宽，强度变
	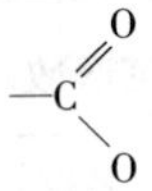	1610～1550	6.21～6.45	强
		1420～1300	7.04～7.69	强
	O—C=O	675～590	14.8～16.9	
		495～465	20.2～21.5	

附表 1－10　酯和内酯的红外光谱特征吸收峰

基团	振动类型	频率/cm^{-1}	波长/μm	强度
饱和脂肪族酯	$\upsilon_{C=O}$	1750～1735	5.71～5.76	500～1000
α，β－不饱和酯和芳香族酯		1730～1715	5.78～5.83	
乙烯基酯		1780～1740	5.62～5.75	
含有α电负性取代基的酯		1770～1745	5.65～5.73	
α－酮酯		1755～1740	5.70～5.75	
β－酮酯（烯醇式）		1650（附近）	6.1（附近）	
β－酮酯（酮式）		1750～1735	5.71～5.76	
水杨酸酯和邻氨基苯甲酸酯		1690～1670	5.92～5.99	
γ及较高级酮酯		1750～1735	5.71～5.76	
δ－内酯		1750～1735	5.71～5.76	
饱和的γ－内酯		1780～1760	5.62～5.68	
α，β－不饱和－γ－内酯		1785，1755	5.60，5.70	
β，γ－不饱和γ－内酯		1800（附近）	5.55（附近）	
β－内酯		1820（附近）	5.5（附近）	
硫醇酯		1675（附近）	6.0（附近）	
甲酸酯	υ_{C-O-C}	1180	8.48	
		1150～1000	8.70～10.00	

续表

基团	振动类型	频率/cm^{-1}	波长/μm	强度
乙酸酯	υ_{C-O-C}	1240	8.07	
		1100～1000	9.09～10.00	
芳香族乙酸酯		1210（附近）	8.30（附近）	
丙酸及其他高级酸酯		1200～1150	8.33～8.70	
		1150～1050	8.70～9.52	
丙烯酸酯，反丁烯二酸酯及顺丁烯二酸酯		1300～1200	7.70～8.30	
		1180～1130	8.48～8.85	
苯甲酸和邻苯二甲酸酯		1310～1250	7.63～8.00	
		1150～1100	8.70～9.09	

附表 1－11　醚和过氧化物的红外光谱特征吸收峰

基团		振动类型	频率/cm^{-1}	波长/μm	强度
烷基醚		υ_{C-O-C}	1150～1070	8.70～9.35	极强
芳香族醚和其他含有═C—O 基团的化合物			1275～1200	7.85～8.33	极强
			1075～1020	9.31～9.80	极强
环氧化合物			1250（附近）	8.00（附近）	强
			950～810	10.53～12.35	强
			840～750	11.90～13.33	中
较大的环氧化合物			1140～1070	8.8～9.4	极弱
烷基过氧化物	脂肪族		890～820	11.2～12.2	极弱
	芳香族		1000（附近）	10.00（附近）	极弱

附表 1－12　胺和亚胺的红外光谱特征吸收峰

基团	振动类型	频率/cm^{-1}	波长/μm	强度
伯胺	δ_{N-H}	3500（附近）	2.86（附近）	弱
		3400（附近）	2.94（附近）	
仲胺脂肪族		3450～3310	2.90～3.02	弱
二端与芳基相连		3490	2.87	中～强
一端与芳基相连		3450	2.90	中 30～45
杂环芳香族		3490	2.87	极弱 150～300
亚胺		3400～3300	2.94～3.03	中
伯胺	δ_{N-H}（面内）	1640～1560	6.10～6.41	强～中
	δ_{N-H}（面外）	900～650	11.11～15.38	宽

续表

基团		振动类型	频率/cm^{-1}	波长/μm	强度
仲胺		δ_{N-H}	1580 ~ 1490	6.33 ~ 6.71	极弱
芳香族胺	伯	δ_{C-N}	1340 ~ 1250	7.45 ~ 8.00	强
	仲		1350 ~ 1280	7.40 ~ 7.80	强
	叔		1360 ~ 1310	7.35 ~ 7.65	强
脂肪族胺			1230 ~ 1030	8.13 ~ 9.71	中 ~ 弱
脂肪族		δ_{C-C-N}，δ_{C-N-C}	510 ~ 440	19.6 ~ 22.7	
芳香族			422 ~ 345	23.7 ~ 29.0	

附表1-13 酰胺的红外光谱特征吸收峰

基团		振动类型	频率/cm^{-1}	波长/μm	强度
伯酰胺	游离	υ_{N-H}	3540 ~ 3480	2.83 ~ 2.88	中
			3420 ~ 3380	2.92 ~ 2.96	
	缔合		3360 ~ 3180（多峰）	2.97 ~ 3.15（多峰）	中
仲酰胺（游离）	反式		3460 ~ 3440	2.89 ~ 2.91	中
	顺式		3440 ~ 3420	2.91 ~ 2.93	中
仲酰胺（缔合）	顺式		3100 ~ 3070	3.23 ~ 3.26	弱
	反式		3180 ~ 3140	3.15 ~ 3.19	中
			3330 ~ 3270	3.00 ~ 3.06	中
伯酰胺	游离	$\upsilon_{C=O}$	1690（附近）	5.29（附近）	强
	缔合		1650（附近）	6.06（附近）	强
仲酰胺	游离		1670（附近）	5.99（附近）	强
	缔合		1650（附近）	6.06（附近）	强
叔酰胺（游离）			1650（附近）	6.06（附近）	强
环状酰胺（六元环以上）			1680（附近）	5.95（附近）	强
γ-内酰胺	单环		1750 ~ 1700	5.71 ~ 5.88	强
	稠环		1700（附近）	5.88（附近）	强
β-内酰胺	单环		1760 ~ 1730	5.68 ~ 5.78	强
	稠环		1780 ~ 1770	5.62 ~ 5.65	强
伯酰胺	游离	δ_{N-H}	1620 ~ 1590	6.17 ~ 6.29	强
	缔合		1650 ~ 1620	6.06 ~ 6.17	强
仲酰胺（非环状）	游离		1550 ~ 1510	6.45 ~ 6.62	强
	缔合		1570 ~ 1515	6.37 ~ 6.60	强
仲酰胺		δ_{C-N}	1420 ~ 1400	7.04 ~ 7.14	中

续表

基团	振动类型	频率/cm^{-1}	波长/μm	强度
伯酰胺	$\delta_{N-C=O}$	632 ~ 570	15.8 ~ 17.5	
仲酰胺		610 ~ 550	16.4 ~ 18.2	
叔酰胺		600 ~ 570	16.7 ~ 17.5	
伯酰胺	$\delta_{C-C=O}$	520 ~ 450	19.2 ~ 22.2	
仲酰胺		480 ~ 430	20.8 ~ 23.3	
叔酰胺		480 ~ 440	20.8 ~ 22.7	

附表 1－14　不饱和含氮化合物的红外光谱特征吸收峰

基团	振动类型	频率/cm^{-1}	波长/μm	强度
饱和脂肪族腈	$\upsilon_{C\equiv N}$	2260 ~ 2240	4.43 ~ 4.46	弱 ~ 中
芳香族腈		2240 ~ 2220	4.46 ~ 4.50	强
α，β－不饱和脂肪族腈		2235 ~ 2215	4.47 ~ 4.51	强
异氰酸酯		2275 ~ 2250	4.39 ~ 4.44	1300 ~ 2000
链状化合物	$\upsilon_{C=N}$	1690 ~ 1640	5.92 ~ 6.10	可变
链状 α，β－不饱和化合物		1660 ~ 1630	5.95 ~ 6.13	可变
环状共轭化合物		1660 ~ 1480	6.02 ~ 6.76	可变
含氮化合物	$\upsilon_{N=N}$	1630 ~ 1575	6.13 ~ 6.35	可变
	$\upsilon_{-N=C=N}$	2155 ~ 2130	4.64 ~ 4.70	强
	$\upsilon_{N\equiv N}$	2120 ~ 2090	4.72 ~ 4.79	强
		1310 ~ 1200	7.63 ~ 8.33	弱
饱和脂肪腈	$\delta_{C-N\equiv N}$	390 ~ 350	25.6 ~ 28.6	

附表 1－15　杂环芳香族化合物的红外光谱特征吸收峰

基团	振动类型	频率/cm^{-1}	波长/μm	强度
吡啶和喹啉类	υ_{C-H}	3020（附近）	3.3（附近）	强
	$\upsilon_{C=N}$和υ_{C-H}	1650 ~ 1550	6.06 ~ 6.45	中
		1550 ~ 1500	6.45 ~ 6.67	中
	环的振动和 δ_{C-H}	1200（附近）	8.3（附近）	强
		1100 ~ 1000	9.10 ~ 10.0	强
		900 ~ 650	11.1 ~ 15.4	强
		710（附近）	14.1（附近）	强
		635 ~ 600	15.7 ~ 16.7	
		420 ~ 385	23.8 ~ 30.0	

续表

基团	振动类型	频率/cm^{-1}	波长/μm	强度
嘧啶类	ν_{C-H}	3060～3010	3.27～3.32	强
	$\nu_{C=N}$和ν_{C-H}	1580～1520	6.33～6.58	中
	环的振动和δ_{C-H}	1000～960	10.0～10.4	中
		825～775	12.1～12.9	中

附表1－16　有机磷化合物的红外光谱特征吸收峰

基团	振动类型	频率/cm^{-1}	波长/μm	强度
磷—氧键	$\nu_{P=O}$（游离）	1350～1250	7.4～8.0	强
	$\nu_{P=O}$（缔合）	1250～1150	8.0～8.7	极强
	ν_{P-O-C}（芳香族）	1240～1190	8.1～8.4	强
	ν_{P-O-C}（脂肪族）	1050～990	9.5～10.1	极强
	ν_{P-O-P}	970～940	10.3～10.6	宽
	ν_{P-OH}	2700～2560	3.7～3.9	宽
P—O—C_2H_5和P—Oar	ν_{P-O-C}	1170～1190	8.5～8.7	弱
P—O—CH_3	ν_{P-O-C}	1180（附近）	8.5（附近）	弱
磷—氢键	ν_{P-H}	2240～2250	4.10～4.44	中
	δ_{P-H}	1080～1070	9.26～9.34	中
	δ_{P-H}	805（附近）	12.42（附近）	中

附表1－17　无机化合物的红外光谱特征吸收峰

基团	振动类型	频率/cm^{-1}	波长/μm	强度
CO_3^{2-}	$\nu_{c=o}$	1490～1410	6.71～7.09	极强
	$\delta c-o$	880～860	11.36～12.50	中
SO_4^{2-}	$\nu_{s=o}$	1130～1080	8.85～9.62	极强
	$\delta s-o$	680～610	14.71～16.4	中
NO_2^-	ν_{N-O}	1250～1230	8.00～8.13	强
		1360～1340	7.35～7.46	强
	δ_{N-O}	840～800	11.90～12.50	弱
NO^{3-}	ν_{N-O}	1380～1350	7.25～7.41	极强
	δ_{N-O}	840～815	11.90～12.26	中
NH_4^+	ν_{N-H}	3300～3030	3.03～3.33	极强
	$\delta_{N—H}$	1485～1390	6.73～7.19	中

续表

基团	振动类型	频率/cm^{-1}	波长/μm	强度
PO_4^{3-} HPO_4^{2-} $H_2PO_4^-$	υ_{P-O}	1100 ~ 1000	9.09 ~ 10.00	强
ClO_3^-	υ_{Cl-O}	980 ~ 930	10.20 ~ 10.75	极强
ClO_4^-	υ_{Cl-O}	1140 ~ 1060	8.77 ~ 9.43	极强
$Cr_2O_7^{2-}$	υ_{Cl-O}	950 ~ 900	10.35 ~ 11.11	强
CN^-, CNO^-, CNS^-	υ_{C-N}	2200 ~ 2000	4.55 ~ 5.00	强

注：以上表格摘自杜自强主编的《综合化学实验》，科学出版社出版，2005 年 2 月。

附录 2　液体核磁共振化学位移 δ 数据表

附表 2－1　各种环境中质子的化学位移（δ）

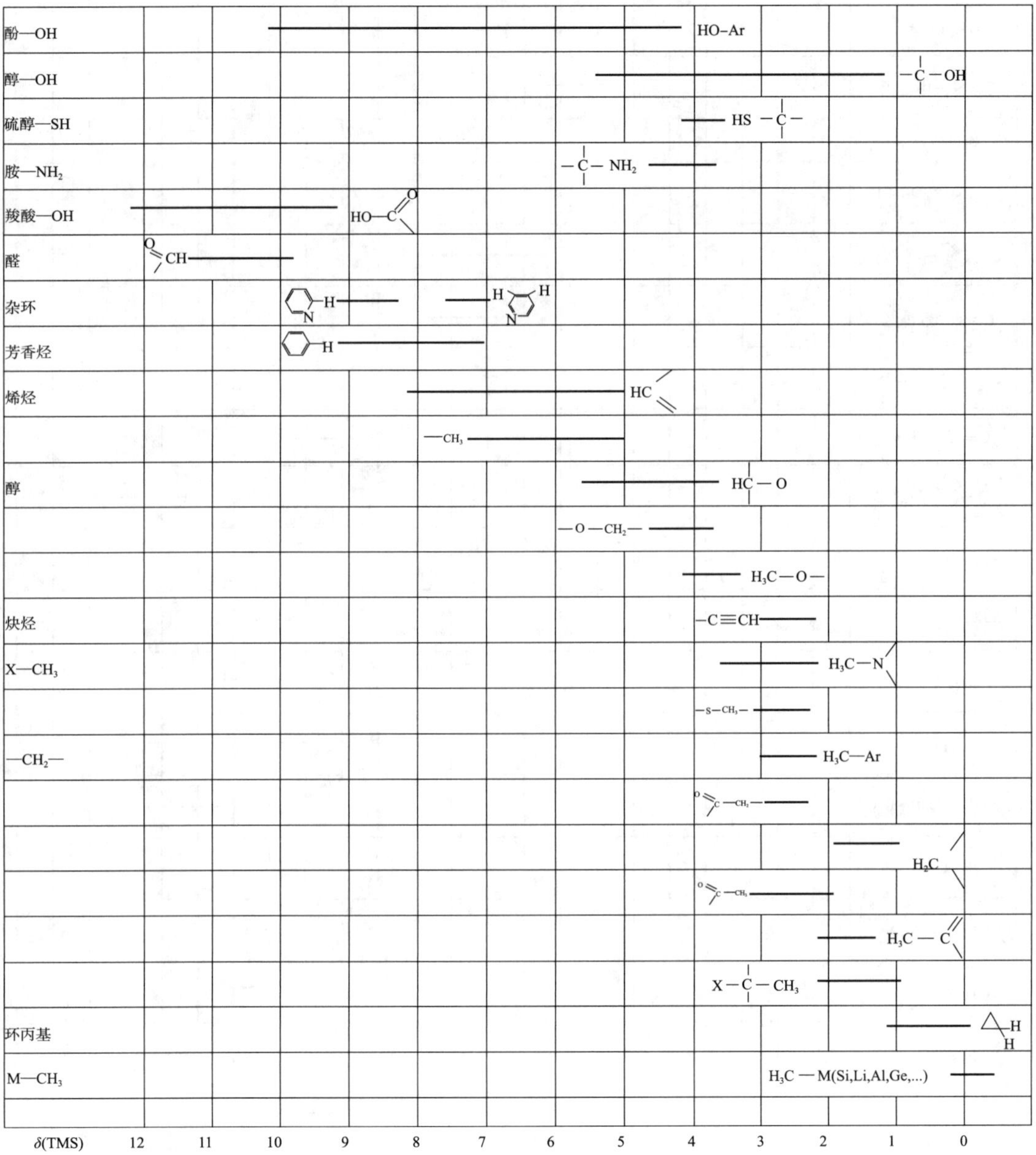

附表 2-2 有机化合物的^{13}C化学位移（δ）

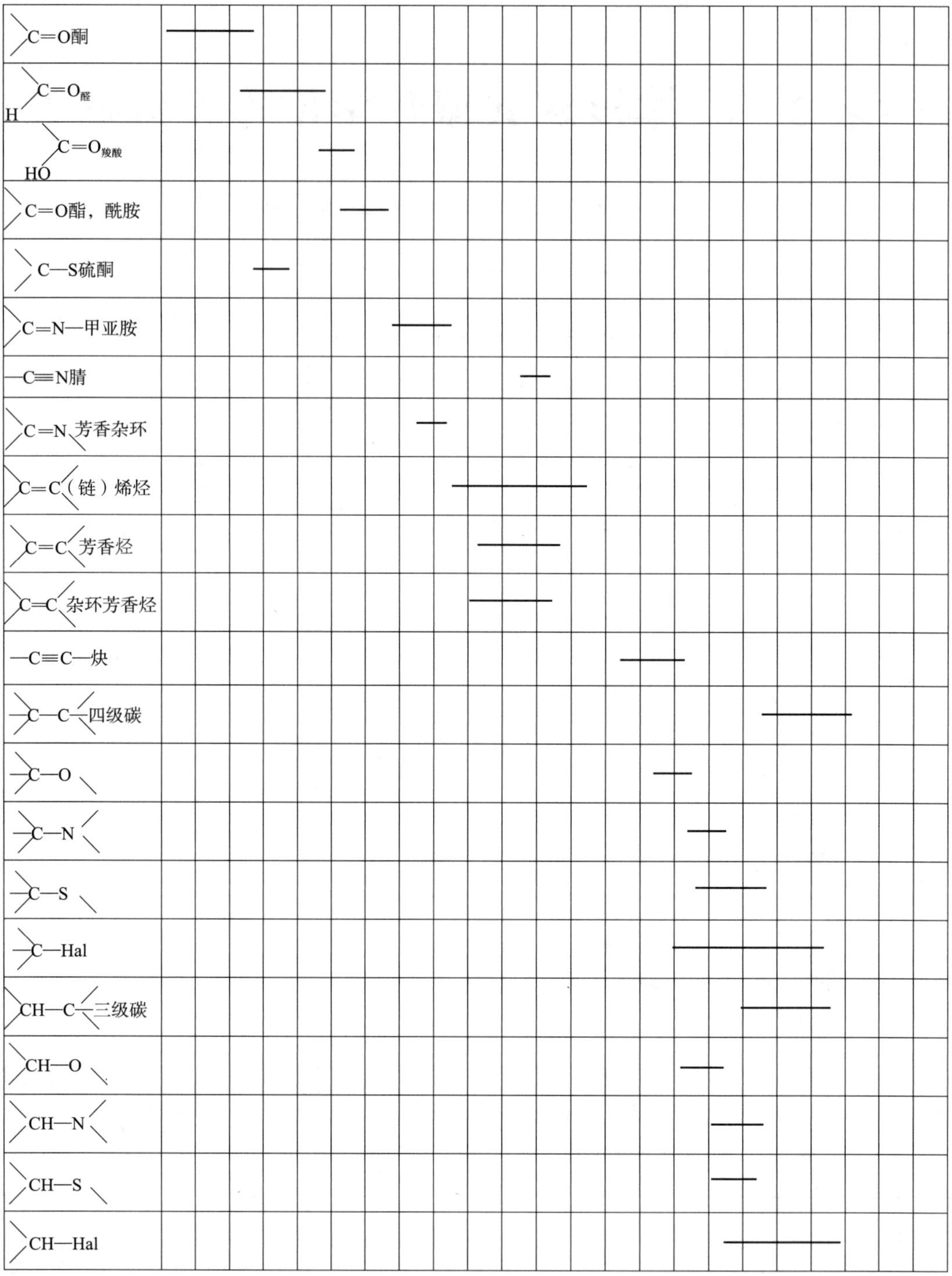

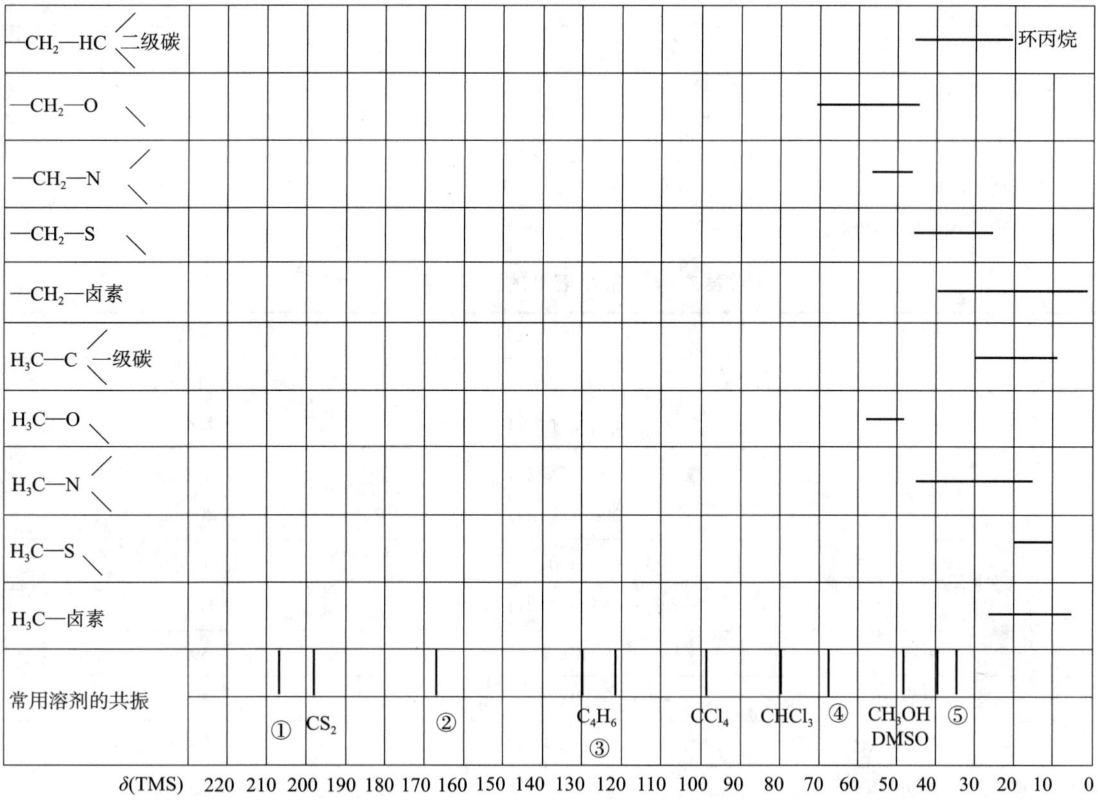

注：(1) 相对于内标 TMS，①为 $(CH_3)_2CO$，②为 CF_3COOH，③为 CF_3COOH，④为 1，4 - 二氧六环，⑤为 $(CH_3)_2CO$。

(2) 本表摘自杜自强主编的《综合化学实验》，科学出版社出版，2005 年 2 月。

附表 2 - 3 重氢溶剂残余质子的化学位移 (δ_H)

溶剂	基团	δ_H	基团	δ_H	基团	δ_H
乙酸 - d_4	CH_3	2.05	OH	11.53 *		
丙酮 - d_6	CH_3	2.05				
乙腈 - d_3	CH_3	1.95				
苯 - d_6		7.20				
氯仿 - d		7.25				
环己烷 - d_{12}		1.40				
重水		4.75 *				
二甲亚砜 - d_6	CH_3	2.50				
1，4 - 二氧六环 - d_8		3.55				
乙醇 - d_6	CH_3	1.17	CH_2	3.59	OH	2.60 *
甲醇 - d_4	CH_3	3.35	OH	4.84 *		

续表

溶剂	基团	δ_H	基团	δ_H	基团	δ_H
二氯甲烷 - d_2		5.35				
吡啶 - d_5	a - H	8.70	β - H	7.20	γ - H	7.58
四氢吹喃 - d_8	a - H	3.60	β - H	0.75		

* δ_H 值依赖于溶质和温度有相当大的变化。

附表 2-4　常用溶剂的化学位移（δ_c）

溶剂	δ_c（质子化物）	δ_c（氚代化物）
乙腈	1.7（CH_3） 118.2（CN）	1.3 118.2
丙酮	30.4（CH_3） 206.7（CO）	29.2 206.5
N，N - 二甲基甲酰胺	30.9，36.0（CH_3） 167.9（CO）	30.1，35.2 167.7
二甲亚砜	40.5	39.6
甲醇	49.0	49.0
1，4 - 二氧六环	67.4	66.5
氯仿	77.2	76.9
四氯化碳	96.0	—
吡啶	124.2（β） 136.2（γ） 149.7（α）	123.5 135.5 149.2
苯	128.5	128.0
二硫化碳	192.8	—

注：以上表格摘自赵姚兴、孙祥玉编著的《有机分子结构光谱鉴定》，科学出版社出版，2003 年 3 月。

附录 3　质谱图中常见碎片离子及其可能来源

附表 3-1　质谱图中常见碎片离子及其可能来源

m/z	元素组成或结构	可能来源	m/z	元素组成或结构	可能来源
29	CHO^+	醛，酯，呋喃	47	$CH_2{=}SH^+$	甲硫醚、硫醇
	$C_2H_5^+$	含烷基化合物	50	$C_4H_2^{+\bullet}$	芳基、吡啶基化合物
30	$CH_2{=}NH_2\urcorner^+$	脂肪胺	51	$C_4H_3^+$	同上
31	$CH_2{=}OH\urcorner^+$	醇、醚、缩醛	52	$C_4H_4^{+\bullet}$	同上
	CH_3O^+	甲酯类	55	$C_4H_7^+$	烷、烯、丁酯、伯醇、硫醚
33	$CH_3OH_2^+$	醇、多元醇、羟基酯		$C_3H_3O^+$	环酮
34	$H_2S^{+\bullet}$	硫醇、硫醚	56	$C_3H_6N^+$	环胺
35	H_3S^+	硫醇、硫醚		$C_4H_8^{+\bullet}$	环烷，戊基酮等
	Cl^+	氯化物	57	$C_4H_9^+$	丁基化合物、环醇、醚
36	$HCl^{+\bullet}$	氯化物	58	$CH_3COCH_3\urcorner^+$	甲基酮
39	$C_3H_3^+$	烯、炔、芳香化合物		$(CH_3)_2N{=}CH_2\urcorner^+$	脂肪叔胺
41	$C_3H_5^+$	烷、烯、醇		$Et{-}CH{=}NH_2\urcorner^{+\bullet}$	α-乙基伯胺
42	$C_3H_6^+$	环烷烃、环烯、戊酰基	59	$C_3H_7O^+$	α-取代醇、醚
				$COOCH_3$ +	甲酯
	$C_2H_4N^+$	环氮丙烷类		$CH_2{=}C(OH)NH_2\urcorner^{+\bullet}$	伯酰胺
43	CH_3O^+	含 CH_3CO 化合物	60	$CH_2{=}C(OH)_2\urcorner^{+\bullet}$	羧酸
	$CONH^{+\bullet}$	伯酰胺类		$C_2H_4S^{+\bullet}$	饱和含硫杂环
	$C_3H_7^+$	烃基，丁酰基	61	$CH_3COOH_2^+$	醋酸酯的双氢重排
44	$C_2H_6N^+$	脂肪胺		$C_2H_5S^+$	硫醚
	$CONH_2^+$	伯酰胺	63	$C_5H_3^+$	芳香化合物
	$CH_2{=}CH{-}OH^{+\bullet}$	脂肪醛	64	$C_5H_4^{+\bullet}$	同上
45	$COOH^+$	脂肪酸	65	$C_5H_5^+$	同上
	$C_2H_5O^+$	含乙氧基化合物	66	$C_5H_6^{+\bullet}$	同上，酚类
	$CH_2{=}O{-}CH_3\urcorner^+$	甲基醚	77	$C_6H_5^+$	苯基取代物
	$CH_3{-}CH{-}OH\urcorner^+$	α-甲基醇	78	$C_6H_6^+$	同上
	$HC{=}S^+$	硫醇、硫醚	79	$C_6H_7^+$，Br^+	芳香化合物、溴代烃
			80	HBr^+	溴代烷
			91	$C_7H_7^+$	苄基化合物
46	NO_2^+	硝酸酯	94	$C_6H_6O^{+\bullet}$	苯醚、苯酚类
	CH_2S^+	硫醚	105	$C_6H_5CO^+$	苯甲酰类化合物

附录4　常用溶液的相对密度及质量分数

附表4-1　乙醇水溶液的相对密度及质量分数

C_2H_5OH的质量分数/%	相对密度 d_4^{20}	20℃时C_2H_5OH的体积分数/%	C_2H_5OH的质量分数/%	相对密度 d_4^{20}	20℃时C_2H_5OH的体积分数/%
5	0.98938	6.2	75	0.85564	81.3
10	0.98187	12.4	80	0.84344	85.5
15	0.97514	18.5	85	0.83095	89.5
20	0.96864	24.5	90	0.81797	93.3
25	0.96168	30.4	91	0.81529	94.0
30	0.95382	36.2	92	0.81257	94.7
35	0.94494	41.8	93	0.80983	95.4
40	0.93518	47.3	94	0.80705	96.1
45	0.92472	52.7	95	0.80424	96.8
50	0.91384	57.8	96	0.80138	97.5
55	0.90258	62.8	97	0.79846	98.1
60	0.89113	67.7	98	0.79547	98.8
65	0.87948	72.4	99	0.79243	99.4
70	0.86766	76.9	100	0.78934	100

附表4-2　甲醇水溶液的相对密度及质量分数

CH_3OH的质量分数/%	相对密度 d_4^{15}	20℃时CH_3OH的体积分数/%	CH_3OH的质量分数/%	相对密度 d_4^{15}	20℃时CH_3OH的体积分数/%
5	0.99029	6.22	75	0.86300	81.34
10	0.98241	12.35	80	0.85048	85.50
15	0.97518	18.38	85	0.83742	89.45
20	0.96814	24.33	90	0.82396	93.19
25	0.96108	30.19	91	0.82124	93.91
30	0.95366	35.95	92	0.81849	94.63
35	0.94570	41.59	93	0.81568	95.33
40	0.93720	47.11	94	0.81285	96.02
45	0.92815	52.49	95	0.80999	96.70
50	0.91852	57.71	96	0.80713	97.37
55	0.90839	62.78	97	0.80428	98.04
60	0.89781	67.69	98	0.80143	98.70
65	0.88662	72.42	99	0.79859	99.35
70	0.87507	76.98	100	0.79577	100.0

附表 4－3　盐酸的相对密度及质量分数

HCl 的质量分数/%	相对密度 d_4^{20}	每 100mL 水溶液含 HCl/g	HCl 的质量分数/%	相对密度 d_4^{20}	每 100mL 水溶液含 HCl/g
1	1.0032	1.003	22	1.1083	24.38
2	1.0082	2.006	24	1.1187	26.85
4	1.0181	4.007	26	1.1290	29.35
6	1.0279	6.167	28	1.1392	31.90
8	1.0376	8.301	30	1.1492	34.48
10	1.0474	10.47	32	1.1593	37.10
12	1.0574	12.69	34	1.1691	39.75
14	1.0675	14.95	36	1.1789	42.44
16	1.0776	17.24	38	1.1885	45.16
18	1.0878	19.58	40	1.1980	47.92
20	1.0980	21.96			

附表 4－4　硫酸的相对密度及质量分数

H_2SO_4的质量分数/%	相对密度 d_4^{20}	每 100mL 水溶液含 H_2SO_4/g	H_2SO_4的质量分数/%	相对密度 d_4^{20}	每 100mL 水溶液含 H_2SO_4/g
1	1.0051	1.005	65	1.5533	101.0
2	1.0118	2.024	70	1.6105	112.7
3	1.0184	3.055	75	1.6692	125.2
4	1.0250	4.100	80	1.7272	138.2
5	1.0317	5.159	85	1.7786	151.2
10	1.0661	10.66	90	1.8144	163.3
15	1.1020	16.53	91	1.8195	165.6
20	1.1394	22.79	92	1.8240	167.8
25	1.1783	29.46	93	1.8279	170.0
30	1.2185	36.56	94	1.8312	172.1
35	1.2579	44.10	95	1.8337	174.2
40	1.3028	52.11	96	1.8355	176.2
45	1.3476	60.64	97	1.8364	178.1
50	1.3951	69.76	98	1.8361	179.9
55	1.4453	79.49	99	1.8342	181.6
60	1.4983	89.90	100	1.8305	183.1

附表 4－5 硝酸的相对密度及质量分数

HNO_3的质量分数/%	相对密度 d_4^{20}	每 100mL 水溶液含 HNO_3/g	HNO_3的质量分数/%	相对密度 d_4^{20}	每 100mL 水溶液含 HNO_3/g
1	1. 0036	1. 004	65	1. 3913	90. 43
2	1. 0091	2. 018	70	1. 4134	98. 94
3	1. 0146	3. 044	75	1. 4337	107. 5
4	1. 0201	4. 080	80	1. 4521	116. 2
5	1. 0256	5. 128	85	1. 4686	124. 8
10	1. 0543	10. 54	90	1. 4826	133. 4
15	1. 0842	16. 26	91	1. 4850	135. 1
20	1. 1150	22. 30	92	1. 4873	136. 8
25	1. 1469	28. 67	93	1. 4892	138. 5
30	1. 1800	35. 40	94	1. 4912	140. 2
35	1. 2140	42. 49	95	1. 4932	141. 9
40	1. 2463	49. 85	96	1. 4952	143. 5
45	1. 2783	57. 52	97	1. 4974	145. 2
50	1. 3100	65. 50	98	1. 5008	147. 1
55	1. 3393	73. 66	99	1. 5056	149. 1
60	1. 3667	82. 00	100	1. 5129	151. 3

附表 4－6 醋酸的相对密度及质量分数

CH_3COOH 的质量分数/%	相对密度 d_4^{20}	每 100mL 水溶液含 CH_3COOH/g	CH_3COOH 的质量分数/%	相对密度 d_4^{20}	每 100mL 水溶液含 CH_3COOH/g
1	0. 9996	0. 9996	65	1. 0666	69. 33
2	1. 0012	2. 002	70	1. 0685	74. 80
3	1. 0025	3. 008	75	1. 0696	80. 22
4	1. 0040	4. 016	80	1. 0700	85. 60
5	1. 0055	5. 028	85	1. 0689	90. 86
10	1. 0125	10. 13	90	1. 0661	95. 95
15	1. 0195	15. 29	91	1. 0652	96. 93
20	1. 0263	20. 53	92	1. 0643	97. 92
25	1. 0326	25. 82	93	1. 0632	98. 88
30	1. 0384	31. 15	94	1. 0619	99. 82
35	1. 0438	36. 53	95	1. 0605	100. 7
40	1. 0488	41. 95	96	1. 0588	101. 6
45	1. 0534	47. 40	97	1. 0570	102. 5
50	1. 0575	52. 88	98	1. 0549	103. 4
55	1. 0611	58. 36	99	1. 0524	104. 2
60	1. 0642	63. 85	100	1. 0498	105. 0

附表 4－7　磷酸的相对密度及质量分数

H_3PO_4的质量分数/%	相对密度 d_4^{20}	每 100mL 水溶液含 H_3PO_4/g	H_3PO_4的质量分数/%	相对密度 d_4^{20}	每 100mL 水溶液含 H_3PO_4/g
2	1.0092	2.018	60	1.426	85.56
4	1.0200	4.080	65	1.475	95.88
6	1.0309	6.185	70	1.526	106.8
8	1.0420	8.336	75	1.579	118.4
10	1.0532	10.53	80	1.633	130.6
20	1.1134	22.27	85	1.689	143.6
30	1.1805	35.42	90	1.746	157.1
35	1.216	42.56	92	1.770	162.8
40	1.254	50.16	94	1.794	168.6
45	1.293	58.19	96	1.819	174.6
50	1.335	66.75	98	1.844	180.7
55	1.379	75.85	100	1.870	187.0

附表 4－8　氢氧化钠溶液

NaOH 的质量分数/%	相对密度 d_4^{20}	每 10mL 水溶液含 NaOH/g	NaOH 的质量分数/%	相对密度 d_4^{20}	每 100mL 水溶液含 NaOH/g
1	1.0095	1.010	26	1.2848	33.40
2	1.0207	2.041	28	1.3064	36.58
4	1.0428	4.171	30	1.3279	39.84
6	1.0648	6.389	32	1.3490	43.17
8	1.0869	8.695	34	1.3696	46.57
10	1.1089	11.09	36	1.3900	50.04
12	1.1309	13.57	38	1.4101	53.58
14	1.1530	16.14	40	1.4300	57.20
16	1.1751	18.80	42	1.4494	60.87
18	1.1972	21.55	44	1.4685	64.61
20	1.2191	24.38	46	1.4873	68.42
22	1.2411	27.30	48	1.5065	72.31
24	1.2629	30.31	50	1.5253	76.27

附表 4－9　氢氧化钾溶液的相对密度及质量分数

KOH 的质量分数/%	相对密度 d_4^{15}	每 100mL 水溶液含 KOH/g	KOH 的质量分数/%	相对密度 d_4^{15}	每 100mL 水溶液含 KOH/g
1	1.0083	1.008	28	1.2695	35.55
2	1.0175	2.035	30	1.2905	38.72
4	1.0359	4.144	32	1.3117	41.97
6	1.0544	6.326	34	1.3331	45.33
8	1.0730	8.584	36	1.3549	48.78
10	1.0918	10.92	38	1.3769	52.32
12	1.1108	13.33	40	1.3991	55.96
14	1.1299	15.82	42	1.4215	59.70
16	1.1493	19.70	44	1.4443	63.55
18	1.1688	21.04	46	1.4673	67.50
20	1.1884	23.77	48	1.4907	71.55
22	1.2083	26.58	50	1.5143	75.72
24	1.2285	29.48	52	1.5382	
26	1.2489	32.47			79.99

附表 4－10　氯化钠溶液的相对密度及质量分数

NaCl 的质量分数/%	相对密度 d_4^{20}	每 100mL 水溶液含 NaCl/g	NaCl 的质量分数/%	相对密度 d_4^{20}	每 100mL 水溶液含 NaCl/g
1	1.0053	1.005	14	1.1009	15.41
2	1.0125	2.025	16	1.1162	17.86
4	1.0268	4.107	18	1.1319	20.37
6	1.0413	6.248	20	1.1478	22.96
8	1.0559	8.447	22	1.1640	25.61
10	1.0707	10.71	24	1.1840	28.33
12	1.0857	13.03	26	1.1972	31.13

附录 5　水的饱和蒸气压

附表 5－1　水的饱和蒸气压

温度/℃	蒸气压/mmHg	温度/℃	蒸气压/mmHg	温度/℃	蒸气压/mmHg	温度/℃	蒸气压/mmHg
-1	4.258	25	23.76	51	97.20	77	314.1
0	4.579	26	25.21	52	102.1	78	327.3
+1	4.926	27	26.74	53	107.2	79	341.0
2	5.294	28	28.35	54	112.5	80	355.1
3	5.685	29	30.04	55	118.0	81	369.7
4	6.101	30	31.82	56	123.8	82	384.9
5	6.543	31	33.70	57	129.8	83	400.6
6	7.013	32	35.66	58	136.1	84	416.8
7	7.513	33	37.73	59	142.6	85	433.6
8	8.045	34	39.90	60	149.4	86	450.9
9	8.609	35	42.18	61	156.4	87	468.7
10	9.209	36	44.56	62	163.8	88	487.1
11	90844	37	47.07	63	171.4	89	506.1
12	10.52	38	49.69	64	179.3	90	525.76
13	11.23	39	52.44	65	187.5	91	546.05
14	11.99	40	55.32	66	196.1	92	566.99
15	12.79	41	58.34	67	205.0	93	588.60
16	13.63	42	61.50	68	214.2	94	610.90
17	14.53	43	64.80	69	223.7	95	633.90
18	15.48	44	68.26	70	233.7	96	657.62
19	16.48	45	71.88	71	243.9	97	682.07
20	17.54	46	75.65	72	254.6	98	707.27
21	18.65	47	79.60	73	265.7	99	733.24
22	19.83	48	83.71	74	277.2	100	760.00
23	21.07	49	88.02	75	289.1		
24	22.38	50	92.51	76	301.4		

附录6　共沸混合物

附表6－1　含水的二元共沸混合物

组分名称	沸点/℃		质量分数/%	
	其他组分	共沸混合物	水	其他组分
乙醇	78.5	78.2	4.4	95.6
正丙醇	97.2	88.1	28.2	71.8
异丙醇	82.3	80.4	12.2	87.8
正丁醇	117.7	93.0	44.5	55.5
异丁醇	108.4	89.7	30.0	70.0
仲丁醇	99.5	88.5	32.0	68.0
叔丁醇	82.8	79.9	11.8	88.2
正戊醇	138.0	95.4	55.0	45.0
异戊醇	130.5	95.2	49.6	50.4
叔戊醇	102.3	87.4	27.5	72.5
环己醇	161.5	97.8	80.0	20.0
1－辛醇	195.0	99.4	90.0	10.0
苯甲醇	205.2	99.9	91.0	9.0
烯丙醇	97.01	88.2	27.1	72.9
糠醇	169.4	98.5	80.0	20.0
氯乙醇	128.7	97.8	57.7	42.3
苯酚	182.0	99.5	90.79	9.21
环己烷	81.4	69.8	8.5	91.5
苯	80.1	69.4	8.9	91.1
甲苯	110.6	85.0	20.2	79.8
二甲苯（异构体混合物）	137～140.5	92	35.0	65.0
1，2－二氯乙烷	83.5	72.0	19.5	80.5
氯仿	61.2	56.3	3.0	97.0
四氯化碳	76.8	66.8	4.1	95.9
乙醚	34.6	34.2	1.2	98.8
异丙醚	67.5	62.2	4.6	95.4

续表

组分名称	沸点/℃		质量分数/%	
	其他组分	共沸混合物	水	其他组分
甲基叔丁基醚	55.2	52.6	4.0	96.0
苯甲醚	153.9	95.5	40.5	59.5
苯乙醚	170.4	97.3	59	41
二苯醚	259.0	99.8	95.7	4.3
乙酸甲酯	57.0	56.1	5.0	95.0
丙烯酸乙酯	99.8	81.0	15.1	84.9
丁酸丁酯	166.4	97.9	53.0	47.0
苯甲酸甲酯	199.5	99.1	79.2	20.8
苯甲酸乙酯	212.4	99.4	84.0	16.0
苯甲酸丁酯	250.2	99.9	95.0	5.0
丙烯腈	78.0	70.6	14.3	85.7
乙腈	82.0	76.5	16.3	83.7
甲酸	100.7	107.1	22.5	77.5
丙酸	141.1	99.9	82.3	17.7
正丁酸	163.5	99.4	81.6	18.4
硝酸	86.0	120.5	32	68
氢氟酸	19.4	111.4	64.6	35.6
氢氯酸	-83.7	108.6	79.8	20.2
氢溴酸	-67.0	126.0	52.5	47.5
氢碘酸	-35.5	127.0	43.0	57.0
丁酮	79.6	73.4	12.0	88.0
2-戊酮	102.0	83.3	19.5	80.5
环已酮	155.4	95.0	61.6	38.4
双丙酮醇	169.2	99.6	87.0	13.0
糠醛	161.5	97.0	65	35
丁醛	75.7	68.0	9.7	90.3
吡啶	115.1	92.5	40.6	59.4

附表 6－2　含醇的二元共沸混合物

组分名称	沸点/℃		质量分数/%	
	其他组分	共沸混合物	醇	其他组分
甲醇（沸点 64.7℃）				
甲基叔丁基醚	55.2	51.6	15.0	85.0
乙酸甲酯	57.0	54.0	18.7	81.3
乙酸乙酯	77.1	62.3	44	56
乙酸异丙酯	89.0	64.0	70.2	29.8
氯仿	61.2	53.5	13.0	87.0
苯	80.1	58.3	39.5	60.5
甲苯	110.6	63.7	72.4	27.6
环己烷	81.4	54.2	37.2	62.8
四氯化碳	76.8	55.7	20.6	79.4
二硫化碳	46.3	37.3	14.1	85.9
乙醇（沸点 78.3℃）				
苯	80.1	67.8	32.4	67.6
甲苯	110.6	76.7	68.0	32.0
环己烷	81.4	64.9	30.5	69.5
1－溴丁烷	101.6	75.0	43.0	57.0
乙酸乙酯	77.1	71.8	31.0	69.0
异丙醇（沸点 82.3℃）				
乙酸异丙酯	89.0	80.1	52.6	47.4
苯	80.1	71.5	33.3	66.7
甲苯	110.6	80.6	58.0	42.0
异丙基溴	59.8	57.8	12.0	88.0
异丙基碘	89.4	76.0	32.0	68.0
异丙基醚	82.3	66.2	14.1	85.9
苯	80.1	79.8	9.3	90.7
甲苯	110.6	101.2	44.5	55.5
环己烷	81.4	78.1	14.0	86.0
异丁基溴	91.0	88.8	12.0	88.0
异丁基碘	120.4	104.0	36.0	64.0

续表

组分名称	沸点/℃		质量分数/%	
	其他组分	共沸混合物	醇	其他组分
正丁醇（沸点117.7℃）				
乙酸丁酯	126.5	117.6	67.2	32.8
甲苯	110.6	105.6	27.0	73.0
环己烷	81.4	79.8	10.0	90.0
1-溴丁烷	101.6	98.6	13.0	87.0
正丁醚	142.0	117.6	82.5	17.5
异戊醇（沸点130.5℃）				
乙酸异戊酯	142.5	129.1	97.4	2.6
甲苯	110.6	110.0	14.0	86.0
异戊基溴	120.3	116.8	21.0	79.0
正戊醇（沸点138.0℃）				
甲酸戊酯	132.0	130.4	43.0	57.0
环己醇（沸点161.5℃）				
糠醛	161.5	155.6	45.0	55.0
苯乙醚	170.4	159.2	72.0	28.0
烯丙醇（沸点97.1℃）				
甲苯	110.6	91.5	50.0	50.0
3-碘-1-丙烯	102.0	89.4	28.0	72.0
乙二醇（沸点197.2℃）				
1，2-二溴乙烷	131.6	130.9	3.5	96.5
丁醚	142.0	139.5	6.4	93.6

附表6-3　含羧酸的二元共沸混合物

组分名称	沸点/℃		质量分数/%	
	其他组分	共沸混合物	羧酸	其他组分
甲酸（沸点100.7℃）				
苯	80.1	71.1	31.0	69.0
甲苯	110.6	85.8	50.0	50.0
乙酸（沸点118.1℃）				
苯	80.1	80.1	2.0	98.0
甲苯	110.6	105.4	28.0	72.0
间二甲苯	139.1	115.4	27.0	763.0
正丁醚	142.0	116.7	81.0	19.0

附表 6－4　含酯的二元共沸混合物

组分名称	沸点/℃		质量分数/%	
	其他组分	共沸混合物	酯	其他组分
乙酸乙酯（沸点 77.2℃）				
环己烷	81.4	72.8	54.0	46.0
乙酸丁酯（沸点 126.5℃）				
正丁醚	142.1	125.9	95.0	5.0
苯甲酸异丁酯（沸点 241.9℃）				
苯甲酸	250.5	241.2	88.0	12.0

附表 6－5　含水和醇的三元共沸混合物

组分名称	沸点/℃		质量分数/%		
	其他组分	共沸混合物	水	醇	其他组分
乙醇（沸点 78.5℃）					
乙酸乙酯	77.1	70.2	9.0	8.4	82.6
环己烷	81.0	62.1	7.0	17.0	76.0
苯	80.1	64.6	7.4	18.5	74.1
四氯化碳	76.8	61.8			
碘乙烷	72.3	61.0	5.0	9.0	86.0
1，2－二氯乙烷	84.0	67.8	7.2	15.7	77.1
正丙醇（沸点 97.2℃）					
甲酸正丙酯	81.3	70.8	13.0	5.0	82.0
乙酸正丙酯	101.6	82.2	21.0	19.5	59.5
正丙醚	91.0	74.8	11.7	20.2	68.1
环己烷	81.0	66.6	8.5	10.0	81.5
异丙醇（沸点 82.3℃）					
乙酸异丙酯	89.0	75.5	11.0	13.0	76.0
异丙醚	67.5	61.8	5.0	4.0	91.0
环己烷	81.0	66.1	7.5	21.5	71.0
正丁醇（沸点 117.7℃）					
甲酸正丁酯	106.6	83.6	21.3	10.0	68.7
乙酸正丁酯	126.5	90.7	29.0	8.0	63.0
正丁醚	142.0	90.6	29.9	34.6	34.5

续表

组分名称	沸点/℃		质量分数/%		
	其他组分	共沸混合物	水	醇	其他组分
正戊醇（沸点 138.0℃）					
甲酸正戊酯	131.0	91.4	37.6	21.2	41.2
乙酸正戊酯	148.8	94.8	56.2	33.3	10.5
异戊醇（沸点 130.5℃）					
甲酸异戊酯	123.5	89.8	32.4	19.6	48.0
乙酸异戊酯	142.5	93.6	44.8	31.2	24.0